湖北湿地生态保护研究丛书

湖北湿地公园
体系与管理

王学雷　　石道良◎主编

长江出版传媒
Changjiang Publishing & Media

湖北科学技术出版社
HUBEI SCIENCE & TECHNOLOGY PRESS

图书在版编目（C I P）数据

湖北湿地公园体系与管理／王学雷,石道良主编. —武汉：湖北
科学技术出版社，2020.12

（湖北湿地生态保护研究丛书／刘兴土主编）

ISBN 978-7-5706-1186-7

Ⅰ.①湖⋯ Ⅱ.①王⋯ ②王⋯ ③石⋯ Ⅲ.①沼泽化
—国家公园—自然资源保护—研究—湖北 Ⅳ.①P942.630.78

中国版本图书馆 CIP 数据核字（2020）第 261796 号

策　　　划：高诚毅　　宋志阳　　邓子林		
责任编辑：刘　亮　　邓子林		封面设计：喻　杨

出版发行：湖北科学技术出版社　　　　　　　　　　　电话：027-87679468

地　　　址：武汉市雄楚大街 268 号　　　　　　　　　邮编：430070

　　　　　（湖北出版文化城 B 座 13-14 层）

网　　　址：http：//www.hbstp.com.cn

印　　　刷：武汉市卓源印务有限公司　　　　　　　　邮编：430026

787×1092　　1/16　　　　　　　　　　　15 印张　　　　　350 千字

2020 年 12 月第 1 版　　　　　　　　　　　2020 年 12 月第 1 次印刷

定价：180.00 元

前　言

湿地与森林、海洋一起,并称为全球三大自然生态系统。作为我国湿地保护体系重要的组成部分,国家湿地公园是抢救性保护湿地和扩大湿地面积的有效措施,是开展湿地科学研究和宣传教育的重要平台,是湿地保护和合理利用的示范方式。通过国家湿地公园建设,抢救性保护恢复和建设一批重要湿地,为维护国家生态安全、改善民生福祉、建设生态文明和美丽中国做出了贡献。

湖北省地处长江中游,纵跨江汉两大水系,境内江河纵横交错,湖泊星罗棋布,享有"千湖之省""鱼米之乡"的美誉,湿地资源极为丰富。目前,湖北省已初步建立起以湿地自然保护区、湿地公园为主体的湿地保护体系,湿地保护率达到47.29%。自2006年湖北省首家国家湿地公园——湖北神农架大九湖国家湿地公园获批试点建设以来,拉开了湖北省国家湿地公园建设的序幕,湖北省湿地公园建设取得了长足发展。目前,湖北共获批国家湿地公园66家,数量位居全国第三,截至2018年,通过国家正式验收的有36家。国家湿地公园将湿地保护与利用、湿地科研监测与科普宣教、社区建设与经济发展相结合,在湖北省湿地保护体系中发挥着巨大的功能和作用,具有显著的经济、社会和生态效益,日益成为湿地保护体系不可或缺的重要组成部分。

为总结湖北省国家湿地公园建设管理成效,加强对国家湿地公园的保护与管理工作,特组织编写《湖北湿地公园体系与管理》一书,通过对湖北省国家湿地公园建设管理现状以及成功案例的分析,为湿地公园建设者、管理者与研究者以及关心和关注湿地公园发展的人士提供参考和借鉴。

本书共分为六个章节,第一章对湖北省的自然地理及社会经济概况进行了简要介绍;第二章阐述了湖北省的湿地资源现状、湿地保护体系以及湿地保护管理等方面的内容;第三章首先对我国国家湿地公园现状进行阐述,随后针对湖北省的国家湿地公园的发展历程、数量、面积及类型、试点建设情况以及保护管理现状等进行具体阐述;第四章对湖北省内现有的66家国家湿地公园基本情况进行了介绍;第五章选取了湖北省远安沮河、武汉安山等10个国家湿地公园作为案例,总结其在湿地保护与恢复、科普宣教与科研监测、合理利用与社区共建、制度建设与创新管理等方面的示范经验;第六章对湖北省国家湿地公园宣教系统建设的理念和实践经验进行总结;本书在最后还列出了国家和湖北省湿地保护与管理方面的政策条例及湖北省内的66个国家湿地公园的功能分区图。

本书各章节的作者分别如下：第一章由杨超编写；第二章由杨超、王学雷、王贝利、陈伟、陈波、王巧铭等编写；第三章由王学雷、杨超、王贝利、陈伟、陈波等编写；第四章由王学雷、杨超、王贝利、陈亮、刘昔、陈伟、陈波等编写；第五章由王学雷、石道良、王贝利、雷刚、陈伟、陈波、相关国家湿地公园人员等编写；第六章由饶丽、王学雷编写；书中的附图由陈亮、杨超、刘昔等制作，国家湿地公园功能分区原图由规划编制单位或修编单位提供。全书由王学雷统稿和审校。

本书在编写过程中，得到了湖北省林业局湿地中心的指导和各国家湿地公园的大力支持。在此对提供相关案例分析资料和照片的各国家湿地公园管理部门以及提供国家湿地公园总体规划及功能分区原图的规划编制单位及修编单位表示感谢。

由于时间紧、内容涉及面较广，书中难免存在疏漏和不足，不当之处敬请各位读者指正。

编　者
2020 年 8 月

目　　录

第一章

湖北省基本概况

1.1 自然地理概况

1.1.1 地理位置

湖北省位于中国的中部,地处长江中游、洞庭湖以北,故称湖北,简称"鄂"。湖北省地跨东经 $108°21'42''\sim116°07'50''$,北纬 $29°01'53''\sim33°06'47''$,北接河南,东连安徽,南邻湘赣,西靠重庆,西北与陕西为邻。东西长约 740 km,南北宽约 470 km。全省土地总面积 1.859×10^5 km²,占全国总面积的 1.94%,居全国第 16 位。

1.1.2 地质条件

湖北经历过几次重要的海陆变迁和造山运动后,到新近纪时,逐渐形成了近代地貌的雏形,其后的新构造运动不仅控制着河流湿地的变迁、湖泊湿地的形成,而且为亚高山湿地和库塘湿地的形成创造了地质条件。

湖北省地层及各类岩相建造比较齐全,除缺失上志留统和下泥盆统外,从太古界至新生界皆有分布。以青峰和襄广断裂为界,其北主要为变质岩,其南主要分布沉积岩;岩浆岩于鄂西、鄂西北、鄂东南,特别是鄂东北和鄂东,均有分布;第四系松散松软堆积物于江河河谷中皆有分布,但主要集中于江汉盆地和南襄盆地。

1.1.3 地貌特征

湖北省正处于中国地势第二级阶梯向第三级阶梯过渡地带,地貌以山地丘陵为主,根据海拔高度、形态特征,湖北省地貌可划分为山地、丘陵和平原 3 种类型。

湖北省地势大致为东、西、北三面环山,中间低平,略呈向南敞开的不完整盆地。在湖北省总面积中,山地占 56%,丘陵、岗地占 24%,平原湖区占 20%。

山地。湖北省山地大致分为 4 大块。西北山地为秦岭东延部分和大巴山的东段。秦岭东延部分称武当山脉,呈北西—南东走向,群山叠嶂,岭脊海拔一般在 1 000 m 以上,最高处为武当山天柱峰,海拔 1 612.1 m。大巴山东段由神农架、荆山、巫山组成,森林茂密,河谷幽深。神农架最高峰为神农顶,海拔 3 105.4 m,素有"华中第一峰"之称。荆山呈北西—南东走向,其地势向南趋降为海拔 250~500 m 的丘陵地带。巫山地质复杂,水流侵蚀作用强烈,一般相对高度在 700~1 500 m,局部达 2 000 m。长江自西向东横贯其间,形成雄奇壮美的长江三峡,水利资源极其丰富。西南山地为云贵高原的东北延伸部分,主要有大娄山和武陵山,呈北东—南西走向,一般海拔高度 700~1 000 m,最高处狮子垴海拔 2 152 m。东北山地为绵亘于豫、鄂、皖边境的桐柏山、大别山脉,呈北西—南东走向。桐柏山主峰太白顶海拔 1 140 m,大别山主峰天堂寨海拔 1 729.13 m。东南山地为蜿蜒于湘、鄂、赣边境的幕阜山脉,略呈西南—东北走向,主峰老鸦尖海拔 1 656.7 m。

丘陵。湖北省丘陵主要分布在两大区域,一为鄂中丘陵,一为鄂东北丘陵。鄂中丘陵包括荆山与大别山之间的江汉河谷丘陵,大洪山与桐柏山之间的水流域丘陵。鄂东北丘陵以低丘为主,地势起伏较小,丘间沟谷开阔,土层较厚,宜农宜林。

平原。湖北省内主要平原为江汉平原和鄂东沿江平原。江汉平原由长江及其支流汉江冲积而成,是比较典型的河积—湖积平原,面积超过 4×10^4 km²,整个地势由西北微向东南倾斜,地面平坦,湖泊密布,河网交织。大部分地面海拔 20~100 m。鄂东沿江平原也是江湖冲积平原,主要分布在嘉鱼至黄梅沿长江一带,为长江中游平原的组成部分。这一带注入长江的支流短小,河口三角洲面积狭窄,加之河间地带河湖交错,夹有残山低丘,因而平原面积收缩,远不及江汉平原平坦宽阔。

1.1.4　土壤类型

湖北省地带性土壤分布与生物气候带相适应,地带性土壤主要分为 3 种类型:红壤、黄壤和黄棕壤。

红壤主要分布于鄂东南海拔 800 m 以下低山、丘陵或垄岗,鄂西南海拔 500 m 以下丘陵、台地或盆地。该分布区包括咸宁市和恩施自治州各县市,以及黄石、鄂州、武昌、洪山、江夏、青山、汉阳、汉南、蔡甸、武穴、黄梅、石首、公安、松滋等地。红壤营养状况是有机质含量较低,严重缺磷、硼,大部分缺氮、钾,局部缺锌、铜、锰、铁。

黄壤分布于鄂西南(恩施自治州和宜昌市)海拔 500~1 200 m 的中山区,居基带红壤之上,山地黄棕壤之下。土壤层次分异明显,呈酸性,有机质含量较高,平均比红壤高 22.4%,其他矿质氧分与红壤相近或略丰,富铝化作用、淋溶作用和黏粒淀积现象较为明显。

黄棕壤分布于全省各市(州),其中,以十堰、黄冈、宜昌、孝感、襄阳等地的面积较大。多表现较为严重的水土侵蚀,该土壤的农业垦种历史较长,利用方式多种多样,结构面上经常覆有铁、胶膜或结核。一般质地黏重,土体紧实。

此外,因母质、水文地质及人类活动等影响,还有石灰石、紫色土、潮土、草甸土和水稻土等非地带性土壤类型。

1.1.5　气候条件

湖北地处亚热带,位于典型的季风区内。湖北省除高山地区外,大部分为亚热带季风性湿润气候,光能充足,热量丰富,无霜期长,降水充沛,雨热同季。湖北省大部分地区太阳年辐射总量为 $(3.56 \sim 4.77) \times 10^5$ J/cm²,多年平均实际日照时数为 1 100~2 150 h。其地域分布是鄂东北向鄂西南递减,鄂北、鄂东北最多,为 2 000~2 150 h;鄂西南最少,为 1 100~1 400 h。其季节分布是夏季最多,冬季最少,春、秋两季因地而异。湖北省年平均气温 15~17℃,大部分地区冬冷、夏热,春季气温多变,秋季气温下降迅速。一年之中,1 月最冷,大部分地区平均气温 2~4℃;7 月最热,除高山地区外,平均气温 27~29℃,极端最高气温 40℃以上。湖北省无霜期在 230~300 d。

各地平均降水量在 800～1 600 mm。降水地域分布呈由南向北递减趋势,鄂西南最多,达 1 400～1 600 mm,鄂西北最少,为 800～1 000 mm。降水量分布有明显的季节变化,一般是夏季最多,冬季最少,湖北省夏季雨量在 300～700 mm,冬季雨量在 30～190 mm。6 月中旬至 7 月中旬雨最多,强度最大,是湖北的梅雨期。

1.1.6 水文水系

据第二次湿地资源调查统计数据,湖北境内河流总长 $7.37×10^4$ km,共有 4 962 条,其中河长在 100 km 以上的河流 63 条。长江自西向东,流贯省内 26 个县市,西起巴东鳊鱼溪河口入境,东至黄梅滨江出境,流程 1 800 km。境内的长江支流有汉水、沮水、漳水、清江、东荆河、陆水、澴水、倒水、举水、巴水、浠水、富水等。其中汉水为长江中游最大支流,在湖北境内由西北趋东南,流经 13 个县市,由陕西白河县将军河进入湖北郧西县,至武汉市汇入长江,流程 1 304 km。

湖北素有"千湖之省"之称。境内湖泊主要分布在江汉平原上。面积 8 hm² 以上的湖泊有 1 060 个,湖泊湿地总面积 $27.68×10^4$ hm²。面积大于 $1×10^4$ hm² 的湖泊有洪湖、长湖、梁子湖、斧头湖。

根据地下水赋存的含水介质情况、储存和运移的空间形态特征,湖北省地下水基本可归结为松散岩类孔隙水、碎屑岩等裂隙孔隙水、碎屑岩为裂隙水及碳酸盐岩类岩溶水等四种基本类型。

松散岩类孔隙水。分布于江汉平原河流一级阶梯或河漫滩,含水岩组主要由第四系全新统粉细砂及砂砾石组成,潜水面含水层厚 3～10 m,水位埋深 0.5～5 m。

碎屑岩等裂隙孔隙水。分布于江汉盆地和南襄盆地,含水岩组由上第三系,下更新统松散、半松散、半胶结的砂(岩)、砂砾石(岩)组成,含水层水位埋深及富水性变化较大,岗地区潜水面含水层埋深 10～20 m,水位埋深 15～35 m,平原区潜水面含水层埋深大于 47 m,水位埋深 0～6 m。

碎屑岩为裂隙水。广泛分布于丘陵山区,主要由元古宇—下震旦统,中—上三叠统,侏罗—白垩系含水岩组组成,透水性和富水性差。

碳酸盐岩类岩溶水,主要分布于鄂西南、鄂西、鄂东南和大洪山地区,由上震旦统—奥陶系和下三叠统的含水岩组构成,地下水赋存与碳酸盐岩裂隙、溶隙、孔洞和管道中。

表 1-1 湖北省总水资源表 单位:10^8m³

年份	总水资源	地表水	地下水	年降水量
2013	790.15	756.64	251.31	1 926.968 4
2014	914.30	885.89	282.01	2 102.014 8
2015	1 015.63	986.35	279.64	2 188.10
2016	1 498.00	1 468.21	313.57	2 646.03
2017	1 248.76	1 219.31	318.99	2 434.42

注:数据来源于 2013—2017 年湖北省水资源公报[1]。

1.1.7 动植物资源

湖北省自然地理条件优越,海拔高低悬殊,树木垂直分布层次分明,优越的森林植被呈现出普遍性与多样化的特点。湖北省已发现的木本植物有105科、370属、1 300种,其中乔木425种、灌木760种、木质藤本115种。这在全球同一纬度所占比重是最大的。湖北省不仅树种较多,而且起源古老,迄今仍保存有不少珍贵、稀有孑遗植物。除有属于国家Ⅰ级保护树种水杉、珙桐、秃杉外,还有Ⅱ级保护树种香果树、水青树、连香树、银杏、杜仲、金钱松、鹅掌楸等20种和Ⅲ级保护树种秦岭冷杉、垂枝云杉、穗花杉、金钱槭、领春木、红豆树、厚朴等21种。藤本植物,种类多且分布广,价值较高的有爬藤榕、苦皮藤、中华猕猴桃、葛藤、括蒌等10多种。湖北省的草本植物有2 500种以上,其中已被人们采制供作药材的有500种以上。

湖北省在动物地理区划系统中属东泽界、华中区,有陆生脊椎动物687种,其中两栖类48种、鸟类456种、爬行类62种、兽类121种。湖北省被国家列为重点保护的野生动物112种。其中,属Ⅰ级保护的有金丝猴、白鹳等23种;属Ⅱ级保护的有江豚、猕猴、金猫、小天鹅、大鲵等89种。湖北省共有鱼类206种,其中以鲤科鱼类为主,占58%以上,其次为鳅科,占8%左右。湖北省鱼苗资源丰富,长江干流主要产卵场36处,其中半数以上在湖北境内。

1.1.8 地质矿产

湖北省矿产资源丰富,湖北省已发现矿产136种(不含亚矿种,下同),约占全国已发现矿种数的81%;其中已查明资源储量的矿产有87种,约占全国已查明资源储量矿产的56%;已发现但尚未查明资源储量的矿种有49种。列入《湖北省矿产储量表》的矿种有80种(石油、天然气、地热、铀、钍、地下水、矿泉水等未列入)。已上《湖北省矿产储量表》矿区956个,矿产地1287处,产地数较多的矿产有:煤、铁、磷、石灰岩、铜、金、硫铁矿、银、矿盐、铌、钽、芒硝、白云岩、黏土、石煤等。1287个矿产地资源储量规模为中、小型的矿产地占90%,大型、特大型的矿产地仅占6.9%。磷、矿盐、芒硝、石膏、铁、铜、金、银、石灰岩等是湖北省具有优势的矿产。化肥用橄榄岩、碘、溴、石榴子石、累脱石黏土和建筑用辉绿岩居全国首位。保有资源储量位于全国前10位的矿产有57种。

1.2 社会经济状况

1.2.1 行政区划与人口

湖北省共有13个地级行政区,包括12个地级市、1个自治州;103个县级行政区,包括39个市辖区、25个县级市、36个县、2个自治县、1个林区;1 235个乡级行政区,包括310个街道办事处、762个镇、163个乡。省辖市依次是武汉市、黄石市、襄阳市、荆州市、宜昌市、十堰市、孝感市、荆门市、鄂州市、黄冈市、咸宁市、随州市,自治州为恩施土家族苗族自治州,4个省直管市(林区)分别为天门、仙桃、潜江和神农架林区。(表1-2)

表 1-2　湖北省行政区划表

市州	县(市、区)名称	统计单位
武汉市	江岸区、江汉区、硚口区、汉阳区、武昌区、青山区、洪山区、东西湖区、汉南区、蔡甸区、江夏区、黄陂区、新洲区	13
黄石市	黄石港区、西塞山区、下陆区、铁山区、阳新县、大冶市	6
襄阳市	襄城区、樊城区、襄州区、南漳县、谷城县、保康县、老河口市、枣阳市、宜城市	9
荆州市	沙市区、荆州区、江陵县、公安县、监利县、石首市、洪湖市、松滋市	8
宜昌市	西陵区、伍家岗区、点军区、猇亭区、夷陵区、秭归县、远安县、兴山县、长阳土家族自治县、五峰土家族自治县、宜都市、当阳市、枝江市	13
十堰市	茅箭区、张湾区、郧阳区、郧西县、竹山县、竹溪县、房县、丹江口市	8
孝感市	孝南区、孝昌县、云梦县、大悟县、应城市、安陆市、汉川市	7
荆门市	东宝区、掇刀区、沙洋县、京山市、钟祥市	5
鄂州市	鄂城区、华容区、梁子湖区	3
黄冈市	黄州区、团风县、浠水县、蕲春县、黄梅县、英山县、罗田县、红安县、麻城市、武穴市	10
咸宁市	咸安区、通山县、崇阳县、通城县、嘉鱼县、赤壁市	6
随州市	曾都区、随县、广水市	3
恩施土家族苗族自治州	恩施市、利川市、建始县、咸丰县、巴东县、宣恩县、来凤县、鹤峰县	8
省直管市(林区)	仙桃市、潜江市、天门市、神农架林区	4
合计		103

　　根据 2018 年《湖北省统计年鉴》[2],湖北省常住人口为 5 902 万人,人口总量呈现持续低速增长的态势。其中,城镇人口 3 499.89 万人,乡村人口 2 402.11 万人。常住总人口中,男性人口为 2 996.8 万人,占总人口的 50.77%,女性人口为 2 905.2 万人,占总人口的49.23%。(表 1-3)

表 1-3　湖北省人口统计表

单位:万人

行政区	人口数量	行政区	人口数量	行政区	人口数量
武汉市	1 089.29	荆门市	290.15	恩施州	336.1
黄石市	247.05	孝感市	491.5	仙桃市	114.1
十堰市	341.8	荆州市	564.17	潜江市	96.5
宜昌市	413.56	黄冈市	634.1	天门市	128.35
襄阳市	565.4	咸宁市	253.51	神农架林区	7.68
鄂州市	107.69	随州市	221.05	合计	5 902

1.2.2　经济发展与工农业生产

据《湖北省 2018 年国民经济和社会发展统计公报》[3]，2018 年，全省完成生产总值 39 366.55 亿元，增长 7.8%。其中，第一产业完成增加值 3 547.51 亿元，增长 2.9%；第二产业完成增加值 17 088.95 亿元，增长 6.8%；第三产业完成增加值 18 730.09 亿元，增长 9.9%。三次产业结构由 2017 年的 10.0：43.5：46.5 调整为 9.0：43.4：47.6。在第三产业中，交通运输仓储和邮政业、批发和零售业、住宿和餐饮业、金融业、房地产业、其他服务业增加值分别增长 5.1%、6.5%、6.1%、5.0%、6.3%、15.4%。

湖北省 2018 年度工业生产保持稳定增长。年末全省规模以上工业企业达到 15 598 家。规模以上工业增加值增长 7.1%。其中，国有及国有控股企业增长 5.0%；集体企业增长 1.6%；股份合作企业增长 9.2%；股份制企业增长 7.6%；外商及港澳台投资企业增长 3.8%；其他经济类型企业增长 7.1%。轻工业增长 7.4%；重工业增长 6.8%。制造业增长 6.9%，低于规模以上工业 0.2 个百分点。高技术制造业增长 13.2%，快于规模以上工业 6.1 个百分点，占规模以上工业增加值的比重达 8.9%，对规模以上工业增长的贡献率达 16.0%。全年规模以上工业销售产值增长 10.2%，产品销售率为 96.9%，出口交货值下降 2.2%。全年规模以上工业企业实现利润 2 755.38 亿元，增长 19.0%。

全年全省农林牧渔业增加值 3 733.62 亿元，按可比价格计算，比上年增长 3.3%。粮食产能保持稳定。全省粮食总产量 $2\,839.47 \times 10^4$ t，下降 0.2%，连续 6 年稳定在 $2\,500 \times 10^4$ t 以上；种植面积 484.7×10^4 hm²，下降 0.1%。特色优势经济作物稳定增长。蔬菜及食用菌产量 $3\,963.94 \times 10^4$ t，增长 3.6%；茶叶产量 32.98×10^4 t，增长 8.8%；园林水果（不含果用瓜）产量 655.46×10^4 t，增长 5.5%。畜禽养殖平稳发展。受非洲猪瘟疫情影响，生猪出栏 $4\,363.50 \times 10^4$ 头，下降 1.9%；牛出栏 108.33×10^4 头，增长 0.4%；羊出栏 609.23×10^4 只，增长 0.8%；家禽出笼 $53\,244.82 \times 10^4$ 只，增长 2.5%；禽蛋产量 171.53×10^4 t，增长 2.0%。水产品生产保持稳定。受退田还湖、拆围、天然水域禁捕等措施的影响，水产品总产量 458.40×10^4 t，下降 1.5%。特色水产养殖产量快速增长，小龙虾产量 81.24×10^4 t，增长 28.6%。

湖北省湿地资源及湿地保护体系

2.1 湖北省湿地面积、类型与分布

湖北省位于长江中游,河流水网发达,湖泊、库塘众多。特有的地貌类型,孕育了丰富多样的湿地类型。根据湖北省第二次湿地资源调查统计数据显示[4],湖北省湿地总面积为 $144.43×10^4 hm^2$,占全省土地面积的 7.77%,按照湿地类型可划分为 4 类 12 型,其中自然湿地(包括河流湿地、湖泊湿地、沼泽湿地)$75.07×10^4 hm^2$,占湿地总面积 51.98%,人工湿地 $69.36×10^4 hm^2$,占湿地总面积 48.02%(表 2-1)。此外,湖北省还有水稻田 $227.85×10^4 hm^2$(水稻田不作数据统计)。

表 2-1 湖北湿地概况表

湿地类	湿地型	面积/hm²	湿地型比例/%	湿地类面积/hm²	湿地类比例/%
河流湿地	永久性河流	351 176.87	24.32	436 953.75	30.25
	泛洪平原湿地	85 776.88	5.94		
湖泊湿地	永久性淡水湖	276 786.79	19.16	276 786.79	19.16
沼泽湿地	草本沼泽	34 453.1	2.39	36 916.32	2.57
	森林沼泽	283.07	0.02		
	灌丛沼泽	241.36	0.02		
	藓类沼泽	1 279.77	0.09		
	沼泽化草甸	659.02	0.05		
人工湿地	库塘	306 685.75	21.23	693 602.11	48.02
	运河、输水河	104 546.68	7.24		
	水产养殖场	282 369.68	19.55		
合计		1 444 258.97	100.00	1 444 258.97	100.00

湖北省有湿地 4 类 12 型,其中自然湿地有河流湿地、湖泊湿地、沼泽湿地 3 类 8 型,人工湿地有库塘、运河、输水河、水产养殖场、水稻田 4 型。(水稻田不作数据统计)

从湿地类来看,湖北省有河流湿地 $43.70×10^4 hm^2$,占湿地总面积 30.25%;湖泊湿地 $27.68×10^4 hm^2$,占湿地总面积 19.16%;沼泽湿地 $3.69×10^4 hm^2$,占湿地总面积 2.57%;人工湿地 $69.36×10^4 hm^2$,占湿地总面积的 48.02%(图 2-1)。从湿地型来看,湖北省有永久性

河流 $35.12 \times 10^4 hm^2$，占湿地总面积 24.31%；泛洪平原湿地 $8.58 \times 10^4 hm^2$，占湿地总面积 5.94%；永久性淡水湖 $27.68 \times 10^4 hm^2$，占湿地总面积 19.16%；草本沼泽 $3.45 \times 10^4 hm^2$，占湿地总面积 2.39%；森林沼泽 $0.028 \times 10^4 hm^2$，占湿地总面积 0.02%；藓类沼泽 $0.13 \times 10^4 hm^2$，占湿地面积 0.09%；沼泽化草甸 $0.07 \times 10^4 hm^2$，占湿地面积 0.05%；库塘湿地 $30.67 \times 10^4 hm^2$，占湿地总面积 21.23%；运河、输水河 $10.45 \times 10^4 hm^2$，占湿地总面积 7.24%；水产养殖场 $28.24 \times 10^4 hm^2$，占湿地总面积 19.55%。

根据《全国湿地资源调查技术规程（试行）》和《湖北省湿地资源调查实施细则》要求，湖北省划为 138 个湿地区，其中单独区划湿地区 28 个，零星湿地区 110 个。各湿地区中湿地面积最大是长江干流湿地区（葛洲坝以下）地区，丹江口水库湿地区次之，第三为梁子湖湿地区。河流湿地面积最大的湿地区是长江干流湿地区（葛洲坝以下）地区和汉江干流（丹江口—钟祥皇庄段）湿地区；湖泊湿地主要集中于洪湖、梁子湖湿地区；沼泽湿地主要集中于长江干流湿地区（葛洲坝以下）湿地区、龙感湖湿地区；人工湿地在各个湿地区当中皆有分布，其中丹江口水库湿地区分布面积最大。

湖北省 13 个市（州）、4 个省直管市（林区）湿地总面积排在前三位的分别是荆州市、武汉市、黄冈市（图 2-2）。荆州市湿地面积为 $33.90 \times 10^4 hm^2$，其中河流湿地面积 $9.33 \times 10^4 hm^2$，人工湿地面积 $17.23 \times 10^4 hm^2$，均列全省第一。湖泊湿地面积 $6.34 \times 10^4 hm^2$，列全省第二，沼泽湿地面积 $1.00 \times 10^4 hm^2$。境内有洪湖国际重要湿地、长江天鹅洲故道区国家重要湿地，石首麋鹿、长江天鹅洲白鱀豚国家级自然保护区，荆州市长湖市级保护区等湿地保护区，是全省湿地生物多样性最丰富的区域之一。

武汉市湿地面积为 $16.39 \times 10^4 hm^2$，湖泊湿地面积 $7.10 \times 10^4 hm^2$，该类湿地列全省第一；河流湿地面积 $3.65 \times 10^4 hm^2$，列全省第三。境内沉湖是省级重自然保护区。黄冈市湿地面积为 $13.28 \times 10^4 hm^2$，河流湿地面积 $5.70 \times 10^4 hm^2$，列全省第二。境内有龙感湖国家级自然保护区。

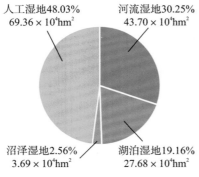

图 2-1　湖北省湿地类型比例构成图

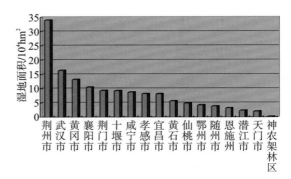

图 2-2　湖北省各市州湿地面积排序

2.2 湖北省湿地保护与管理现状

2.2.1 湖北省湿地保护体系

湿地保护与管理体系的构建,是加强湿地保护与管理的重要手段之一。通过将我国丰富而多样的湿地资源逐步纳入我国湿地保护管理体系,进一步建立健全湿地保护管理体系,充分发挥湿地生态系统的作用和功能,使其更好地满足经济社会可持续发展不断增长的多种需求。截至 2018 年底,中国已初步形成以湿地自然保护区为主体,湿地保护小区、湿地公园、海洋功能特别保护区、湿地多用途管制区等多种管理形式相结合的湿地保护网络体系[5]。

根据全国第二次湿地资源调查显示(2011 年完成),湖北省已保护湿地面积 $56.15 \times 10^4 \mathrm{hm}^2$,湿地保护率为 38.86%。

截至 2018 年底,已建成洪湖、沉湖、大九湖、网湖 4 个国际重要湿地(数量居全国第二),洪湖、网湖、丹江口水库、长江故道、梁子湖 5 个国家重要湿地。建成国家级湿地自然保护区 6 个、省级湿地自然保护区 10 个、市级湿地自然保护区(小区)56 个;国家湿地公园 66 个(数量居全国第三)、省级湿地公园 38 个、县级湿地公园 2 个,新增湿地保护面积 121 832.49 hm²,受保护湿地面积达 683 365.87 hm²,湿地保护率达到 47.29%,较 2011 年的 38.86% 提高近 8.5 个百分点。这些受保护的湿地已成为众多国际濒危鸟类青头潜鸭、东方白鹳、白鹤、中华秋沙鸭等珍稀濒危物种重要的繁殖地和越冬地,以湿地自然保护区和湿地公园为主体的湿地保护体系初步形成。

2.2.2 湖北省湿地保护与管理

湖北省位于长江中游,纵跨江汉两大水系,境内河流纵横、湖泊密布、水面宽广,享有"千湖之省""鱼米之乡"的美誉,拥有十分丰富的湿地资源。近年来,湖北省各级政府和有关部门为保护湖北丰富的湿地资源做出了积极努力,开展了许多卓有成效的保护管理工作,为湿地保护和有效管理做出巨大贡献。主要工作亮点体现在以下六个方面。

(1)加强了湿地保护制度建设,先后出台了《湖北省湿地公园管理办法》《湿地保护修复制度实施方案》《湖北省湖泊保护条例》《关于加强湖北省湖泊保护与管理的实施意见》等,印发了《湖北省湿地保护修复"十三五"工程实施规划》,规范和指导湿地保护修复工作,印发了《湖北省洪湖、沉湖、大九湖、龙感湖湿地产权确权试点方案》,启动了湿地产权确权试点工作。

(2)实施了湿地生态修复工程,先后在洪湖、沉湖、大九湖、龙感湖、网湖等重要湿地,通过种植水生植被、恢复鸟类栖息生境,修复退化湿地,恢复生态功能。

(3)建立了湿地监测调查体系,先后建立了 3 个国家级湿地生态定位监测站和 61 个疫源疫病监测站。

(4)加强与世界自然基金会、湿地国际、全球环境基金等国际组织的交流与合作力度,多次组织湿地公园、湿地自然保护区等管理机构人员参与交流与培训活动。

（5）开展小微湿地试点建设准备工作。按照"乡村振兴"的有关要求，扎实开展了全省小微湿地试点建设。在全省已选择 25 处湿地开展小微湿地试点建设，并组织了 4 个专家组对 25 处小微湿地进行了现场评估和指导，力争打造湖北省乡村小微湿地建设的典范。

（6）争取中央财政项目资金支持。"十三五"以来，湖北省共争取中央财政湿地保护补助投资超过 4 亿元，湿地保护补助资金在湿地保护与恢复中发挥了巨大的作用。

3.1 国家湿地公园概述

3.1.1 国家湿地公园概述

根据《国家湿地公园管理办法》(林湿发〔2017〕150号),国家湿地公园是指以保护湿地生态系统、合理利用湿地资源、开展湿地宣传教育和科学研究为目的,经国家林业局批准设立,按照有关规定予以保护和管理的特定区域。

国家湿地公园作为比较新的自然保护地形式,是我国湿地生态系统和生物多样性保护的重要举措之一,也是湿地保护和合理利用的结合体,是我国湿地保护体系的重要组成部分。

3.1.2 国家湿地公园发展历程

自2005年国家林业局批准浙江西溪国家湿地公园和江苏姜堰溱湖国家湿地公园进行试点建设以来,我国国家湿地公园得到了迅速发展,截至2017年底,我国湿地公园总数达到898家(不含港澳台),其中包括通过验收的国家湿地公园248家,以及国家湿地公园试点650家,国家湿地公园总面积达36 422.89 km²,约占我国国土面积的0.38%[6](图3-1)。

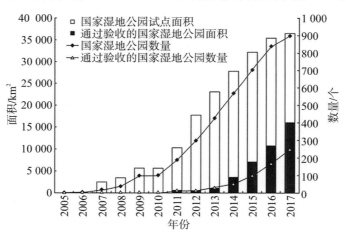

图3-1 2005—2017年我国国家湿地公园数量及面积变化[6]

我国国家湿地公园的发展可以划分为探索建设期(2005—2007年)、稳定建设期(2008—2010年)和快速建设期(2011—2017年)[7]。2017年底印发的《国家湿地公园管理办法》中,湿地公园建设由"试点制"改为"晋升制",取消国家湿地公园试点期,国家湿地公园发展将由快速建设阶段进入规范化管理和重视管理质量提升的新阶段。

3.2　湖北省国家湿地公园建设概况

3.2.1　湖北省国家湿地公园发展历程

截至 2017 年底,湖北省国家湿地公园总数为 66 个,其中正式授牌 36 个,试点建设 30 个,国家湿地公园数量位居全国第三。国家湿地公园总面积达 147 691.63 hm²,湿地面积 107 454.32 hm²,湿地率达 72.76%。自 2006 年湖北省第一家国家湿地公园——湖北神农架大九湖国家湿地公园获批以来,湖北省国家湿地公园数量与面积均呈现快速增长的趋势,并与全国趋势保持一致(图 3-2)。

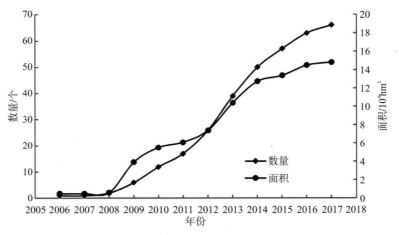

图 3-2　2006—2017 年湖北省获批的国家湿地公园数量与面积

3.2.2　湖北省国家湿地公园数量、面积与类型

从各地市州国家湿地公园数量与面积上来看,全省除鄂州市外,各地市均有国家湿地公园分布。其中以黄冈市数量最多,达 9 家,湿地公园总面积为 24 395.58 hm²,其次为宜昌市,数量为 8 家,国家湿地公园面积为 7 009.04 hm²。各国家湿地公园中面积最大的是湖北赤壁陆水湖国家湿地公园,面积为 12 568 hm²,面积最小的是湖北竹溪龙湖国家湿地公园,面积仅为 221.3 hm²(图 3-3)。

从主要湿地类来看,湖北省国家湿地公园主要以湖泊湿地与人工湿地(主要为库塘湿地)为主,数量均为 24 家,面积分别为 60 032.45 hm² 和 56 759.84 hm²,占湖北省湿地公园总面积的 79.08%,与湖北省丰富的湖泊湿地与人工湿地资源相符(图 3-4)。

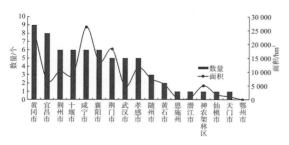
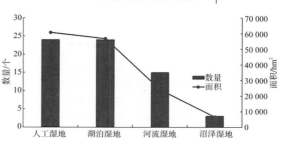

图 3-3　湖北省市州现有国家湿地公园数量与面积　　图 3-4　湖北省各湿地类型国家湿地公园数量与面积

3.2.3　国家湿地公园试点建设情况

截至 2017 年底,湖北省共有 36 个国家湿地公园通过国家林草局组织的试点验收,被正式授牌(表 3-1)。其中 2013 年湖北神农架大九湖国家湿地公园通过试点验收,2014 年武汉东湖和荆门漳河国家湿地公园通过验收,此后通过验收的湿地公园数量逐年增加。湖北省各地市州中,黄冈市正式授牌国家湿地公园数量最多,达 7 家。

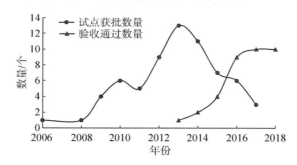

图 3-5　湖北省 2006—2018 年各年度获批试点及验收通过国家湿地公园数量

表 3-1　湖北省正式授牌国家湿地公园情况一览表

地市州	国家湿地公园名称	数量
武汉市	湖北武汉东湖国家湿地公园(2014)、湖北蔡甸后官湖国家湿地公园(2016)、湖北江夏藏龙岛国家湿地公园(2017)、湖北武汉安山国家湿地公园(2018)	4
神农架林区	湖北神农架大九湖国家湿地公园(2013)	1
襄阳市	湖北谷城汉江国家湿地公园(2016)、湖北樊城长寿岛国家湿地公园(2017)	2
荆州市	湖北松滋洈水国家湿地公园(2018)	1
荆门市	湖北荆门漳河国家湿地公园(2014)、湖北京山惠亭湖国家湿地公园(2016)、湖北钟祥莫愁湖国家湿地公园(2016)、湖北沙洋潘集湖国家湿地公园(2017)、湖北荆门仙居河国家湿地公园(2018)	5
咸宁市	湖北赤壁陆水湖国家湿地公园(2015)、湖北通城大溪国家湿地公园(2017)、湖北崇阳青山国家湿地公园(2017)、湖北通山富水湖国家湿地公园(2018)	4

地市州	国家湿地公园名称	数量
黄冈市	湖北蕲春赤龙湖国家湿地公园（2015）、湖北麻城浮桥河国家湿地公园（2015）、湖北黄冈遗爱湖国家湿地公园（2016）、湖北红安金沙湖国家湿地公园（2016）、湖北罗田天堂湖国家湿地公园（2016）、湖北武穴武山湖国家湿地公园（2016）、湖北浠水策湖国家湿地公园（2018）	7
黄石市	湖北大冶保安湖国家湿地公园（2016）	1
十堰市	湖北竹山圣水湖国家湿地公园（2017）、湖北竹溪龙湖国家湿地公园（2017）、湖北房县古南河国家湿地公园（2018）、湖北十堰黄龙滩国家湿地公园（2018）	4
宜昌市	湖北宜都天龙湾国家湿地公园（2015）、湖北当阳青龙湖国家湿地公园（2017）、湖北远安沮河国家湿地公园（2018）	3
仙桃市	湖北仙桃沙湖国家湿地公园（2017）	1
孝感市	湖北孝感朱湖国家湿地公园（2018）	1
随州市	湖北随县封江口国家湿地公园（2018）	1
潜江市	湖北潜江返湾湖国家湿地公园（2017）	1
合　计		36

3.2.4　湖北省国家湿地公园保护管理现状

湖北省国家湿地公园中有赤东湖鳊（蕲春赤龙湖）、沮漳河特有鱼类（荆门漳河）、惠亭水库中华鳖、南湖黄颡鱼乌鳢（钟祥莫愁湖）、金沙湖鲂、天堂湖鲌类、圣水湖黄颡鱼、策湖黄颡鱼、富水湖鲌类、浰水鳜、清江白甲鱼（长阳清江）、崇湖黄颡鱼、安陆细鳞鲷、涢水翘嘴鲌等14家为国家级水产种质资源保护区。

湖北省国家湿地公园中有漳河（2002年第二批）、惠亭湖（2004年第四批）、浰水（2007年第七批）、天堂湖（2009年第九批）、富水湖（2011年第十一批）、浮桥河（2014年第十四批）、白莲河（2016年第十六批）等7家同时为国家水利风景区。

湖北省国家湿地公园中有漳河、陆水湖、浮桥河等30家为饮用水源地。

3.2.5　湖北省国家湿地公园地理分布特征

从所属流域上来看，湖北省国家湿地公园中仅湖北随州淮河国家湿地公园位于淮河流域，其余65个国家湿地公园均位于长江流域及其二级子流域中（表3-2）。

从地理区位上来看，湖北省国家湿地公园分布不平衡，集中分布在鄂东南及江汉平原湖泊群地区，国家湿地公园中有18个位于城市近郊地区。

表 3-2　湖北省国家湿地公园一览表

序号	湿地公园名称	批准时间	总面积/hm²	湿地面积/hm²	所属地市州	主要湿地类	湿地率/%
1	神农架大九湖	2006	5 083.5	1 645.00	神农架林区	沼泽	32.36
2	武汉东湖	2008	1 020.00	650.00	武汉市	湖泊	63.73
3	谷城汉江	2009	2 130.00	1 467.00	襄阳市	河流	68.87
4	蕲春赤龙湖	2009	6 147.25	3 908.24	黄冈市	湖泊	63.58
5	赤壁陆水湖	2009	12 568.52	4 337.52	咸宁市	湖泊	34.51
6	荆门漳河	2009	11 879.50	10 815.50	荆门市	人工	91.04
7	麻城浮桥河	2010	4 349.44	3 160.00	黄冈市	湖泊	72.65
8	京山惠亭湖	2010	3 832.23	2 400.27	荆门市	人工	62.63
9	钟祥莫愁湖	2010	1 664.13	1 609.24	荆门市	湖泊	96.70
10	大冶保安湖	2010	4 343.57	4 309.34	黄石市	湖泊	99.21
11	宜都天龙湾	2010	1 239.50	460.63	宜昌市	湖泊	37.16
12	黄冈遗爱湖	2010	482.62	324.59	黄冈市	河流	67.26
13	红安金沙湖	2011	1 903.37	1 590.69	黄冈市	人工	83.57
14	罗田天堂湖	2011	1 114.97	553.87	黄冈市	人工	49.68
15	武穴武山湖	2011	2 090.00	1 809.00	黄冈市	河流	86.56
16	潜江返湾湖	2011	776.50	741.90	潜江市	湖泊	95.54
17	襄阳长寿岛	2011	1 715.32	1 378.70	襄阳市	湖泊	80.38
18	通城大溪	2012	931.97	442.84	咸宁市	人工	47.52
19	崇阳青山	2012	2 248.76	1 229.95	咸宁市	人工	54.69
20	沙洋潘集湖	2012	539.93	470.96	荆门市	人工	87.23
21	江夏藏龙岛	2012	311.75	256.68	武汉市	湖泊	82.34
22	竹山圣水湖	2012	3 255.20	2 613.40	十堰市	人工	80.28
23	当阳青龙湖	2012	680.30	322.00	宜昌市	人工	47.33
24	竹溪龙湖	2012	221.34	93.46	十堰市	人工	42.22
25	浠水策湖	2012	1 141.84	1 130.13	黄冈市	湖泊	98.97
26	仙桃沙湖	2012	1 939.00	1 849.60	仙桃市	湖泊	95.39
27	房县古南河	2013	1 215.26	943.68	十堰市	湖泊、沼泽	77.65
28	荆门仙居河	2013	3 894.25	3 178.70	荆门市	河流	81.63
29	宣恩贡水河	2013	3 821.80	2 835.03	恩施州	人工	74.18
30	孝感朱湖	2013	1 817.82	1 074.08	孝感市	人工、河流	59.09
31	襄阳汉江	2013	2 089.20	1 630.10	襄阳市	湖泊、人工	78.03
32	武汉后官湖	2013	5 156.00	3 751.90	武汉市	河流、沼泽	72.77
33	武汉安山	2013	487.06	180.19	武汉市	河流、人工	37.00
34	通山富水湖	2013	4 049.01	2 271.20	咸宁市	人工	56.09

续表

序号	湿地公园名称	批准时间	总面积/hm²	湿地面积/hm²	所属地市州	主要湿地类	湿地率/%
35	随县封江口	2013	874.78	508.77	随州市	人工	58.16
36	十堰黄龙滩	2013	560.05	450.29	十堰市	人工、河流	80.40
37	松滋洈水	2013	403.99	187.03	荆州市	人工、河流	46.30
38	远安沮河	2013	2 990.85	2 636.54	宜昌市	人工、河流	88.15
39	宜城万洋洲	2013	2 466.03	1 714.81	襄阳市	河流	69.54
40	咸宁向阳湖	2014	5 952.00	5 064.00	咸宁市	湖泊、人工	85.08
41	长阳清江	2014	2 338.33	1 406.40	宜昌市	人工、河流	60.15
42	黄冈白莲河	2014	6 653.75	5 544.19	黄冈市	人工	83.32
43	武汉杜公湖	2014	231.26	195.30	武汉市	湖泊	84.45
44	南漳清凉河	2014	1 232.90	802.40	襄阳市	人工、河流	65.08
45	枝江金湖	2014	733.35	688.57	宜昌市	湖泊	93.89
46	汉川汈汊湖	2014	2 489.56	2 464.51	孝感市	人工	98.99
47	环荆州古城	2014	469.41	263.92	荆州市	河流	56.22
48	公安崇湖	2014	1 475.11	1 454.91	荆州市	湖泊	98.63
49	安陆府河	2014	1 557.50	1 419.08	孝感市	河流、人工	91.11
50	五峰百溪河	2014	501.90	300.12	宜昌市	河流	59.80
51	孝感老观湖	2015	1 244.79	1 087.72	孝感市	沼泽、湖泊	87.38
52	英山张家咀	2015	512.54	324.40	黄冈市	人工	63.29
53	云梦涢水	2015	1 150.00	591.00	孝感市	河流	51.39
54	夷陵圈椅淌	2015	326.60	105.82	宜昌市	沼泽	32.40
55	天门张家湖	2015	1 084.54	841.26	天门市	湖泊	77.57
56	荆州菱角湖	2015	1 236.28	1 156.00	荆州市	湖泊	93.51
57	石首三菱湖	2015	853.99	799.16	荆州市	湖泊	93.58
58	广水徐家河	2016	4 162.90	3 977.63	随州市	人工	95.55
59	十堰郧阳湖	2016	1 743.60	1 404.09	十堰市	河流	80.53
60	阳新莲花湖	2016	1 145.46	981.42	黄石市	湖泊	85.68
61	监利老江河	2016	2 238.32	2 149.01	荆州市	湖泊	96.01
62	嘉鱼珍湖	2016	572.99	476.87	咸宁市	湖泊、河流、沼泽	80.40
63	十堰泗河	2016	1 040.47	469.34	十堰市	河流	45.11
64	老河口西排子湖	2017	2 211.86	2 202.83	襄阳市	人工	99.59
65	随州淮河	2017	373.61	187.94	随州市	河流	50.30
66	秭归九畹溪	2017	702.00	309.88	宜昌市	河流	44.14

第四章

湖北省国家湿地公园简介

4.1 湖北神农架大九湖国家湿地公园

1. 湿地公园四至及地理位置

湖北神农架大九湖国家湿地公园(以下简称大九湖湿地公园)位于川、渝、鄂三省交汇处,西与重庆市巫山、巫溪县接壤,北与十堰市竹山、房县为邻,东与湖北省巴东县相连,距神农架林区首府松柏镇 165 km,地理坐标为东经 31°34′~31°33′、北纬 109°56′~110°11′。

2. 湿地类型、面积及分布

大九湖湿地公园总面积 5 083 hm²,主要包括亚高山草甸、泥炭藓沼泽、睡菜沼泽、苔草沼泽、香蒲沼泽、紫茅沼泽以及河塘水渠等湿地类型,在中国湿地中具有典型性、代表性、稀有性和特殊性。

3. 自然地理条件

大九湖位于我国地势第二级阶梯的东部边缘,由大巴山东延的余脉组成亚高山盆地地貌,盆地底部海拔 1 730 m,周围群山环绕,东面的最高峰霸王寨海拔 2 624 m,南面的四方台顶高 2 600 m,相对高差 894 m。大九湖盆地四面群山环抱,地处中纬度北亚热带季风气候区,属典型的温带大陆性高山潮湿气候。气候的基本特点可概括为:气候温凉,年平均 7.4℃,无霜期短,只有 144 d,积温少,年降水量 1 541.6 mm,降水丰富且分布均匀,相对湿度 80%。

4. 湿地动植物资源概况

大九湖湿地公园区域内共分布有高等植物 145 科 474 属 984 种(含变种及栽培种)。其中蕨类植物 15 科 21 属 37 种;裸子植物 4 科 9 属 17 种;被子植物 126 科 444 属 930 种。在被子植物中,双子叶植物 109 科 354 属 748 种;单子叶植物 17 科 90 属 182 种。另外,大九湖有苔藓植物 18 种,隶属 13 科 17 属。区域自然植被类型有沼泽植被、温性针叶林、落叶阔叶林带和灌丛 4 个植被型。

大九湖湿地公园区域内有陆生脊椎动物 70 种,隶属 14 目 35 科 56 属。其中,兽类 27 种,隶属 5 目 14 科 24 属;鸟类 37 种,隶属 6 目 15 科 28 属;爬行类 1 种,隶属 1 目 1 科 1 属;两栖类 5 种,隶属 2 目 5 科 3 属。

5. 湿地景观与人文资源概况

大九湖湿地公园的湿地景观主要有冰川地貌景观、生物景观、冰雪、气候类景观、古迹和建筑。大九湖湿地是湖北乃至华中地区目前保存较为完好的亚高山泥炭藓沼泽类湿地,在全国湿地生态系统中具有典型性、特殊性、代表性和稀有性,有极其重要的保护、科研和利用价值。

大九湖湿地公园区域内还分布着"薛刚反唐"的秘密屯兵地和练兵场、神农架古盐道等古迹和建筑,流传着"薛刚反唐""黑暗传"等传说以及韵律优美的山歌等。

6. 历史沿革

2006 年 9 月,大九湖国家湿地公园经国家林业局批准,成立为中国第四个、华中地区首个国家级湿地公园。2008 年 5 月,组建了大九湖国家湿地公园管理局。2013 年,大九湖湿地正式进入国际重要湿地名录。

7. 总体规划编制单位

湖北神农架林区林业调查规划设计院、华中师范大学。

4.2　湖北武汉东湖国家湿地公园

1. 湿地公园四至及地理位置

湖北武汉东湖国家湿地公园(以下简称东湖湿地公园)位于湖北省武汉市主城区,全国最大的城中湖——东湖的区域内,东接武汉三环线绿化带西侧,南靠马鞍山森林公园(吹笛景区)喻家湖,西至东湖磨山山脚,北边临近东湖清河桥。

2. 湿地类型、面积及分布

东湖湿地公园总面积为 1 020 hm²,其中水域面积 650 hm²,主要包括团湖、后湖、喻家湖,陆地面积 370 hm²,湿地率达 63.7%。

3. 自然地理条件

东湖地区属典型残丘型河湖冲积地形,南面为东西向残丘,呈雁行排列,断续相连;北面为长江冲积平原,顺长江流向延伸,地势向东湖倾斜;东西两侧阶地广布,湖盆正好镶嵌于阶地之中。地貌类型主要包括湖泊、汊港、岬湾、湖滩、山丘、谷地、岗地、平原等。东湖地处中亚热带北缘,季风湿润气候显著,四季分明。气候特征表现为冬季寒冷、夏季炎热、春天多雨、秋季凉爽,基本与武汉气候变化规律一致。多年平均气温 16.7℃。多年平均降水量 1 191.6 mm。

4. 湿地动植物资源概况

武汉东湖湿地公园内共有维管束植物 76 科 184 属 351 种,以杉科、松科、杨柳科、樟科等植物为主,现有水生植物 11 科 18 属 18 种,其中挺水植物 6 种、漂浮植物 3 种、浮叶植物 3 种、沉水植物 6 种。

东湖湿地公园有爬行类 3 目 6 科,兽类 3 目 6 科,两栖类 1 目 3 科,底栖动物 18 种。鸟类区系十分丰富,包括湿地鸟类、候鸟类、山地鸟类、农田鸟类和城郊鸟类几种类型的混合。

5. 湿地景观与人文资源概况

东湖湿地公园是东湖风景区中少量保有原生湿地的区域,具有江汉平原典型的水生态特征,即有湿地资源、良好的植被条件、曲折的港湾湖汊。湿地公园景观主要有湿地鸟类景观、东湖渔家、湿地花园景观、"湖光山影"景观、水乡田园风光等。

6. 历史沿革

1935 年,湖北省政府成立东湖建设委员会,计划建设东湖。1949 年更名为"东湖公园",1950 年改称"东湖风景区",1982 年审定为第一批国家重点风景名胜区;1985 年将东湖风景区管理处升格为东湖风景区管理局,2006 年升格为东湖风景区管理委员会。

7. 总体规划编制单位

武汉市园林建筑规划设计院。

4.3 湖北谷城汉江国家湿地公园

1. 湿地公园四至及地理位置

湖北谷城汉江国家湿地公园(以下简称谷城汉江湿地公园)位于湖北省襄阳市谷城县城关镇东部,北河和南河之间,东侧边界位于汉江河道中部,三面环水,西偎县城,距离谷城县城关镇中心 3 km。东至汉江县界,西至汉江二堤,南至南河南岸,北至北河北岸。地理坐标为东经 111°38′34″~111°42′38″,北纬 32°18′44″~32°14′20″。

2. 湿地类型、面积及分布

谷城汉江湿地公园总面积为 2 133.60 hm²,其中湿地总面积 1 101.75 hm²,湿地率 51.64%,以泛洪平原和永久性河流为主,面积分别为 611.49 hm² 和 368.39 hm²,分别占湿地总面积的 55.50% 和 17.27%,占湿地公园总面积的 28.66% 和 17.27%。

3. 自然地理条件

谷城县地貌特点是地割强烈,峰峦栉比,谷涧纵横,起伏坡度大。整个地势西南高,东北低,境内共有 5 个土类,10 个亚类,29 个土属,118 个土种。谷城汉江国家湿地公园主体位于汉水西岸,海拔在 100 m 以下,地势平坦,起伏较小。湿地公园水系可以分为汉江水系、北河水系、南河水系和北河的故道水系。谷城汉江湿地公园属北亚热带季风气候区,冬季温和,夏季高温,全年多雨,冬夏风向有明显变化。年平均降水量 800~1 200 mm,年平均气温 15.4℃,年日照时数 1 894.2 h,日照率 43%,无霜期 234 d。

4. 湿地动植物资源概况

谷城汉江湿地公园内动植物资源丰富,共有维管束植物 120 科 345 属 476 种,其中蕨类植物 14 科 17 属 19 种,裸子植物 4 科 7 属 8 种,被子植物 102 科 321 属 449 种。

谷城汉江湿地公园共有哺乳动物 11 种,隶属 5 目 5 科;鸟类 99 种,隶属 9 目 28 科,其中国家Ⅰ级保护鸟类 2 种,国家Ⅱ级保护鸟类 21 种;爬行动物 13 种,隶属 2 目 7 科;两栖动物 17 种,隶属 3 目 4 科;鱼类 33 种,隶属 4 目 9 科。

5. 湿地景观与人文资源概况

谷城汉江湿地公园内有汉江、南河和北河水域景观,同时形成较丰富的植被景观,吸引了多种鸟类在此栖息、取食、繁殖、越冬或越冬停歇,是候鸟重要的迁徙停歇地、繁殖地和越冬地。

谷城汉江湿地公园内现有原谷城八景中的三景:"仙人古渡""粉水澄清""后湖夜月"。谷城是神农文化的中心地带和楚文化发祥地之一,形成了古今一脉、中西合璧的多元文化特质。

6. 历史沿革

谷城历史悠久,是楚文化发源地之一。汉江亦称汉水,又名襄河,《水经》中还称沔水,是长江中下游最大支流,汉水在历史上曾多次泛滥自然改道。明朝以前,汉水近江一带歧道曼分,多口入江,主道经汉阳与孝感、黄陂之间东流,在今天的汉口谌家矶、黄陂沙口间汇入长江,明朝成化年间(1465—1487)形成新的主道。

7. 总体规划编制单位

国家林业局调查规划设计院。

4.4 湖北蕲春赤龙湖国家湿地公园

1. 湿地公园四至及地理位置

湖北蕲春赤龙湖国家湿地公园(以下简称赤龙湖湿地公园)位于黄冈市蕲春县南部,范围主要涉及国营赤东湖渔场、恒丰湖渔场以及蕲州镇、赤东镇、八里湖办事处等乡镇的部分村塆。地理坐标为东经 $115°21'20''\sim115°30'50''$,北纬 $30°02'38''\sim30°10'43''$。

2. 湿地类型、面积及分布

赤龙湖湿地公园的湿地类型包括永久性河流、泛洪平原湿地、永久性淡水湖、草本沼泽、灌丛沼泽及人工湿地池塘等湿地生态类型。湿地公园总面积 6 147.25 hm²,其中湿地面积 3 908.24 hm²,湿地率 63.58%,是长江中下游地区典型的湖泊湿地。湿地面积中按湿地类型分:永久性淡水湖 3 385.23 hm²,占湿地公园湿地总面积的 86.62%;水产养殖场 449.09 hm²,占湿地公园湿地总面积的 11.49%;永久性河流 73.92 hm²,占湿地公园湿地总面积的 1.89%。

3. 自然地理条件

赤龙湖湿地公园属长江冲积平原湖滩地貌,中亚热带向北亚热带过渡的大陆季风气候,四季分明,降水充沛。土壤主要以红壤、潮土、水稻土为主,呈微酸性,有机质含量丰富。湿地公园水域面积广阔,半岛林地茂密,低丘陵绵延起伏,河流、湖泊、沟渠、水塘、泛洪地、滩涂、农田、芦苇等构成了结构完整的自然复合生态系统。

4. 湿地动植物资源概况

赤龙湖湿地公园内动植物资源丰富,有水鸟类 30 多种,兽类 6 目 11 科 29 种,两栖类 1 目 4 科 11 种,爬行类 3 目 8 科 28 种,昆虫类 5 目 13 科 37 种,鱼类 8 目 16 科 65 种,木本植物资源 132 科 233 属 351 种,其中用材树种 29 科 53 属 82 种,园林绿化树种有 37 科 73 属 126 种,经济林树种有 21 科 31 属 48 种,灌木有 32 科 55 属 77 种,藤本植物有 13 科 21 属 28 种,草本植物 37 科 80 余种。

5. 湿地景观与人文资源概况

赤龙湖与长江连通,四面山丘连绵环绕,形成了山中有湖,湖中有岛的奇妙山水景观,赤龙湖是东北亚地区越冬候鸟的重要栖息地,水鸟景观独特而壮观。蕲春是李时珍的故乡,历史文化丰富,区内拥有华中影视基地,以及 86 处国家、省、市、县重点文物保护单位。

6. 历史沿革

蕲春早在公元前 201 年建县,其远古文明上溯到新石器时代,是鄂东最古老的县之一。汉末以来,蕲春以地处"吴头楚尾",扼控长江,战略地位显要,历为当权者所重视。历史上,蕲春长期为郡(州、路、府、专区)和县两级政府机构所在地,历为鄂东政治、经济、文化和军事中心。中华人民共和国成立后,蕲春恢复县制,隶属湖北省黄冈市(地区)。

7. 总体规划编制单位

原总体规划编制单位:湖北省林业勘察设计院;规划修编单位:湖北省林业勘察设计院。

4.5　湖北赤壁陆水湖国家湿地公园

1. 湿地公园四至及地理位置

湖北赤壁陆水湖国家湿地公园(以下简称陆水湖湿地公园)位于赤壁市东南部,范围以陆水水库(即陆水湖)的水域、岛屿、半岛及库周林地为主体,地理坐标为东经 113°52′37″～114°05′07″,北纬 29°37′48″～29°43′30″。

2. 湿地类型、面积及分布

陆水湖湿地公园湿地包括自然湿地、人工湿地 2 个Ⅰ级湿地分类,河流湿地、沼泽湿地、水库、农用池塘、灌溉用沟渠等 5 个Ⅱ级湿地分类。湿地面积(不计稻田/冬水田,下同)合计 4 337.52 hm²,占湿地公园总面积 12 568.52 hm² 的 34.51%。其中:永久性河流面积 16.17 hm²,占湿地公园湿地面积的 0.37%;草本沼泽面积 29.37 hm²,占湿地公园湿地面积的 0.68%;水库面积 4 283.32 hm²,占湿地公园湿地面积的 98.75%;农用池塘面积 7.04 hm²,占湿地公园湿地面积的 0.16%;灌溉用沟渠面积 1.62 hm²,占湿地公园湿地面积的 0.04%。

3. 自然地理条件

陆水湖湿地公园地处赤壁南部的低山区,海拔从 50 m(大坝)到 438 m(雪峰山),地质构造属典型的溶蚀地貌,由历次地质运动和长期地质淋溶,陆水湖沿岸形成侵蚀堆积地貌,而周边低山则交叉分布志留纪页岩、砂岩构成的剥蚀地貌。在水作用力的影响下,形成岛屿、湖泊和山水交错的地形地貌。属亚热带季风气候,全年四季分明,雨量充沛,气候温和,雨热同季。全市年平均气温 16.8℃,历年平均降水量 1 604 mm。陆水湖湿地公园陆域范围土壤种类多样,主要分布有潮土、水稻土、红壤和石灰土 4 个土类,其中潮土分布湖岸河流入口滩地、水稻土分布湖泊南北山麓缓坡地带,红壤分布湖泊岛屿、半岛和山麓陡坡,石灰土只在局部石灰岩裸露地带有分布。

4. 湿地动植物资源概况

陆水湖湿地共有维管束植物 79 科 184 属 242 种(含重要栽培种)。陆水湖湿地共有常见浮游动物 4 类 29 属 37 种,底栖动物有 3 门 17 科 35 属 38 种,鱼类 4 目 9 科 32 属 37 种,爬行动物有 2 目 7 科 15 种,鸟类 72 种,兽类动物有 5 目 7 科 14 种。

5. 湿地景观与人文资源概况

陆水湖湿地公园以平湖千岛、群山环湖、实验枢纽、葛洪古址、生态植被等特色景观最为世人瞩目。湿地公园依托陆水水库及库周的山川林木而建,文化资源主要有三国文化、水利文化、茶文化、竹文化、佛道文化、民俗文化等。

6. 历史沿革

陆水湖于 1987 年被列为湖北省首批省级风景名胜区,2002 年被批准为国家级风景名胜区。1987 年赤壁市政府成立陆水湖风景区管理局,隶属市建委领导。1997 年,陆水湖风景名胜区管理局升格为正科级单位,与陆水湖风景区办事处实行两块牌子、一套班子运作。2000 年 3 月,陆水湖风景区管理局从陆水湖风景区办事处分离出来,归口市旅游局。2012 年 5 月经湖北省、咸宁市批准,成立陆水湖风景名胜区管理委员会,为副处级机构,全面负责风景名胜区的保护、利用和统一管理。

7. 总体规划编制单位

湖北省林业勘察设计院。

4.6 湖北荆门漳河国家湿地公园

1. 湿地公园四至及地理位置

湖北荆门漳河湿地国家公园(以下简称漳河湿地公园)地处湖北省荆门、宜昌、襄阳三市交界处,与当阳市、远安县、南漳县、荆门东宝区相连。漳河水库的主体部分在荆门市东宝区。漳河湿地公园以漳河水库的水体蓝线保护圈为主体,包括周边一定范围的区域,地理坐标为东经 $110°49'00''\sim112°07'53''$、北纬 $30°56'03''\sim31°14'43''$。

2. 湿地类型、面积及分布

漳河湿地公园内湿地主要以人工的库塘湿地为主,湿地面积为 $10\ 815.5\ hm^2$,占湿地公园总面积的 91.0%。

3. 自然地理条件

沮漳河及汉水流域均属于第四系前地层和第四系地层。库区周围岩性较为坚硬,形成许多陡崖、奇石,具有观赏价值。漳河湿地公园地处中纬度北亚热带季风气候带,属半湿润地区,四季分明,年平均气温 15.9℃,年平均降水量 $950\sim1\ 073.6\ mm$。漳河水库库区土壤类型复杂,大致分为沿河两岸冲积土壤、丘陵岗地土壤和山地土壤。土壤共有五种类型:黄棕土壤、紫色土壤、水稻土、潮土及石灰石。

4. 湿地动植物资源概况

漳河湿地公园及其周边共有维管束植物 490 种(含栽培种 135 种),隶属 123 科 329 属。湿地公园共有野生脊椎动物 116 种,两栖类 6 种、爬行类 11 种、兽类 13 种、鸟类 50 种、鱼类 36 种。

5. 湿地景观与人文资源概况

漳河湿地公园地文资源主要是山、石、洞穴。湿地景观资源主要有候鸟栖息地、野生动物栖息地、湿地植物景观。漳河湿地公园的人文生态主要是由近代文化和民间文化构成,其中包括宗教文化、历史文化、民俗文化、水利工程文化以及逐渐民间化的革命文化。

6. 历史沿革

漳河是长江中游较大支流沮漳河的东支。它源于荆山,上游雨量充沛,坝址以上多年平

均来水量 $8.4 \times 10^8 \mathrm{m}^3$ 左右。建库前每逢暴雨,山洪汹涌,两岸往往溃决成灾,并增大长江防洪压力,严重威胁江汉平原安全。而漳河两岸的丘陵岗地,却是十年九旱,人畜饮水困难。1958 年开始正式确定修建漳河水库,1966 年基本建成,是全国八大人工水库之一,居全国灌溉水库第 8 位。水库建成后的 40 余年中,在防洪、发电、城市供水、养殖、航运等方面,取得了显著效益。

7. 总体规划编制单位

国家林业局中南林业调查规划设计院。

4.7　湖北黄冈遗爱湖国家湿地公园

1. 湿地公园四至及地理位置

湖北黄冈遗爱湖国家湿地公园(以下简称遗爱湖湿地公园)位于长江中下游北岸,湖北省黄冈市黄州城区东南部,西南濒临长江,东邻巴河,北有长河,长江与长河环绕于周。地势东北部为山丘,由西北向东南倾斜。地理坐标为东经 $114°50′ \sim 115°05′$、北纬 $30°25′ \sim 30°29′$。

2. 湿地类型、面积及分布

遗爱湖湿地公园范围包括东湖、西湖以及菱湖,面积 $811.1 \mathrm{hm}^2$,湿地类型丰富,包括永久性河流、泛洪平原湿地、永久性淡水湖及人工湿地池塘等,生态系统结构完整。其中,整个湖体水域 $399.4 \mathrm{hm}^2$,陆地 $323.4 \mathrm{hm}^2$,属于以湖泊为主的湿地。

3. 自然地理条件

遗爱湖湿地公园属下扬子台褶带的北缘,是江南古陆的一部分,地质变动在黄冈市境内形成马鞍山-马尾山背斜、踏石岭背斜、周家山单斜汪家塽向斜。地处亚热带大陆性季风气候区江淮小气候亚区。气候温暖湿润,雨量充沛,四季分明,光照充足,无霜期长,严冬酷暑期短。年平均气温 $16.9℃$,年平均降水量 $1293.5 \mathrm{mm}$。土壤类型主要有潮土和水稻土两大类。

4. 湿地动植物资源概况

遗爱湖湿地公园现有浮游动物 85 种、底栖动物 86 种、鱼类 69 种、两栖类 12 种、爬行动物 28 种、兽类 31 种、鸟类 153 种。

遗爱湖湿地公园内分布有各类植物 754 种,其中各类水生浮游藻类植物 33 科 69 属 168 种、各类维管束植物 112 科 235 属 586 种。湿地公园内有国家 Ⅰ 级保护植物银杏、水杉 2 种;有国家 Ⅱ 级保护植物莲、野菱、喜树和樟树 4 种。

5. 湿地景观与人文资源概况

遗爱湖及其沿岸用地类型多样,生境类型多样,具有较高的生物多样性保护价值。现有水面 $399.4 \mathrm{hm}^2$,东湖、西湖交接地带植被覆盖率高,绿化率达 48.8%,环境优美,主要景观类型有果林、沼泽地、乔木林等,西湖南侧分布大面积鱼塘。遗爱湖湿地公园因宋代文人苏东坡而闻名。园内还拥有大量的红色旅游资源,是大别山革命根据地的一个主要发源中心,在中国历史上有着特殊的地位。遗爱湖湿地公园紧邻着大别山国家森林公园、龙感湖国家级湿地自然保护区,旅游资源丰富。

6. 历史沿革

遗爱湖湿地公园原行政和管理体制,分为两种情况:一是东湖和西湖水域及其部分陆地属于东湖渔场。二是东湖、西湖和菱湖周边陆地分属不同市级企事业单位,如林木种苗场、种畜场、果园场、林科所、农科所、水科所等单位。2006年黄冈市政府为了进一步改善人居环境,完善城市功能、传承东坡文化,做出了保护遗爱湖的决定,成立了遗爱湖公园管理处,将东湖、西湖和菱湖及其周边部分陆地土地资源纳入了公园管理处统一管理,目前总体权属明晰。

7. 总体规划编制单位

湖北省林业勘察设计院。

4.8 湖北麻城浮桥河国家湿地公园

1. 湿地公园四至及地理位置

湖北麻城浮桥河国家湿地公园(以下简称浮桥河湿地公园)位于麻城市西北部,范围主要以浮桥河水库洪水位为界,包括浮桥河水库水域、岛屿、半岛及水库南部部分山体等,地理坐标为东经114°47′43″～114°54′27″、北纬31°09′40″～31°20′02″,总面积4 349.44 hm²。

2. 湿地类型、面积及分布

根据《湿地分类》(GB/T 24708—2009)的湿地分类系统,浮桥河湿地公园湿地包括水库1种湿地类型。浮桥河湿地公园内的湿地面积合计3 160 hm²(不计稻田/冬水田),占湿地公园总面积的72.65%。

3. 自然地理条件

浮桥河湿地公园位于麻城市西北大别山余脉延伸的丘陵地带,地形波澜起伏,平均海拔119 m。浮桥河湿地的总库容$4.55×10^8$ m³,最高水位68.70 m;正常高水位64.89 m,库容$2.94×10^8$ m³,平均水深7～8 m,最大水深20 m。

浮桥河湿地公园处于北纬31°以北,虽以北亚热带气候为主,但呈淮南农业区的气候特征,春迟秋早,冬长于夏,多年平均降水量1 180.10 mm。土壤成土母岩以白云石英片岩为主,从岗顶到丘谷分别呈现硅麻骨土、硅砂土、硅泥沙土、硅砂泥土的土壤分布,河谷盆地有潮土分布。

4. 湿地动植物资源概况

浮桥河湿地公园共有浮游植物6门34属67种,维管束植物71科175属231种(含重要栽培种)。共有常见浮游动物4类29属37种,常见底栖动物有3门17科35属37种,鱼类4目9科32属37种,两栖类动物1目3科3属8种,爬行动物有2目7科14种,鸟类93种,兽类动物有5目7科14种。

5. 湿地景观与人文资源概况

浮桥河湿地公园主要景观有水域景观、滨湖景观、生物景观、天象景观。湿地公园区域小,气候宜人,四季竞秀,景观各异。区内零星点缀着大安寺、鼎兴寺等多所寺庙,基本保存完好,香火延续至今,积累了丰富深厚的宗教文化,回荡着许多令人难忘的美丽传说。书院文化源远流长,红色旅游方兴未艾。民间艺术文化代代相传,麻城的特色民间艺术文化有东路花鼓戏、花挑、民歌、叉灯、连响舞等多种形式。

6. 历史沿革

浮桥河水库于 1959 年 12 月开工建坝,1960 年 7 月基本建成,形成现在的浮桥河(水库)湿地,其后大坝又经过多次加固整修。20 世纪 70 年代,浮桥河湿地周边区域集中了麻城市多家企业单位,如湖北有线电厂、麻城化肥厂、浮桥河小学、浮桥河中学、联办中学、麻城商校、党校、161 医院等多家企事业单位。20 世纪 90 年代以后,由于地理条件限制,大多数企业相继迁走,近年来,浮桥河湿地已成为京九大动脉、湖北大别山电厂和麻城市开发区的供水水源,作为麻城居民用水的主要水源地以及武汉市新洲区的部分灌溉用水的水源地。2009 年浮桥河湿地经湖北省林业局批准为省级湿地公园。2011 年浮桥河湿地经国家林业局批准为国家湿地公园。

7. 总体规划编制单位

原总体规划编制单位:国家林业局林产工业规划设计院;规划修编单位:湖北省林业勘察设计院。

4.9　湖北京山惠亭湖国家湿地公园

1. 湿地公园四至及地理位置

湖北京山惠亭湖国家湿地公园(以下简称惠亭湖湿地公园)地处湖北省京山县境内,紧邻城区,与新市镇、孙桥镇接壤,地理坐标为东经 112°59′31″～113°59′11″,北纬 30°59′14″～31°40′60″,南北跨越 9 km,东西跨越 10.6 km。

2. 湿地类型、面积及分布

惠亭湖湿地公园总面积 3 832.23 hm²,包括惠亭水库、库区上游河流、库区边缘鱼塘与滩地,以及周边水源涵养林地,湿地面积比例约 63%。该湿地是平原向丘陵山地过渡的典型湿地类型,也是丘间湿地与山地森林耦合的复合生态系统。

3. 自然地理条件

惠亭湖湿地公园的湖区所在地地层比较复杂,为志留系至三叠系,由碳酸盐岩岩石及碎屑岩组成,主要有泥质灰岩、石灰岩、白云岩、石英砂岩等。

坝址区位于京山背斜的西南翼、核部和东北翼的一部分。湖区周围土壤多为板岩黄棕壤、黄棕壤性板岩泥田,部分为棕色石灰土、黑色石灰土和壤土型灰潮土。地处鄂中亚热带季风气候区,属半湿润地区,四季分明,春暖夏热,秋凉冬寒。年平均气温 15.8℃,年平均无霜期 294 d,年平均日照时数 1 971 h,年平均降水量 1 073 mm,相对湿度 75%。主要气象灾害有干旱、暴雨和低温冷害。

4. 湿地动植物资源概况

惠亭湖中的浮游藻类共有 54 种,共有维管束植物 490 种(含栽培种 135 种,占 27.6%),隶属 123 科 329 属。常见浮游甲壳类动物 12 种、底栖动物共 21 种、鱼类 36 种、两栖类动物

6 种、爬行类动物 11 种、鸟类 50 种、哺乳动物 13 种。

5. 湿地景观与人文资源概况

惠亭湖湿地公园的湿地景观主要包括:山地森林景观、湖湾浅水典型水生植被景观、湖岸坡景观及各岛屿景观等。惠亭湖文化景观种类丰富,有体现地方特色的民俗一条街,有休闲娱乐度假为一体的惠水乐园,有展现惠亭湖风采和地方特色的主坝建筑等。

6. 历史沿革

由于惠亭湖水利枢纽建成于 20 世纪 50 年代,技术设计简单,施工管理粗糙。为此,曾于 1978 年、1985—1986 年、1989 年、1998 年分别对防浪墙、迎水面护坡、南输水管、坝体险地进行过加固处理。2002 年 9 月 20 日,经长江水利委员会批复,决定实施主副坝加固、木子岭新建副坝、溢洪道加固、南北输水管及副坝输水管加固等惠亭湖水利除险加固工程。2009 年 1 月,除险加固工程全部竣工并通过了国家验收,使惠亭湖水利枢纽及配套设施的工程质量提高到了一个新的标准,其安全性、环境状况和综合利用能力有了显著提高。惠亭湖始建于 1959 年,1998 年经京山县人民政府批准成立惠亭湖管理局,2000 年被湖北省水利厅授予省级水利旅游度假区,2004 年被水利部授予国家水利风景区。

7. 总体规划编制单位

湖北省林业勘察设计院。

4.10 湖北钟祥莫愁湖国家湿地公园

1. 湿地公园四至及地理位置

湖北钟祥莫愁湖国家湿地公园(以下简称莫愁湖湿地公园)由南湖、北湖两部分组成。东西长约 6.07 km,南北长约 9.17 km,地理坐标为东经 112°35′11″~112°39′07″、北纬 31°06′49″~31°11′49″。

2. 湿地类型、面积及分布

莫愁湖湿地公园属于湖泊型湿地公园,呈"一轴两湖模式",一轴为莫愁湖景观大道(现名:金汉江大道),两湖为南湖(镜月湖)、北湖(莫愁湖),总面积 1 664.13 hm²,湿地面积 1 609.24 hm²,占项目区总面积的 96.70%。

3. 自然地理条件

莫愁湖所处地区气候温和,雨量适中,霜期较短,年平均气温 15.9℃,全年大于 10℃积温 5 086.1℃,无霜期 255 d,年平均降水量 952.6 mm,夏秋占 63.1%,具有明显的雨热同期特点,年平均日照 1 930~2 300 h,相对湿度 77%,适宜植物生长发育。

4. 湿地动植物资源概况

莫愁湖的浮游藻类共有 6 门 15 种,维管束植物有 82 科 213 属 301 种(含栽培种 91 种,占 30.23%)。常见浮游动物有 13 种、底栖动物有 18 种、鱼类有 51 种、两栖类动物有 8 种、爬行类动物有 10 种、鸟类有 42 种、哺乳动物 8 种。

5. 湿地景观与人文资源概况

莫愁湖湿地公园有着非常优美的湿地景观。主要包括岛屿景观、典型水生植被景观、水鸟景观等。特别是湖中有大小岛屿 32 个,最大岛屿面积 1.43 hm²,最小岛屿面积 0.03 hm²,形成了"湖中有岛,岛中有湖"的湿地景观。莫愁湖有着丰富的文化底蕴,有着优美的传说。其文化景观种类丰富,莫愁湖因莫愁女而得名,并留下了莫愁村、莫愁渡、阳春台、白雪楼等众多历史遗迹。另外,莫愁湖与明显陵紧邻,具有很高的旅游价值,是理想的旅游目的地。

6. 历史沿革

莫愁湖湿地公园的北湖位于钟祥市城区东北郊。早在 2 000 多年前的春秋战国时期,它就存在于楚国莫愁女居住的莫愁村,故称莫愁湖。1958 年,长城公社在皇庄管理区建立北湖渔场。1959 年,北湖与南湖两渔场合并建立钟祥县南北湖渔场。三年困难时期,北湖单独成立钟祥县地方国营鱼种场。1964 年 4 月,北湖与南湖合并扩建为国营钟祥县南北湖渔场。1969 年,分为皇庄区北湖渔场和国营钟祥县南湖原种场渔场。1970 年,两渔场又合并成立钟祥县国营南北湖渔场。1972 年改为国营钟祥县南北湖渔场。1987 年 1 月,北湖渔场成立钟祥县水产科学研究所,与北湖渔场一套班子,两块牌子。1987 年 6 月,南北湖渔场分家,单独成立国营钟祥县北湖渔场与南湖渔场。2003 年,北湖渔场改制,由个体承包经营。南湖渔场坚持集体所有制,下辖四个渔业队、三个养殖队、一个苗种繁育基地、一座 300 吨级冷库。四个渔业队呈半月形沿湖居住。

7. 总体规划编制单位

湖北省林业勘察设计院。

4.11　湖北大冶保安湖国家湿地公园

1. 湿地公园四至及地理位置

湖北大冶保安湖国家湿地公园(以下简称保安湖湿地公园)位于湖北省东南部,大冶市西北部。地理坐标为东经 114°40′~114°48′、北纬 30°12′~30°20′。保安湖湿地公园总面积为 4 343.57 hm²,湿地公园边界范围如下。北界:东风农场湖堤至肖四海湖堤。西界:由肖四海湖堤经磨山半岛多年平均水岸线(外延 300 m)至陈家咀,由陈家咀经芦嘴村、枫林村、西海半岛多年平均水岸线(外延 300 m)至西港入湖航道。南界:由西港入湖航道至吴家咀,由吴家咀至东港入湖航道。东界:由东港入湖航道经桂花村多年平均水岸线(外延 300 m)至鄢堡湖东部围堤,由鄢堡湖东部围堤经野溪嘴、黄金湖湖堤至东风农场湖堤。

2. 湿地类型、面积及分布

保安湖湿地公园湿地生态系统类型多样,兼具天然湿地类型和人工湿地类型。天然湿地主要有湖泊湿地、沼泽湿地、河流湿地等,人工湿地主要有坑塘湿地、稻田湿地等。湖泊湿地 3 956.35 hm²,占 91.81%;沼泽湿地 188.03 hm²,占 4.36%;河流湿地 18.41 hm²,占 0.43%;人工湿地 146.55 hm²,占 3.40%。

3. 自然地理条件

保安湖由于受第四纪以来地质构造和地壳条件的影响,湖形狭长,呈南北延伸,地形由东南向西北略倾,因此水流方向自东南流向西北。保安湖湖岸曲折,港汊密布,由主体湖、桥墩湖、扁担塘、肖四海等部分组成,平均水深 2.5 m 左右,上下层水温基本一致,年平均水温

18℃左右,终年无冰封现象,湖底海拔高度为 14.5 m,水位稳定,落差较小。保安湖地区属亚热带季风气候区,位于亚热带与北亚热带交界处,气候温和,雨量充沛,四季分明,光照充足,无霜期长,冬冷夏热,年平均气温 17℃,平均无霜期 265 d,年平均降水量 1 450 mm,年平均相对湿度 73%。土壤主要有棕红壤、棕色石灰土、中性紫色土、潮土、灰潮土。

4. 湿地动植物资源概况

保安湖湿地公园植物资源较为丰富,共有湿地维管束植物 478 种、浮游植物 42 种、浮游动物有 4 大类 31 种、底栖动物 22 种、鱼类 44 种、两栖动物有 1 目 6 科 14 种、爬行类 30 种、鸟类 147 种、兽类 17 种。

5. 湿地景观与人文资源概况

保安湖湿地公园的湿地景观主要包括湖泊景观、苇洲、水禽及湘莲湿地等。尤其是主湖水域面积达到 4 000 hm²,水质条件较好,碧波荡漾、水天一色的景观让人流连忘返。文化资源主要包括龙舟文化、采莲文化、青铜文化、石雕文化、红色文化、银保安历史文化等。

6. 历史沿革

保安湖历史上是重要航道,东穿河泾港可达三山湖,北经长港可入梁子湖,由鄂州樊口进入长江,还有 12 条支航道可达湖区周围村镇。但自 1927 年樊口闸建成以及 1964 年和 1977 年先后建成东沟闸、磨刀矶闸,船只在樊口闸采用“过坝”入江方式,船只外运功能丧失,但防止了梁子湖水位倒灌,稳定了保安湖水位。保安湖 20 世纪 50 年代面积为 11 360 hm²,随着周边居民的围湖垦殖,80 年代迅速缩小为 5 980 hm²、90 年代 6 380 hm² 以及现在的 4 000 hm²。

保安湖水域原隶属保安湖开发总公司,其专门从事渔业养殖。保安湖开发总公司成立于 1964 年 11 月,1986 年 8 月设立保安湖管理处,与保安湖开发总公司合署办公,为事企合一的正局级单位。为更好保护保安湖的生态环境,2008 年 3 月,大冶市政府开始对保安湖管理处和开发总公司一并改革,对职工实行一次性安置。2010 年 8 月,大冶市设立大冶市保安湖湿地管理办公室专门管理保安湖湿地保护和合理利用开发,为市林业局管理的正科级事业单位。市保安湖管理处与其合署办公,两块牌子,一套班子。

7. 总体规划编制单位

国家林业局林产工业规划设计院。

4.12　湖北宜都天龙湾国家湿地公园

1. 湿地公园四至及地理位置

湖北宜都天龙湾国家湿地公园(以下简称天龙湾湿地公园)位于宜都市西南部,东以高坝洲电站为界,西至石场坡,北至白鸭垴村郑家老屋,南到石门水电站,地理坐标为东经 111°17′22″～111°20′32″,北纬 30°23′17″～30°24′21″,总面积 1 239.5 hm²。

2. 湿地类型、面积及分布

天龙湾湿地公园内湿地类型丰富多样,湿地总面积约为 460.63 hm²,占湿地公园总面积的 37.16%,主要包括河流湿地、沼泽湿地、灌丛湿地、农用泛洪湿地和蓄水区 5 种类型。其中,河流湿地的面积最大,为 356.54 hm²,占总湿地面积的 77.40%,占湿地公园面积的 28.76%。其次为农用泛洪湿地,为 56.99 hm²,灌丛湿地面积最小,只有 9.89 hm²。

3. 自然地理条件

天龙湾湿地公园属于奥陶纪遗迹地貌,受侏罗纪末的燕山运动波及的影响,形成了东西褶皱,并伴着压扭性断裂的地质地貌状况。其地貌处于丘陵向低山过渡带内,总体呈北西低南东高地势。天龙湾湿地公园所在的宜都市属中亚热带向北亚热带过渡的大陆季风气候,受江河水系和地形地势的影响,兼有河谷暖湿气候特征。四季分明,雨热同季,降水充沛,光照充足,热量丰富,无霜期长。历年平均气温 16.7℃,历年平均降水量 1 223.3 mm。

4. 湿地动植物资源概况

天龙湾湿地公园境内现拥有植物 151 科 481 属 777 种;两栖动物 3 科 7 种、爬行动物 7 科 19 种、鸟类 33 科 106 种、蝶类 8 科 81 种。千只以上的白鹭群居区 3 处,园内多次发现国家 I 级保护动物中华秋沙鸭。

5. 湿地景观与人文资源概况

天龙湾湿地公园所处的清江是宜都的母亲河,八百里清江宛如一条蓝色缎带将群山环绕。清澈的江水穿山越峡,自利川齐跃山逶迤西来,横贯鄂西南 10 多县市,最后在宜都陆城汇入长江。清江流域风光逶迤,有"八百里清江美如画"的盛誉。湿地公园所在的清江流域,古称夷水,因河水清冽而得名,清江流域自古以来被称为"神奇的土地",这里是长江上游与长江中游的交接地带,因其特殊的地理位置和生态环境造就了其绚烂瑰丽的文化,保存了许多古代文化的孑遗。其文化源远流长,文化资源主要有远古文化、土家文化、巴蜀文化、水运文化。

6. 历史沿革

宜都是一座有着悠久历史的古城,是中华早期文明的发祥地之一。7 000 多年前,人类就已经在这片土地上繁衍生息。春秋战国时期,境属楚地,秦朝时县域属南郡,西汉武帝建元六年置县,名夷道县,至今已有 2 000 多年的建制史。东汉建安十五年刘备改临江郡为宜都郡,"宜都"名即始于此,取"宜于建都"之意。建安二十四年,吴大将陆逊占领宜都郡,获取夷道、夷陵等县,并任宜都太守在此筑城抗蜀,历史上著名的"夷陵之战"就发生在境内,故市府所在地故称"陆城"。1949 年 7 月宜都县解放,划属湖北省宜昌专区,1958 年属宜都工业区,1961 年宜都工业区撤销,仍属湖北省宜昌专区,1970 年后属湖北省宜昌地区,1988 年 2 月经国务院批准撤销宜都县,设立枝城市,1998 年改称宜都市。

7. 总体规划编制单位

国家林业局林产工业规划设计院。

4.13　湖北红安金沙湖国家湿地公园

1. 湿地公园四至及地理位置

湖北红安金沙湖国家湿地公园(以下简称金沙湖湿地公园)位于红安县县城北部,湿地公园的范围包括水库水面及周边的生态公益林、近自然林、宜林地和水库水面滩涂湿地,北至新庙大桥,南至金沙湖水库南部水坝边界,西至邓家湾,东至竹林村的后竹林。地理坐标为东经114°35′45″～114°32′09″、北纬31°17′02″～31°22′38″。

2. 湿地类型、面积及分布

金沙湖湿地公园湿地资源丰富。根据《全国湿地资源调查技术规程（试行）》的分类系统，金沙湖国家湿地公园内湿地属典型的库塘湿地。金沙湖国家湿地公园总面积为1 903.37 hm²，其中湿地面积为1 590.69 hm²，占湿地公园总面积的89.09%。

3. 自然地理条件

金沙湖湿地公园属低丘岗地地貌，地势相对起伏不大。属北亚热带大陆性季风气候，光能资源较充足，热量资源较丰富，无霜期长，降水充沛，雨热同季。年平均气温15.7℃，大于等于10℃活动积温在4 000℃以上，无霜期平均241 d，年平均日照时数为2 088.6 h。年平均降水量1 021～1 154 mm。湿地公园范围内主要为水域，部分水岸多为岩石，陆地土壤类型主要为黄棕壤，其中，西北部矿山、华河一带为石灰土，零星分布有林地棕色石灰渣子土（石灰土）和水稻土。

4. 湿地动植物资源概况

金沙湖湿地公园有丰富的植物资源，共计96科205属318种。动物资源丰富，共计有脊椎动物29目48科120种。其中，鱼类有7目13科35属50种、两栖类有1目2科2属7种、爬行类主要有2目2科3属6种、鸟类有14目24科47种、哺乳类主要有共5目7科9属10种。

5. 湿地景观与人文资源概况

金沙湖湿地公园是山水交融的典范。金沙湖湿地宽阔的水面，曲折连绵的河岸线，构成了河中岛、山外山、山重水复、山水环抱的独特滨湖景观。另外，湿地公园生态环境优越，动植物资源丰富，公园湿地水禽、鹭鸟飞翔，蛙声鸟鸣，生物景观众多。湿地公园地处大别山南麓的红安县，因特殊的地理人文环境，勤劳智慧的红安人民创造了光辉灿烂的文化，在中华文明史和革命史上写下了重要的一笔。主要文化资源有红色文化、革命文化、象棋文化、荆楚文化等。

6. 历史沿革

金沙湖水库是新洲、红安两县人民为治理倒水而修建的，于1959年11月开工建设大坝，1961年4月5日，大坝、子坝筑至68.08 m高程处，中共黄冈地委决定暂时停工，将结尾工作移交红安县，1964年11月，红安县继续兴建，于1965年6月竣工。此后大坝、子坝经过多次加固，最近一次为2010年。金沙湖水库作为红安县人民饮用水的主要水源地以及部分灌溉用水的水源地，自建成以来，发挥了极其重要的作用，对红安县具有深远的意义。

7. 总体规划编制单位

国家林业局林产工业规划设计院。

4.14　湖北罗田天堂湖国家湿地公园

1. 湿地公园四至及地理位置

湖北罗田天堂湖国家湿地公园（以下简称天堂湖湿地公园）位于湖北省黄冈市罗田县九

资河镇境内,湿地公园以天堂水库为主体,包含水库两边部分山体,四至范围分别为:东至河西畈桥;西至天堂水库主坝;南至徐凤冲村野鸡冲;北至韩婆岭村庙儿咀;地理坐标为东经115°37′12″～115°41′30″、北纬31°4′18″～31°07′42″。

2. 湿地类型、面积及分布

天堂湖湿地公园总面积 1 114.97 hm²,根据《全国湿地资源调查技术规程(试行)》中的湿地分类方法,该区域内湿地类型可划分为 1 类 I 型。1 类为人工湿地,I 型为库塘湿地,湿地总面积 553.87 hm²(水体面积划分以天堂水库设计最高水位 296 m 为界限),整个湿地公园的湿地率为 49.67%。

3. 自然地理条件

天堂湖湿地公园地质基底稳固,无大的地质构造活动和地震灾害影响。该区域属于高峡出平湖的"平湖"地域。湖区周边为低丘陵山地,其西南面山峰海拔高达 578 m,地势高低起伏。属北亚热带季风气候,热量充足,雨量充沛,水热同步,四季分明,平均日照时数 2 047.1 h,日照率 46.2%,年平均气温 11.7～16.7℃,年平均降水量 1 230～1 600 mm。湿地公园所在的罗田县土壤种类较多,质地较好,主要土壤类型有黄棕壤、棕壤、潮土和水稻土。

4. 湿地动植物资源概况

天堂湖湿地公园范围内共有维管束植物 592 种(包括栽培种 122 种)。脊椎动物可分为 5 纲 28 目 62 科 146 种,其中,鱼类 34 种、两栖类 10 种、爬行类 14 种、鸟类 69 种、哺乳类 19 种。

5. 湿地景观与人文资源概况

天堂湖湿地公园自然风景优美,水域风光、生物景观等自然景观景色宜人;建筑与设施景观、遗址遗迹景观等人文景观颇具特色。湿地文化主要有红色文化、民俗文化、名人文化、神话传说、古遗址文化、渔业文化、农耕文化、水库沿革文化。

6. 历史沿革

罗田县始建于梁普通四年(523 年),县治设于今石桥铺附近的魁山。唐武德四年(621年),废罗田县,其属地划入兰溪县。北宋元祐八年(1093 年),复置罗田县,县治仍设魁山。南宋端平元年(1234 年),蒙古兵攻破罗田县城、县治迁往鹰山寨(今英山),嘉熙元年(1237年)兵乱县废。德祐元年(1275 年),罗田县在石桥铺原址复立。元代前期和中期,罗田先后属淮西宣抚司、淮西总管府、黄蕲宣抚司、湖广行省、河南江北行省蕲州路。元大德八年(1304 年),知县周广将县治由魁山迁至官渡河(今凤山镇)。明朝时,罗田县属湖广布政使司蕲州府,后改属黄州府。清朝时属湖北(湖广)省武汉黄州府。民国时期,先后辖于湖北省江汉和第三、第二行政督察区、鄂东行署。中华人民共和国成立后,辖于湖北省黄冈地区行政公署。1995 年 12 月,撤销黄冈地区行政公署,设立黄冈市,罗田县属黄冈市。

7. 总体规划编制单位

国家林业局林产工业规划设计院。

4.15　湖北樊城长寿岛国家湿地公园

1. 湿地公园四至及地理位置

湖北樊城长寿岛国家湿地公园(以下简称长寿岛湿地公园)位于襄阳市樊城区牛首镇境内,距离襄阳市主城区 18 km,湿地公园范围东至柿铺白湾村,西至牛首镇新集,南至汉江南岸,北至汉江北岸。

2. 湿地类型、面积及分布

长寿岛湿地公园面积为 3 077.10 hm²,其中湿地面积 2 438.64 hm²,湿地率为 79.25%,是典型的淡水河流湿地。公园内湿地以永久性河流湿地为主,同时分布有大量的泛洪平原湿地。其中永久性河流湿地面积 1 842.79 hm²,主要为汉江水域。泛洪平原湿地面积 595.85 hm²,为长寿岛汉江河岸周围的地势平坦地区,包括河滩、季节性泛滥的草地。

3. 自然地理条件

长寿岛位于汉江之中,是因河道变迁,流速减慢,泥沙淤积形成的江心岛,四面环水。长寿岛呈蛋椭圆形,南北长约 3 km,东西宽约 7 km,面积约 14 km²,是仅次于鱼梁洲(16 km²)的襄阳市区第二大岛。长寿岛湿地公园所在的樊城地处中华腹地,属北亚热带季风气候区,具有南北过渡型特征,四季分明,光能充足,热量丰富,降水适中,无霜期长,气候温和。年无霜期 228～249 d,年降水量 800～1 200 mm,年日照时数 1 800～2 100 h,年平均气温 15～16℃,年平均湿度 76%。

4. 湿地动植物资源概况

据调查,长寿岛湿地公园有维管束植物 357 种,共有陆生脊椎动物 128 种,其中两栖动物 1 目 4 科 7 种,爬行动物 2 目 7 科 13 种,鸟类 13 目 35 科 97 种,哺乳动物 5 目 5 科 11 种。

5. 湿地景观与人文资源概况

长寿岛湿地公园的景观资源主要有水域景观、生态景观和娱乐景观。其中,生态景观主要包括百鸟鸣翠、天然氧吧、碧水白沙、芦花追日。湿地文化资源主要有沙文化、渔文化、长寿文化、人文历史文化等。

6. 历史沿革

牛首镇长寿岛是汉江上一个有沙洲逐渐淤积而成的江心洲岛。据原岛碑记载,清咸丰七年(1857)前,就有农民在岛上居住,开荒种地,因其位于汉江之中,故取名中洲村。1970 年,中洲村改名为新中村。牛首镇于 1984 年,设区建乡,牛首公社改称牛首区,隶属襄阳县。1987 年,撤区建乡,牛首区一分为二,分建牛首镇和竹条镇,隶属襄阳县管辖。2001 年 4 月竹条镇并入牛首镇。2001 年 8 月,樊城区划调整,牛首镇划入樊城区,属樊城区管辖,划分为 36 个行政村、2 个社区居委会(牛首街道居委会、竹条街道居委会)。2009 年 12 月,因岛上长寿老人居多,更名为长寿岛村。

7. 总体规划编制单位

湖北省林业勘察设计院。

4.16 湖北潜江返湾湖国家湿地公园

1. 湿地公园四至及地理位置

湖北潜江返湾湖国家湿地公园(以下简称返湾湖湿地公园)地处湖北省潜江市境内后湖农场,包括返湾湖及南北养殖区和周边缓冲区等区域,地理坐标为东经112°35′11″～112°39′07″、北纬31°06′49″～31°11′49″。东西跨越2 367.9 m,南北跨越3 720.82 m,主要包括返湾湖、湖以北(两个鱼种队、一个成鱼队)及湖西南(渔场四队、五队)的渔业养殖区。

2. 湿地类型、面积及分布

返湾湖湿地公园属于浅水湖泊型湿地公园,总面积776.5 hm²,其中湿地面积752.2 hm²,占湿地公园总面积的96.9%。

3. 自然地理条件

返湾湖所在的区域大地构造单元上属扬子准地台(Ⅰ级)江汉断陷(Ⅱ级)之潜江凹陷(Ⅳ级)范围内。返湾湖湿地公园地处亚热带季风气候区,冬冷夏热,四季分明,光照充足,年平均气温16.6℃,年降水量974～1 150 mm,年平均相对湿度81%,适宜植物生长发育。返湾湖土壤母质主要是近代河流冲积物和湖泊冲积物,局部为第四纪黄土,土壤种类有沙土、油沙土、壤土、壳土和高渣土等。

4. 湿地动植物资源概况

返湾湖湿地公园内共有浮游藻类8门26种;维管束植物有350种。常见浮游动物有10种、底栖动物有17种、鱼类有39种、两栖类动物有8种、爬行类动物有11种、鸟类有114种、哺乳动物有7种。

5. 湿地景观与人文资源概况

返湾湖湿地公园有着非常优美的湿地景观。主要包括:水杉林、典型水生植被景观、岛屿景观、水鸟景观、沟渠景观等,具有江汉平原典型的湖泊—鱼塘—水田—沟渠—河流等相间的复合湿地生态系统景观。其文化景观种类丰富,返湾湖因蒋娘娘的传说而闻名,并建有贺炳炎将军纪念碑,紧邻的"龙湾遗址",具有较高的旅游价值。楚文化、民俗文化、渔业文化、红色文化、传统的湿地农耕文化及美丽的传说给返湾湖湿地公园赋予了浓厚而又神秘的历史文化元素,具有极大的文化保存基础和科研利用价值。

6. 历史沿革

潜江,原为古云梦泽一角,历经江水复合冲击和湖水缓慢冲击而逐渐形成平原水网地区,位于湖北中南部,江汉平原腹地,北依汉水,南临长江,享有"鱼米之乡"和"水乡园林"美称。返湾湖湿地公园位于潜江市中部的后湖农场管理区西南,位于潜江中部,是洞庭湖倒口冲击而成,分南、北两湖,南部习称前湖,北部则称后湖。清末至民国时期,汉江多次溃口,湖底逐步淤积,前湖水面渐渐缩小,后湖形成一片沼泽,1957年在后湖建设养鱼场,以农业生产为主,以渔业为辅,名为养鱼场,实则只有一个23名职工的养鱼队,靠返湾湖天然捕鱼。20世纪60年代初期,大搞农田水利建设,湖渍排除,开垦成田,大力垦荒,但由于自然灾害等多方面的影响,整个农场经济效益日渐衰落,加上偏重于粮棉生产,大面积围湖造田,造成返湾湖湖面缩小,湖泊水深变浅,湿地生物多样性急剧下降,湿地调蓄能力也大幅下降。1961年,撤销养鱼场,实行渔农分家,成立水产大队,直属总场。1971年,开始对返湾湖四周围堤,经过6年努力,完成了15 km的围堤工程。由于不断填塘造田、围湖垦荒,养殖水面从1971年的880 hm²缩小到1978年的733.3 hm²。十一届三中全会后,经济体制改革,重视渔业养殖,退田还湖,加强渔业建设。1989年,由武汉疏浚公司对返湾湖开发建设,1992年竣工,主要以涵养鱼苗为主。后于1995年开始进行旅游开发,2004年旅游开始衰败,后承包进行渔业养殖和种植莲藕。现北湖有两个鱼种养殖队,一个成鱼养殖队,湖以南有渔场五队养殖队,湖西南有渔场四队养殖队。

　　7. 总体规划编制单位

　　湖北省林业勘察设计院、湖北省野生动植物保护总站、湖北大学。

4.17　湖北武穴武山湖国家湿地公园

　　1. 湿地公园四至及地理位置

　　湖北武穴武山湖国家湿地公园(以下简称武山湖湿地公园)地处武穴市市域南部,城区东北部,主要涉及武穴办事处、石佛寺镇等行政区域。范围为:西临黄泥湖土坝,南至规划28号路,北靠石大路,东以14 m水岸线为界,地理坐标为东经115°33′57″～115°36′24″、北纬29°56′28″～29°53′03″,总面积为2 090 hm²。

　　2. 湿地类型、面积及分布

　　根据《全国湿地资源调查技术规程(试行)》中对于湿地分类划分标准,武山湖湿地公园内湿地类型共有湖泊湿地、沼泽湿地、人工湿地3大类,包括永久性淡水湖、草本沼泽、运河和输水河、鱼塘、稻田5个湿地型。武山湖湿地公园湿地面积1 809 hm²,占湿地公园总面积的86.56%。其中永久性淡水湖泊1 476 hm²,占湿地面积的81.6%,为武山湖主水体;草本沼泽12 hm²,占湿地面积的0.7%,主要分布于东部魏高邑村;运河、输水河40 hm²,占2.2%,分布于湿地公园北部和南部地区;鱼塘237 hm²,占13.1%,分布于湿地公园的北、东、南部;稻田44 hm²,占2.4%,位于湿地公园的南部。

　　3. 自然地理条件

　　武山湖湿地公园地势东北高,西南低,北部为东西走向的山系——察山,海拔52～124 m,是湿地公园内海拔最高的区域;东部为低山丘陵,地势缓和起伏,海拔15～35 m;西部是20世纪五六十年代围湖造田形成的堤坝,海拔13 m;南部紧邻规划的城市新区(城东新区),海拔12～14 m。湿地公园所在的武穴市属亚热带季风性湿润气候。年平均气温16.8℃,年平均降水量1 278.70～1 442.60 mm。

　　4. 湿地动植物资源概况

　　据统计,武山湖湿地公园共有维管束植物88科272属410种。共有脊椎动物29目50科156种,其中鱼类6目12科51种,两栖类和爬行类4目8科17种,鸟类12目19科67种,哺乳动物7目11科21种。

5. 湿地景观与人文资源概况

武山湖湿地公园的湿地景观主要有自然景观、鸟类景观、鱼塘湿地景观和万顷油菜花景观。武穴市文化底蕴深厚,主要有吴楚文化、农耕稻作文化、水利文化、曲艺文化和佛教文化等。

6. 历史沿革

武山湖是一个濒临长江的自然湖泊,武山湖地处四望、石佛寺、中心城区之间,古名青林湖。《尚书》载:"江水过九江,至于东陵,西南流,水积为湖。"湖西有青林山,故谓之青林湖。这里曾经风景秀丽,水肥鱼美,湖光山色相映成趣,自然风光如诗如画。

武山湖在中华人民共和国成立初期湖泊面积为 25 km²,相应湖容为 5×10^7 m³,20 世纪五六十年代经过围垦造田,湖泊面积逐步减少。70 年代,由于湖区受江水倒灌影响,极易发生洪水灾害,农业不能保收,所以开始兴建水利工程。至今沿湖共修建围垸 27 处,围堤总长 52.40 km,堤顶高程 18 m,并新建了官桥西泵站、武穴大闸、童司牌节制闸,开挖百米大港,扩宽了官桥大港。

7. 总体规划编制单位

国家林业局林产工业规划设计院。

4.18　湖北通城大溪国家湿地公园

1. 湿地公园四至及地理位置

湖北通城大溪国家湿地公园(以下简称大溪湿地公园)位于咸宁市通城县的东北部的四庄乡境内,地理坐标为东经 114°00′32″~114°03′14″、北纬 29°20′40″~29°22′55″。

2. 湿地类型、面积及分布

根据《全国湿地资源调查技术规程(试行)》的分类系统,大溪湿地公园内的湿地类主要为河流湿地、沼泽湿地和人工湿地,包括泛洪湿地、沼泽、库塘、稻田湿地 4 个湿地型。湿地总面积为 442.84 hm²,占湿地公园面积的 47.52%。其中,库塘湿地的面积最大,为 416.4 hm²,占湿地总面积的 94.03%。沼泽湿地主要分布在库尾和部分河汊浅水区域,面积较小,为 14.29 hm²,占湿地总面积的 3.23%。泛洪湿地在溪流入库区域有零星分布,面积为 9.28 hm²,占湿地总面积的 2.10%。水稻田的面积最小,只有 2.87 hm²,占湿地总面积的 0.65%,主要分别在牛形咀附近。

3. 自然地理条件

大溪湿地公园所在的通城县境内山岭重叠,溪流纵横。整个地势呈东南西三面环山,北部平坦开阔,形成一个南高北低的土箕形。大溪湿地公园地处中亚热带,四季分明。年平均气温 15.5℃。无霜期 258 d 左右,年平均降水量 1 450~1 600 mm。主要灾害有低温、旱涝、连阴雨、大风、冰雹、高温。土壤主要有棕红壤、黄红壤、山地黄棕壤和水稻土等。

4. 湿地动植物资源概况

大溪湿地公园内共有湿地维管植物 326 种(含栽培及逸生植物)。同时,湿地公园内野生脊椎动物共有 5 纲 36 目 81 科 241 种,存在一定数量的珍稀濒危物种。脊椎动物共有 5

纲 36 目 81 科 241 种。其中,鱼纲 9 目 14 科 63 种,两栖纲 2 目 4 科 13 种,爬行纲 3 目 9 科 26 种,鸟纲 15 目 40 科 109 种,哺乳纲 7 目 14 科 30 种。

5. 湿地景观与人文资源概况

大溪湿地公园的湿地景观主要有水域景观、生态景观、天象与气候景观。大溪湿地所在的通城县历史文化积淀深厚,生活在鄂、湘、赣三省交界地的通城人历经岁月变迁,创造了丰富多彩而灿烂的文化。有距今 4 000 多年的尧家岭文化遗址,有充满传奇色彩的瑶族圣地"千家峒"遗址——大风洞、大风磅,更有瑶族文化印记——"拍打舞"、银饰、"狗肉坡""药姑山"等等。此外还有传承至今的中草药文化等。

6. 历史沿革

大溪水库是湖北省人民政府批准于 20 世纪 70 年代建成的大型水库,库容量 $4 \times 10^8 \text{ m}^3$,水域面积 800 hm²,自然岛屿 100 多个,地处四庄乡。因境内有魏家庄、李家庄、皮家庄和上庄而得名,古名"四庄牌"。1983 年后,随着农村经济的快速发展和公路改扩建,部分农民进镇建房,集镇逐年扩大。1984 年 2 月,改人民公社制为区辖乡镇制,四庄分设清水、四庄、灵芝、大溪 4 个乡,隶属沙堆区。1987 年 9 月撤区并乡,设四庄、大溪 2 乡。2001 年 2 月合并为四庄乡。

7. 总体规划编制单位

湖北省野生动植物保护总站、湖北省林业勘察设计院、中国科学院测量与地球物理研究所。

4.19　湖北崇阳青山国家湿地公园

1. 湿地公园四至及地理位置

湖北崇阳青山国家湿地公园(以下简称青山湿地公园)位于鄂东南地区崇阳县南部的青山镇境内,距崇阳县城 13 km,地理坐标为东经 113°59′58″～114°04′52″,北纬 29°22′07″～29°06′01″。湿地公园南至崇阳与通城的县界,北达青山水库大坝,东、西为青山水库最高水位(海拔高程为 122 m)以上 50 m 高程(海拔高程为 172 m)内的库区范围,部分边界接近库周山脊,水库内岛屿均在湿地公园范围内。整个湿地公园东西垂直长约 7 879.73 m,南北垂直宽约 7 127.89 m。

2. 湿地类型、面积及分布

青山湿地公园内湿地资源丰富,类型较为多样。根据《全国湿地资源调查技术规程(试行)》的分类系统,湿地公园内的湿地类型分为河流湿地、沼泽湿地和人工湿地 3 大湿地类,包括库塘、泛洪、沼泽、稻田湿地 4 个湿地型。

青山湿地公园总面积 2 248.76 hm²,其中,湿地总面积为 1 229.95 hm²,湿地率为 54.69%。库塘湿地为主要湿地类型,即青山水库的下游蓄水区,面积为 1 188.6 hm²,占湿地总面积的 96.64%。在溪流入库区域分布有面积较小的泛洪湿地,在库尾和部分河汊浅水区域零星分布有一些沼泽湿地,另外,在台家庄附近有小面积的稻田。

3. 自然地理条件

青山湿地公园位于青山水库的主库区,水系主要为青山河水系,包括双港和大溪港等入库溪流,青山湿地公园的河流属山溪性。青山湿地公园所在青山镇属亚热带季风气候,日照充足,温和多雨,无霜期长,四季分明。全年平均降水量 1 646.6 mm,多年平均气温为 17℃,平均相对湿度 73%。青山湿地公园所在崇阳县土壤包括红壤、黄棕壤、石灰土、潮土、草甸土和水稻土,其中以红壤的面积居多。

4. 湿地动植物资源概况

青山湿地公园分布的野生维管束植物 183 科 499 属 737 种。脊椎动物共有 5 纲 36 目90 科 274 种。其中,鱼类 9 目 15 科 76 种、两栖类 2 目 5 科 15 种、爬行类 3 目 10 科 30 种、鸟类 15 目 44 科 120 种、哺乳类 7 目 16 科 33 种。

5. 湿地景观与人文资源概况

青山湿地景观资源主要包括青山平湖、大泉洞、棺材山、青山岩洞堰、龙泉珠等。文化景观资源主要有崇阳百泉地质公园青山园区,吴城遗址、商周文化遗址、金界寺等遗址遗迹,陈寿昌烈士墓,名人故居等。此外,"号子""山歌""田歌""灯调""小调等""提琴戏"等民俗文化内容广泛,形式多样。

6. 历史沿革

青山湿地公园所在的青山水库于 1967 年底动工兴建,1973 年基本建成,承雨面积达441 km²,总库容 4.29×10⁸ m³、调洪库容 0.82×10⁸ m³、兴利库容 2.084×10⁸ m³,是一个以防洪、灌溉为主,兼顾发电、城镇供水、航运、养殖等综合利用效益的重要水利工程。2006 年3 月,湖北省发改委批复对青山水库进行除险加固。青山水库工程将除险加固后,消除了各水工建筑物的安全隐患,使枢纽工程得以安全运行;对水库大坝安全运行及下游保护区防洪安全度都有所提高;水库能正常发挥工程设计的综合效益,使灌溉,发电效益增加。

7. 总体规划编制单位

国家高原湿地研究中心/西南林业大学、湖北省野生动植物保护总站、中国科学院测量与地球物理研究所。

4.20   湖北沙洋潘集湖国家湿地公园

1. 湿地公园四至及地理位置

湖北沙洋潘集湖国家湿地公园(以下简称潘集湖湿地公园)位于沙洋县曾集镇孙店、太山和龚庙三村交会处,地理坐标为东经 112°23′42″～112°25′52″、北纬 30°40′34″～30°42′41″,是江汉平原典型的人工库塘湿地。

2. 湿地类型、面积及分布

根据《全国湿地资源调查技术规程(试行)》的分类系统,潘集湖湿地公园内的湿地类为人工湿地,包括库塘湿地和稻田湿地 2 个湿地型。湿地总面积 539.53 hm²,占湿地公园总面积 715.34 hm² 的 75.4%。其中,库塘湿地面积为 279.68 hm²,占公园湿地总面积的51.8%;稻田湿地主要分布在湖区四周,面积为 259.85 hm²,占公园湿地总面积的 48.2%。

3. 自然地理条件

潘集湖湿地公园所在的沙洋县地处江汉平原中偏西部,地势北高南低,总体较平坦,微向东南倾斜。受荆山余脉尾部影响,形成丘陵岗地、平原湖区两种类型,以丘陵岗地类型为主。沙洋县境内属亚热带季风气候,四季分明,雨量充沛,气候适中。年平均气温 16.1℃,年平均降水量 1 025.6 mm,年平均无霜期 265 d,年平均日照时数 1 953.8 h。历年平均相对湿度为 78%。潘集湖湿地公园范围内土壤类型主要有黄棕壤、潮土和水稻土。

4. 湿地动植物资源概况

潘集湖湿地公园共有维管束植物 279 种(其中栽培种 15 种)。共有陆生脊椎动物 147 种,其中两栖动物 2 目 6 科 13 种、爬行动物 3 目 8 科 15 种、鸟类 14 目 38 科 98 种、哺乳动物 5 目 10 科 21 种。

5. 湿地景观与人文资源概况

潘集湖湿地公园虽属人工湿地,但经历 30 多年的自然演变后,也具备了天然湿地诸多景观特色。主要有旅游形象标志资源、水域景观、生态景观。其中,生态景观资源包括湿地鸟类景观、金色田园景观、渔歌唱晚景观、湿地植物景观、游憩资源。沙洋县由于历史和地理因素的双重作用,文化资源源远流长、沉积深厚。主要文化有楚文化、渔文化、农耕文化、饮食文化、红色文化等。

6. 历史沿革

潘集湖是一座以灌溉为主,兼顾防洪、养殖等综合利用的人工湖泊,由隶属沙洋县水利局的潘集水库管理处管辖。潘集湖大坝工程自 1974 年 10 月动工兴建,1975 年 4 月枢纽工程基本竣工。2008 年 3 月开始除险加固工程建设,2011 年 6 月竣工。潘集湖总库容 1.445×10^7 m³,兴利库容 4.6×10^6 m³,防洪库容 9.08×10^6 m³,死库容 7.7×10^5 m³。潘集湖设计灌溉农田面积 2 133.3 hm²、实际灌溉 860 hm²、养殖面积 184 hm²,每年平均为沙洋县曾集镇、官垱镇提供农业用水 3.52×10^6 m³。

7. 总体规划编制单位

湖北省林业勘察设计院、华中师范大学。

4.21　湖北江夏藏龙岛国家湿地公园

1. 湿地公园四至及地理位置

湖北江夏藏龙岛国家湿地公园(以下简称藏龙岛湿地公园)位于武汉市江夏区经济开发区藏龙岛长咀村,地理坐标为东经 114°23′45″～114°25′42″、北纬 30°24′05″～30°25′39″,南北跨越 2.90 km,东西跨越 3.48 km,包括杨桥湖、下谭湖和明星林场等区域。

2. 湿地类型、面积及分布

藏龙岛湿地公园面积为 311.75 hm²,湿地面积 256.68 hm²,湿地率为 82.33%,是典型的城郊淡水湿地。公园内湿地以湖泊湿地为主,同时分布有少量的沼泽湿地。湖泊湿地面积 245.40 hm²,占湿地面积 95.61%,占湿地公园面积的 78.72%,包括杨桥湖和下谭湖。沼泽湿地面积 11.28 hm²,占湿地面积 4.39%,占湿地公园面积的 3.61%,包括湖泊湿地周围的沟渠及明星林场周围的浅水区。

3. 自然地理条件

藏龙岛湿地公园位于武汉市东南部,江夏经济开发区藏龙岛科技园内,地势较平坦,地貌属汉江一级阶地。属中亚热带向北亚热带区域过渡的湿润性季风性气候,并受局部的江河湖泊的调节。气候温和,雨量丰沛,日照充足,四季分明,雨热同季。年平均气温 15.8～17.5℃,年平均降水量 1 230.6 mm,年平均日照时数 1 954.9 h,全年盛行风向为东南风和东北风,平均相对湿度 70%。

4. 湿地动植物资源概况

藏龙岛湿地公园范围内共有维管束植物 152 种。共有两栖类动物 6 种、爬行类 11 种、鸟类 79 种、哺乳类 10 种、鱼类 4 目 8 科 31 种。

5. 湿地景观与人文资源概况

藏龙岛湿地公园内主要有 5 种生态景观各异的湿地景观:芦苇荡、湖岸湿地景观、多层次的湿地和坡地景观、典型池塘沼泽区和带状渠道湿地。著名的"藏龙八景""杨桥湖二十四桥",积淀了藏龙岛的龙文化、凤文化、桥文化的人文底蕴。

6. 历史沿革

武汉江夏经济开发区(原武汉东湖新技术开发区庙山小区)是武汉市人民政府 1992 年批准成立的区级开发小区。小区原规划总面积 30 km²,北邻洪山区关山村,即东湖开发区关南工业园,南至江夏区纸坊街,东西均以汤逊湖边沿为界,小区类型为高新科技园。2000 年 7 月,武汉市人民政府批准成立武汉科技新城,同时建设武汉·中国光谷,将庙山小区所辖的郑桥、茅店、东山、周店和政院居委会 11.2 km² 范围交东湖开发区托管。2001 年 2 月,武汉市人民政府批准庙山小区保留原来的庙山村,并将江夏区纸坊街的邬树、幸福、向阳、普庵和麻雀湖养殖场拓展为庙山小区新区规划范围,规划面积 666.7 hm²。2001 年 12 月经科技部批复,省人民政府建立中药现代化科技产业基地,成立基地建设领导小组,将基地核心园区——武汉医药科技产业园定位在庙山小区新区内,规划面积 666.7 hm²。2004 年,国家发改委等四部委对开发区清理整顿后,庙山开发区被列入保留的省级开发区,保留规划面积 12.93 km²,并更名为武汉江夏经济开发区。

7. 总体规划编制单位

湖北省野生动植物保护总站、武汉市林业调查规划设计院、华中师范大学。

4.22　湖北竹山圣水湖国家湿地公园

1. 湿地公园四至及地理位置

湖北竹山圣水湖国家湿地公园(以下简称圣水湖湿地公园)位于竹山县城西南,上庸镇境内,距县城 13 km。地理坐标为东经 110°05′50″～110°10′15″,北纬 32°03′15″～32°12′45″。

2. 湿地类型、面积及分布

圣水湖湿地公园是潘口水电站修建后形成的库塘湿地类型,湿地公园总面积 3 255.2 hm²,其中水域面积为 2 613.4 hm²,湿地率为 80.28%。

3. 自然地理条件

圣水湖湿地公园跨 3 个传统大地构造单元,即杨子准地台、南秦岭加里东皱褶带和武当隆起区。出露地层主要有新元古界武当山群、震旦系、寒武系、奥陶系、志留系、泥盆系、二叠系和第四系及加里东期侵入岩。受新生代以来构造运动的影响,山峦起伏,河沟纵横,地形复杂多样,地区差异较大。中部较为开阔,四面环山高起。

圣水湖湿地公园属北亚热带季风山地气候。该区域年平均气温 13～15.6℃,年平均降水量 927 mm,气候变化上,具有四季分明、冬长夏短、春秋相近的特点。地形地貌属于中低河谷地貌,较大的山间盆地为上庸镇周边。湿地公园来水属于堵河水系,为汉江水系的第一大支流,该区域来水由西、南两支源流汇合而成。

4. 湿地动植物资源概况

圣水湖湿地公园内有浮游藻类 28 属 33 种,维管束植物 138 科 403 属 648 种。其中蕨类植物有 16 科 18 属 23 种、种子植物有 122 科 385 属 625 种(含种下分类群),包括裸子植物 3 科 7 属 7 种、被子植物 119 科 378 属 618 种。

圣水湖湿地公园常见浮游动物 24 种,底栖动物 10 种,鱼类 4 目 8 科 29 属 34 种,两栖动物 2 目 8 科 16 种,爬行动物 3 目 9 科 21 种,鸟类 12 目 23 科 49 种。

5. 湿地景观与人文资源概况

圣水湖湿地公园有着非常优美的山地河流、库塘湿地景观。主要有潘口电站坝址,峡谷风光、岛上绿洲、水鸟景观等,有黄州会馆、三盛庄园等文化旅游景点。湿地公园所在的上庸镇原是千年古镇,距今有 3 600 多年的历史。古镇上原有一些代表性的古建筑如黄州会馆、三盛庄园等,经过保护性拆迁建设,得到了较好的恢复。古镇还孕育了千年文化,至今民间盛行玩龙灯、划龙舟、看皮影戏、唱山歌、剪纸、制作根艺、赏玩奇石等具有特色的民间文化活动。

6. 历史沿革

据历史典籍记载和现代考证证明,堵河流域及其周边地区是女娲补苍天、伏羲画八卦、神农尝百草之地。特别是堵河流经大部地域为古庸国之地,古庸国距今已有 3 600 年历史,上庸古都城在圣水湖湿地公园内(现已淹没),建于公元前 1 600 年左右,是中国最早形成的城镇之一。

7. 总体规划编制单位

十堰市林业调查规划设计院、湖北省野生动植物保护总站、湖北大学、竹山县林业局。

4.23　湖北当阳青龙湖国家湿地公园

1. 湿地公园四至及地理位置

湖北当阳青龙湖国家湿地公园(以下简称青龙湖湿地公园)范围为:东至周家祠堂,南至榨屋畈,西至泉水冲,北至铁家湾。地理坐标为东经 111°41′45″～111°44′01″、北纬 30°57′05″～30°59′57″,总面积 680.30 hm²。

2. 湿地类型、面积及分布

青龙湖湿地公园湿地资源丰富,类型多样,湿地总面积为 322 hm²,占湿地公园总面积的

47.33％。根据《全国湿地资源调查技术规程（试行）》的分类系统，青龙湖湿地公园内湿地分为河流湿地、沼泽湿地、人工湿地 3 个湿地类，包含永久性河流湿地、草本沼泽湿地、库塘湿地 3 种湿地型。从 3 个湿地类来看，库塘湿地面积为 283 hm²，所占的比重最大，占湿地总面积的 87.89％；永久性河流面积为 31 hm²，占湿地总面积的 9.63％；草本沼泽面积为 8 hm²，占湿地总面积的 2.48％。

3. 自然地理条件

青龙湖湿地公园所在的当阳市地势由西北向东南倾斜，属丘陵岗地类，境内地貌类型多样，以丘陵、岗地为主，山地、平原均有。当阳市属亚热带季风气候，为湿润区，四季分明，雨热同季，气候温和，日照充足，兼有南北过渡的特点。无霜期长（年平均为 271 d），历年平均气温 16.50℃，历年平均总降水量 993.70 mm。主要土壤类型为黄棕壤、紫色土、石灰（岩）土、潮土和水稻土。

4. 湿地动植物资源概况

青龙湖国家湿地公园内共有植物 112 科 259 属 375 种。共有动物 29 目 66 科 153 种，其中国家 Ⅰ 级保护动物有中华秋沙鸭（*Mergus squamatus*）；国家 Ⅱ 级保护动物有穿山甲（*Manis pentadactyla*）、苍鹰（*Accipiter gentilis*）、游隼（*Falco peregrinus*）、尖吻蝮（*Deinagkistrodon acutus*）、虎纹蛙（*Rana tigrina*）等 10 种。

5. 湿地景观与人文资源概况

青龙湖湿地公园主要湿地景观有碧水明镜、碧鸾飞鹭、丹霞地貌、古崖居、古兵寨。主要文化资源有三国文化、关公文化、玉泉寺佛教文化、楚文化等。

6. 历史沿革

当阳历史悠久，是荆楚重镇，楚文化发源地之一，因位于荆山山脉之南，取山南为阳之意，故名当阳。当阳古为权国，春秋时为楚地。秦时始建当阳县，属南郡，建县距今已有 2 200 多年的历史。西汉初属临江国，后称江陵县。西汉景帝中元年间，复设当阳。晋改当阳为长林，南北朝时又复改为当阳，后旋改旋复。唐后隶属迭有变更，而县名基本未变。1948 年 7 月，成立荆当县人民民主政府。1949 年 5 月，荆当分设，成立当阳县人民民主政府，后改为当阳县人民政府，隶属宜昌地区行政公署。1988 年 10 月 22 日，国务院正式批准当阳撤县设市。当阳县第十一届人民代表大会第二次会议决定当阳市从 1989 年 1 月 1 日起正式建立。1992 年 3 月，宜昌地市合并，当阳市隶属宜昌市。

7. 总体规划编制单位

国家林业局林产工业规划设计院。

4.24　湖北竹溪龙湖国家湿地公园

1. 湿地公园四至及地理位置

湖北竹溪龙湖国家湿地公园（以下简称龙湖湿地公园）南起龙湖水库坝址，北至红庙子村，西以环湖路和高程 500 m 为界，东以高程 500 m 为主要边界，并包含谢家凸的临水半岛。湿地公园南北长 3 km，东西宽 2.5 km，总面积 221.34 hm²。

2. 湿地类型、面积及分布

根据《全国湿地资源调查技术规程(试行)》中对于湿地分类划分标准,龙湖湿地公园内湿地类型有人工湿地、沼泽湿地共 2 大类,包括草本沼泽、库塘、鱼塘、水稻田 4 个湿地型。湿地率为 42.22%。其中:草本沼泽湿地面积为 19.93 hm², 占湿地总面积的 21.32%, 主要分布在湿地公园水域滨水地带,位置为鸳鸯湖北侧、谢家凸东北侧瓦楼沟二组水汊等;库塘沼泽湿地湿地面积为 64.68 hm², 占湿地总面积的 69.21%, 主要分布在湿地公园内龙湖水库开阔水域;鱼塘湿地面积为 0.65 hm², 占湿地总面积的 0.70%, 主要分布在瓦楼沟二组、三组西南滨水地带;水稻田湿地面积为 8.20 hm², 占湿地总面积的 8.77%, 主要分布在湿地公园内鸳鸯湖北侧滨水地带。

3. 自然地理条件

龙湖湿地公园位居大巴山脉的北麓,西高东低,山顶海拔 600～1000 m,构造区属于南秦岭印支褶皱带的次级构造单元——北大巴山褶皱束,鄂西北武当隆起以西,安康—房县断裂和青峰断裂之间的三角区域,地质构造复杂,断裂,褶皱发育。湿地公园内地貌为构造剥蚀低中山,区内水系发育、河谷深切,河谷呈"V"字形,山体顶部呈现浑圆状,山脊平缓,较为对称,山坡一般为凸形坡。属北亚热带季风气候,山地气候特色明显,四季分明。年平均降水量 984.4 mm,蒸发量为 1 192.1 mm。土壤类型主要以黄棕壤、潮土和水稻土为主。

4. 湿地动植物资源概况

据统计,龙湖湿地公园共有维管植物 139 科 447 属 870 种。共有脊椎动物 28 目 82 科 237 种,其中哺乳类 6 目 18 科 30 属 34 种,鸟类 15 目 43 科 143 种,两栖类共 1 目 5 科 9 属 13 种,爬行类 3 目 10 科 17 属 25 种,鱼类 3 目 6 科 20 属 22 种。

5. 湿地景观与人文资源概况

龙湖湿地湖面广阔,湿地类型多样,既有水库库塘湿地,也有小面积的沼泽化草地,景色优美。龙湖湿地水鸟种类繁多,生物景观丰富。文化资源主要有以庸巴文化为特征的厚重文化、3 种贡品"贡米、贡茶、贡木"为主的贡品文化和以"山二黄"为特色的戏剧文化。

6. 历史沿革

竹溪河是竹溪县的母亲河,造就了竹溪县的人杰地灵、物产丰富。但是,20 世纪中期竹溪河洪水对河岸周边人民生命财产安全造成的威胁日益严重,竹溪县于 1958 年 12 月动工兴建龙湖水库,1960 年 2 月停工,1968 年 10 月续建,1970 年 5 月竣工蓄水,2004 年 12 月对龙湖水库进行除险加固,2006 年 10 月除险加固工作全面结束,并通过验收。随着社会经济的发展,龙湖的主要功能为灌溉、防洪和城镇供水。

7. 总体规划编制单位

国家林业局林产工业规划设计院。

4.25　湖北浠水策湖国家湿地公园

1. 湿地公园四至及地理位置

湖北浠水策湖国家湿地公园(以下简称策湖湿地公园)位于长江中游流域,湖北省东部的浠水县。公园范围包括策湖的上湖与下湖,上、下湖之间以港道相连。公园南部以策湖与江北农场界限、并沿散福路和罗湖南路(港道南侧的堤坝)为界,东、西及北部均以策湖高水位岸线(一般为海拔 17.5 m)为界;公园东西长 8.47 km,南北宽 5.37 km;总面积为 1 141.84 hm²。

2. 湿地类型、面积及分布

策湖湿地公园范围内湿地面积为 1 130.13 hm²,占湿地公园总面积的 98.97%。根据《全国湿地资源调查技术规程(试行)》的分类系统,湿地类型分为湖泊湿地、沼泽湿地和人工湿地 3 大类包括永久性淡水湖泊、草本沼泽、运河及输水河、水产养殖场 4 小类。永久性淡水湖面积为 1 052.32 hm²,占 93.12%;草本沼泽面积为 14.82 hm²,占 1.31%;运河、输水河面积为 11.65 hm²,占 1.03%;水产养殖场面积为 51.34 hm²,占 4.54%。

3. 自然地理条件

策湖湿地公园地势为全县最低,海拔 14.5～30 m,地貌呈现平原湖泊的特征。策湖地处亚热带季风性湿润气候区,气候的显著特征是冬季低温少雨,夏季炎热多雨,秋季凉爽干燥,春季温度多变,一年四季分明。年平均气温 16.9℃,年降水量 1 350 mm。年平均日照时数 1 895.6 h,无霜期 230～258 d。

4. 湿地动植物资源概况

据统计,策湖湿地公园内有维管植物 88 科 258 属 380 种。共有脊椎动物 59 科 126 属187 种。其中,鸟类 85 种、兽类 5 目 8 科 13 属 14 种、爬行类 13 种、两栖类 7 种、鱼类 68 种。

5. 湿地景观与人文资源概况

策湖湿地公园湿地自然景观主要有水域景观和山体景观。湿地生物景观主要有湿地植物景观和湿地动物景观。策湖及周边孕育了丰富多彩的历史文化资源,拥有一批历史悠久的遗迹和传说,保留了极具特色的民俗传统,主要包括策湖龙舟、渔文化、军事文化、采菱劳作、福主街与福主庙会、万年台等。

6. 历史沿革

策湖古称坼湖,据传系古代策湖地区发生地震。湖底震裂,而"裂"与"坼"同义谐音,故名坼湖。后相传三国时期吴国将领孙策长期在此训练水师,遂改名策湖。策湖旧时属长江故道,后被废弃,由古河床积水而形成与长江相连的自然吞吐湖泊,汛期洪水串泛。明朝正统十年(1445),地方知县组织修筑堤坝,建成今茅山堤花果园段。后人在此基础上不断扩大加固,形成了茅山干堤,全长 21.34 km,起于石儿塘、止于花果园。清光绪年间,于浠水、蕲春两县交界处修建茅山老闸。1960 年在茅山干堤修建茅山新闸,建成于 1964 年。策湖原水域面积比现在要大,在 20 世纪六七十年代,由于湖大规模围湖造田运动的原因,形成了现在的面积。

7. 总体规划编制单位

国家林业局林产工业规划设计院。

4.26　湖北仙桃沙湖国家湿地公园

1. 湿地公园四至及地理位置

湖北仙桃沙湖国家湿地公园(以下简称沙湖湿地公园)位于仙桃市城区东南部,鱼米之乡沙湖镇境内,东与阳明村为邻,西与石山港排水闸河流为界,南依东荆河洪湖大堤,北靠东荆河仙桃大堤,古老的东荆河贯穿全境,成为公园的主要水系纽带,地理坐标为东经113°42′15″～113°46′47″,北纬30°09′13″～30°10′29″。

2. 湿地类型、面积及分布

根据《全国湿地资源调查技术规程(试行)》中对于湿地分类划分标准,结合湖北省全国第二次湿地资源调查成果,沙湖湿地公园内湿地类型共有天然湿地和人工湿地2大类。天然湿地包括永久性湖泊湿地、永久性河流湿地、淡水草本沼泽湿地;人工湿地为鱼塘。其中以淡水草本沼泽湿地为主。

沙湖湿地公园总面积2 723 hm²,其中湿地面积2 653.9 hm²,占湿地公园总面积的97.46%。湿地面积中草本沼泽湿地1 606.5 hm²,占湿地面积的60.53%,遍布整个湿地公园,是沙湖湿地公园的主体;永久性淡水湖泊稻草湖389 hm²,占湿地面积的14.66%,位于湿地公园的东南部;永久性河流湿地东荆河及支流599 hm²,占湿地面积的22.57%,位于湿地公园的中部及南部,贯穿湿地公园全境;鱼塘59.4 hm²,占湿地面积的2.24%,位于东荆河仙桃堤坝附近。

3. 自然地理条件

沙湖湿地公园处于江汉平原地区,地形平坦无山丘,地势偏低,海拔21～33 m。属亚热带季风气候。四季分明,雨量充沛,阳光充足,气候温和,无霜期长。年平均气温16.3℃。无霜期一般为260 d。年平均日照时数2 027.1 h,日照率46%。年平均降水量1 175.9 mm,年平均相对湿度80%。土壤质地以轻壤和重壤为主,大部分为潴育性水稻土。

4. 湿地动植物资源概况

沙湖湿地公园共有维管束植物420种。有小型浮游动物10种、大型浮游甲壳类动物12种、鱼类72种、两栖类动物11种、爬行类动物17种、鸟类175种、兽类8种。

5. 湿地景观与人文资源概况

沙湖湿地公园湿地景观独特优美:有1 000多hm²集中连片的芦苇植物景观,有丰富的鸟类景观,有水面波平如镜的湖泊景观,也有奔流不息的河流景观,植被丰富的沼泽滩涂景观,还有颇具地方特色的人工湿地鱼塘景观。文化资源主要有沙湖遗址、魁星阁、水乡特色文化、体育文化等。

6. 历史沿革

沙湖镇地处沔东南边陲,地域辽阔,但作为县以下行政区,变化非常频繁,仅据县志记其梗概:1958年,成立沙湖人民公社,原所辖7个乡更名为同名管理区。1961年,改沙湖公社为沙湖区,原所辖7个管理区更名为公社。1966年,沙湖区将所辖王场公社、杜窑公社划归西流河,官垱公社划归杨林尾管辖,保丰公社所辖的石山港、汉南、双合大队划归沙湖原种场管辖。至1984年2月,沙湖镇相继改称过"沙湖抓办""沙湖区革委会""沙湖公社革委会""沙湖公社管理委员会"等建制名称,但所辖地域没有变化。1984年3月,机构改革,取消人民公社、生产大队名称,恢复区乡建制,沙湖公社改名为沙湖镇,辖尤拔、中帮、油合、保丰、红垸5个乡和1个街道办事处。1987年,撤区建镇,沙湖镇尤拔乡的9个村划归何场镇管辖。红垸乡和中帮乡的三沟村、红土湖村划归杜尧乡管辖。2001年,杜窑撤乡,原划出的红垸乡和中帮乡的三沟村、红土湖村划回沙湖镇。2003年,撤销仙桃市芦苇场建制,将其划归沙湖镇管辖。2004年底,沙湖镇辖1个街道办事处、2个居民委员会、35个村民委员会、1个芦苇场、2个渔场。2007年,湖北省林业局下发鄂林护〔2007〕261号文《省林业局关于建立湖北仙桃沙湖省级湿地公园的批复》,建立湖北仙桃沙湖省级湿地公园。2008年12月21日沙湖省级湿地公园由省电影家协会授牌,成为江汉平原首家"湖北省影视创作拍摄基地"。

7. 总体规划编制单位

湖北省野生动植物保护总站、湖北生态工程职业技术学院、武汉市林业调查规划设计院、仙桃市林业局。

4.27　湖北武汉安山国家湿地公园

1. 湿地公园四至及地理位置

湖北武汉安山国家湿地公园(以下简称安山湿地公园)地处武汉市江夏区安山街西部,地理坐标为东经114°11′29″～114°14′39″、北纬30°05′04″～30°07′18″,南北跨越4.4 km,东西跨越4.1 km。

2. 湿地类型、面积及分布

安山湿地公园面积1 215.26 hm²,湿地面积943.68 hm²,湿地率为77.53%,是典型的城郊淡水湿地。公园内湿地以湖泊湿地为主,类型为永久性淡水湖;同时分布有少量的沼泽湿地,类型为草本沼泽。湖泊湿地面积781.08 hm²,包括枯竹海渔场、枣树湾渔场。沼泽湿地面积162.60 hm²,包括金水河、湿地公园西部的浅水沼泽和沟渠。

3. 自然地理条件

安山湿地公园位于江夏区南部安山街境内,项目建设场地地势较平坦,地貌属汉江一级阶地。地处长江中游南岸,属中亚热带向北亚热带区域过渡的湿润性季风性气候,并受局部的江河湖泊的调节。年平均气温16.8℃,无霜期253～262 d,年平均日照时数1 954 h以上,年平均降水量1 350 mm。湿地公园内土壤类型以红壤、黄棕壤、潮土、水稻土为主。

4. 湿地动植物资源概况

安山湿地公园范围内共有维管束植物337种。共有两栖类动物8种、爬行类15种、鸟类130种、底栖动物26种、鱼类4目9科44种、浮游植物6门39属(种)、浮游动物4类31属(种)。

5. 湿地景观与人文资源概况

安山湿地公园主要有芦苇荡、沼泽风光、湿地鸟类和莲花池四种生态、景观各异的湿地景观。公园内有茶园村庙嘴遗址,系新石器至商、周时代遗址;新窑村有古逴窑遗址,为唐、宋、元时期的青瓷窑址。

6. 历史沿革

安山原名马鞍山,坐落于丘陵岗地南约200 m处,因境内有山形似马鞍而得名,后更名为安山。晚清时期属县南乡辖依仁、湘东两里。民国时期为马鞍山、马法乡。1949年6月设第六区(马鞍山)人民政府,辖新窑、马法两乡。1951年为第三区,辖7个乡。1952年设山坡指导组辖安山乡。1958年县属东风人民公社辖安山管理区。1961年为山坡区辖安山公社。1973年为县辖安山公社。

1983 年为安山乡,1986 年撤乡建镇为安山镇。2011 年 1 月 7 日,省民政厅以鄂民政发〔2011〕4 号《省民政厅关于武汉市江夏区撤销安山镇的批复》同意撤销江夏区安山镇。2011年 1 月 28 日,市民政局以武民政〔2011〕14 号《市民政局关于撤销江夏区安山镇设立江夏区安山街道办事处的批复》同意设立安山街道办事处,驻地为马安路 36 号。

7. 总体规划编制单位

湖北省野生动植物保护总站、华中师范大学、中南林业科技大学。

4.28　湖北襄阳汉江国家湿地公园

1. 湿地公园四至及地理位置

湖北襄阳汉江国家湿地公园(以下简称襄阳汉江湿地公园)位于襄阳市汉江中游城区段,东至崔家营水库坝址,西至襄阳汉江四桥,南临襄城区,北靠樊城区,公园内汉江长约23.14 km,面积 3 894.25 hm²。地理坐标为东经 112°03′32″～112°12′10″、北纬 31°57′20″～32°02′05″。

2. 湿地类型、面积及分布

按照《湿地分类》(GB/T 24708—2009)中的分类方法,襄阳汉江湿地公园内湿地类型共有 2 类,分别为永久性河流湿地和泛洪平原湿地。湿地总面积为 3 894.25 hm²,其中永久性河流湿地面积为 2 882.14 hm²,泛洪湿地面积为 296.56 hm²,湿地率为 81.63%。

3. 自然地理条件

襄阳汉江湿地公园属鄂中丘陵区,由低山、岗地、河谷平原 3 个土地单元构成,平面形状呈不规则三角形,地势西南高东北低,中部和西部多山丘,临江为沙洲地,海拔 58～460 m,地区最高点为南部扁山,平均海拔 67 m。属于北亚热带大陆性季风气候区,具有南北过渡型气候特征,冬冷夏热。年平均气温 15～16℃,多年平均降水量 820～1 100 mm。土壤主要是潮土。

4. 湿地动植物资源概况

襄阳汉江湿地公园范围内共有维管束植物 87 科 217 属 287 种。共有脊椎动物 27 目 63科 136 属 184 种,其中哺乳类动物 5 目 5 科 10 属 11 种、鸟类 15 目 39 科 78 属 109 种、两栖类 1 目 4 科 8 属 17 种、爬行类 2 目 7 科 11 属 13 种、鱼类 4 目 8 科 28 属 34 种。

5. 湿地景观与人文资源概况

襄阳汉江湿地景观主要包括水域景观、洲滩景观、生物景观等。汉江是一条文化之江,汉水不仅是古楚国和汉王朝的发祥地,而且也是中国农耕文化、道家文化、楚文化和汉文化的发源地。同时,它也是三国文化的中心区。湿地文化资源主要包括襄阳古城、习家池、古隆中、米公祠、解佩渚传说等。

6. 历史沿革

襄阳是一座有着 2 800 多年建城史的国家级历史文化名城,襄阳汉江湿地公园位处汉水文化的核心区域,荆楚文化的发源地,楚文与化历史传说交相辉映,三国名人与军事文化相得益彰、鱼梁洲的呼鹰台历史典故、忽必烈鱼梁洲上筑实心台与宋军鏖战等,均为脍炙人口的传说。汉江早在西周时期,就有了可以承载多人的大船,江面上,常年白帆如云,水鸟绕桅。时至今日,江北岸的樊城江边,至今仍留有龙子口、公馆门等古码头的遗迹,是昔日樊城商埠辉煌的历史见证,也是本区湿地文化的主要组成部分。

7. 总体规划编制单位

国家林业局林产工业规划设计院。

4.29　湖北通山富水湖国家湿地公园

1. 湿地公园四至及地理位置

湖北通山富水湖国家湿地公园(以下简称富水湖湿地公园)位于湖北省通山县慈口乡、燕厦乡和洪港镇三个乡镇交会处,地理坐标为东经114°46′30″~114°53′15″、北纬29°31′23″~29°41′31″,南北跨越21 km,东西跨8 km。

2. 湿地类型、面积及分布

根据《湿地分类》(GB/T 24708—2009),富水湖湿地公园内的湿地类为人工湿地和自然湿地,人工湿地包括水库湿地和稻田湿地,自然湿地的为沼泽湿地,共3个湿地型。富水湖湿地公园湿地面积为2 835.03 hm²,占其总面积3 821.8 hm²的74.18%。其中,水库湿地面积为2 790.1 hm²,占湿地总面积的98.42%;稻田湿地面积为29.83 hm²,占湿地总面积的1.05%;沼泽湿地面积为15.1 hm²,占湿地总面积的0.53%。

3. 自然地理条件

富水湖湿地公园位于通山县的东南部,地形为低山丘陵,海拔在500 m以下。富水流域属亚热带季风气候,由于幕阜山脉的走向面对着夏季暖湿气流的来向,受地形的强迫抬升,成为湖北省的暴雨中心之一,降雨极为丰富,流域多年平均降水量1 594 mm。

4. 湿地动植物资源概况

富水湖湿地公园内共有浮游藻类9门38属46种,维管束植物121科316属458种(含栽培种107种)。常见浮游动物有4类17属17种,常见底栖动物有2门18属18种。脊椎动物共有5纲30目68科162种。其中鱼类6目11科38种、两栖纲2目3科10种、爬行纲3目7科14种、鸟纲13目35科84种、哺乳纲6目12科16种。

5. 湿地景观与人文资源概况

富水湖湿地公园的景观形态由众多元素组成,包括半岛、湖汊、滩涂、水岸线、湿地植被、湿地鸟类等。主要包括富水湖水域景观、岛屿、滩涂及岸线景观、水生植被景观、湿地鸟类景观、湖岸森林景观、渔耕生活景观等。富水湖及其周边文化资源种类多,内涵深远,主要包括民俗艺术、宗教文化、红色文化、祠堂文化、饮食文化等。

6. 历史沿革

早年的富水库区虽是鄂东南的一片沃土,但在建库前,却是"三年两旱""十年九淹"。1951年,湖北省水利厅遵照中南军政委员会指令,规划富水各支流兴建9座水库。1958年1月,湖北省计划委员会和省、地各有关单位10余人,实地查勘富水垦区,研究治理方案,决定在阳新镇修建水库,中下游两岸筑堤围垦。1958年7月成立"湖北省富水工程指挥部",8月破土动工,1960 年 1 月水库大坝合龙截流。

7. 总体规划编制单位

湖北省林业勘察设计院。

4.30 湖北房县古南河国家湿地公园

1. 湿地公园四至及地理位置

湖北房县古南河国家湿地公园(以下简称古南河湿地公园)位于湖北省十堰市房县野人谷镇、青峰镇、五台乡交会处,地理坐标为东经 110°53′43″～111°00′30″、北纬 31°51′19″～31°57′26″。

2. 湿地类型、面积及分布

根据《全国湿地资源调查技术规程(试行)》的分类系统,古南河湿地公园内的湿地类为人工湿地和河流湿地,包括库塘湿地、稻田湿地和永久性河流湿地 3 个湿地型。古南河湿地公园内的湿地总面积 1 074.08 hm²,占湿地公园面积 1 817.82 hm² 的 59.09%。其中,库塘湿地面积为 1 049.00 hm²,占公园湿地总面积的 97.67%;稻田湿地面积为 4.44 hm²,占公园湿地总面积的 0.41%;永久性河流湿地面积为 20.64 hm²,占公园湿地总面积的 1.92%。

3. 自然地理条件

房县古南河湿地公园位于房县东南部,地处大巴山—大洪山台缘褶皱带,为沉积岩区,以石灰岩为主。房县地处北亚热带,受季风影响明显,加之地形复杂,气候差异较大。年平均气温 9～15℃,年平均降水量 750～1 160 mm,多年平均降水量 914 mm。湿地公园的主要土壤类型有黄棕壤、山地棕壤、石灰岩土、潮土、水稻土等。

4. 湿地动植物资源概况

古南河湿地公园内现有维管束植物 1 506 种。兽类共有 61 种、鸟类 165 种、两栖动物25 种、鱼类 32 种、爬行动物有 34 种。

5. 湿地景观与人文资源概况

古南河湿地公园有着如诗如画的山地河流、湿地生物景观,主要有古南河水域风光、高山峡谷风光、三里坪水电工程、鸟类景观等。文化具有浓厚的鄂西北地域文化特色,主要有诗经文化、流放文化、酒文化、神农文化、野人文化、红色文化等。

6. 历史沿革

古南河湿地公园范围涉及房县的野人谷镇和青峰镇,野人谷镇缘于镇内有著名景点野人谷和野人洞而得名,前身则是房县的桥上乡,2010 年初,湖北省人民政府批准同意撤销桥上乡设立野人谷镇。青峰镇是房县四大古镇之一,历史久远,同时也是湖北省 27 个重点老区乡镇之一。

7. 总体规划编制单位

湖北省林业勘察设计院。

4.31　湖北蔡甸后官湖国家湿地公园

1. 湿地公园四至及地理位置

湖北蔡甸后官湖湿地公园(以下简称后官湖湿地公园)地处武汉市蔡甸区蔡甸城关以东,后官湖生态宜居新城的西北部。北靠汉蔡高速窑山至红光段;东自汉蔡高速,沿天香山东岸水域线至京珠高速与新大沄公路交叉处;南由京珠高速与新大沄公路交叉处起,经藕节山,至笔架山西岸;西从笔架山西岸,沿高湖水域线,经玉贤镇,沿十永线至窑山。地理坐标为东经 113°58′58″～114°05′16″、北纬 30°29′52″～30°33′49″。

2. 湿地类型、面积及分布

后官湖湿地公园总面积 2 089.2 hm²。按照《全国湿地资源调查技术规程(试行)》的分类系统,后官湖湿地公园的湿地类型主要为湖泊湿地和人工湿地,其中湖泊湿地包括永久性淡水湖,人工湿地包括库塘、水稻田 2 个湿地型。湿地公园湿地总面积为 1 630.1 hm²,占湿地公园面积的 78.03%。其中,永久性淡水湖的面积最大,为 1 358.97 hm²,占湿地面积的83.37%;库塘的面积次之,为 244.8 hm²,占湿地面积的 15.02%,主要分布在淡水湖泊边缘地段。

3. 自然地理条件

后官湖湿地公园陆地海拔 20～30 m,相对高程不大,具有明显的丘陵性湖沼平原地貌景观特性,属于江汉平原的一部分。后官湖湿地公园属于亚热带过渡性季风气候,雨水充沛,无霜期长,年平均气温 15.8～17.5℃,年平均相对湿度 75% 左右,年平均降水量 1 200 mm。湿地公园范围内共有潮土、水稻土、草甸土 3 个土壤类型。

4. 湿地动植物资源概况

后官湖湿地公园共有植物 69 科 131 属 158 种。两栖动物 1 目 4 科 10 种,爬行动物 2 目7 科 24 种,鸟类 15 目 43 科 149 种,兽类有 7 目 12 科 23 种,底栖动物 42 种,鱼类 56 种。浮游动物 4 类 20 种。浮游藻类 7 门 30 科 52 属 78 种。

5. 湿地景观与人文资源概况

后官湖湿地公园主要有水域、岬、屿、岛、湾、洲等景观资源。人文资源主要有知音故里、莲花水乡等。

6. 历史沿革

后官湖湿地公园位于武汉市蔡甸区中北部,高湖水域沿岸,即后官湖生态宜居新城西北部,由蔡甸街、大集街、玉贤镇、侏山街等几个乡镇组成。为了保护后官湖湿地的生态环境与生态安全,并对湿地内的资源进行合理的开发和利用,按照以湿地养湿地,发展湿地经济,打造湿地文化,构建"和谐湿地"思路,2010 年申报为省级湿地公园。目前蔡甸区政府成立武汉后官湖湿地公园管理处。

7. 总体规划编制单位

湖北省野生动植物保护总站、中国科学院武汉植物园、中南林业科技大学。

4.32　湖北孝感朱湖国家湿地公园

1. 湿地公园四至及地理位置

湖北孝感朱湖国家湿地公园(以下简称朱湖湿地公园)位于湖北省孝感市孝南区府河及周边区域,范围包括孝南区府河(卧龙潭水位站至农联垸站段)、沦河(朝阳泵站段至府河)及朱湖农场部分区域等,总面积为 5 156 hm²。

2. 湿地类型、面积及分布

朱湖湿地公园湿地面积 3 751.9 hm²,湿地率为 72.77%。按照《湿地分类》(GB/T 24708—2009)的湿地分类系统,湿地公园内的湿地类型分为天然湿地、人工湿地 2 大类型。天然湿地主要包括河流湿地和沼泽湿地 2 种类型,府河在湿地公园内流长 24.8 km,其河流湿地面积为 2 551 hm²。草本沼泽主要分布在朱湖农场朱湖与府河的交界区域。库塘主要分布在朱湖农场内 107 省道的东北部区域。输水河主要是沦河,沦河是汉北河的支流,是人工挖掘的河道,是人工河流湿地。沦河在朱湖湿地公园内流长 16.2 km,最终在湿地公园内汇入府河。朱湖农场内的分布有大量的沟渠,将库塘、稻田、河流联系起来,分布较为分散。稻田主要分布在朱湖农场东部,以季节性种植水稻为主。

3. 自然地理条件

朱湖湿地公园所在的孝南区地形东北高,西南低,以平原湖区为主,境内河流密布。属亚热带季风区大陆性气候,年平均气温 16.2℃,年平均降水量 1 146 mm,年均日照时数 2 025 h。土层母岩母质为第四纪红色黏土,湿地公园为近代河流冲积而成的水稻潜育性土和潮积土。

4. 湿地动植物资源概况

朱湖湿地公园有植物 73 科 202 属 259 种(包括变种、亚种)。共有野生动物 194 种。陆生野生动物 153 种,其中兽类 5 目 5 科 5 种;鸟类 14 目 40 科 129 种;两栖类 1 目 4 科 8 种;爬行类 3 目 4 科 11 种。此外,湿地公园有鱼类 41 种。

5. 湿地景观与人文资源概况

朱湖湿地公园的湿地景观主要包括府河、沦河两条河流形成的河流景观,朱湖农场的菱角湖库塘湿地景观以及鱼塘、水田、输水河等湿地景观。主要文化资源包括孝文化、楚文化等。

6. 历史沿革

朱湖属古云梦泽,是中国湖北省江汉平原上的古湖泊群的总称。东至武汉以东大别山麓和幕阜山麓,西至宜昌和宜都,北至随州市、钟祥和京山一带,南以长江为界。先秦楚国时期面积约 26 000 km²。云梦泽的形成和演变经历了漫长的过程,地质构造运动和气候变化是主要驱动力,而各个历史时期的围湖垦殖活动则加快了变化的进程。秦汉时期,洞庭盆地相对下降,长江和汉江带来的泥沙不断沉积,汉江三角洲不断伸展。春秋战国时期,开始对河湖洲滩垦殖。南朝时期,洲滩围垦加剧,使得云梦泽的水面面积锐减近半。唐宋时期,北方大量人口涌入,大举屯垦,历史上著名的云梦泽已基本消失,大面积的湖泊被分割为星罗棋布的小湖泊群。清初期,修筑荆江大堤,割断了长江与汉江河湖群的关系。此后有的小湖泊逐渐淤平,1949 年湖泊群面积缩小至 8 528 km²。20 世纪 50—70 年代,又开始大规模的围湖垦殖,导致朱湖、白露湖等大批湖泊大面积水面消失,只保留了少部分供养殖用。1988 年湖泊群面积仅 2 984 km²。

近年来,孝感市和孝南区各级政府高度重视生态环境建设,制订了"生态立市、生态立区"发展战略,先后实施了府河、沦河流域综合治理工程,连通府河和沦河水系,实施朱湖退田还湖等生态工程,对保护和改善生态环境起到了促进作用。2012 年初,孝南区政府正式启动湿地公园建设工程,将湿地公园项目纳入政府重点项目,2013 年 4 月湖北省林业厅正式同意建立湖北孝感朱湖省级湿地公园。为进一步提升湿地公园的建设质量,孝南区政府积极开展湖北孝感朱湖国家湿地公园的申报工作。

7. 总体规划编制单位

国家林业局林产工业规划设计院。

4.33　湖北远安沮河国家湿地公园

1. 湿地公园四至及地理位置

湖北远安沮河国家湿地公园(以下简称沮河湿地公园)位于湖北省宜昌市远安县县城附近,地理坐标为东经 111°35′37″~111°39′46″、北纬 31°06′58″~31°02′41″,范围涉及鸣凤镇的北门村、凤山社区、汪家村,旧县镇的洪家村、董家村、安鹿村,茅坪场镇的何家湾村和花林寺镇的高楼村。

2. 湿地类型、面积及分布

根据《湿地分类》(GB/T 24708—2009),沮河湿地公园内的湿地划分为河流湿地和人工湿地 2 个湿地类,包括永久性河流湿地、泛洪湿地和稻田湿地 3 个湿地型。沮河湿地公园内的湿地总面积为 180.19 hm²,占湿地公园总面积 487.06 hm² 的 37.0%。其中,永久性河流湿地面积为 141.57 hm²,占公园湿地面积的 78.6%;泛洪湿地面积为 29.38 hm²,占公园湿地面积的 16.3%;稻田湿地面积为 9.24 hm²,占公园湿地总面积的 5.1%。

3. 自然地理条件

沮河湿地公园位于沮中平畈地貌区,平均海拔 130 m。沮河湿地公园属于沮河水系,主要涉及沮河和其支流鸣凤河、九子溪。属亚热带大陆季风气候,气候温和、雨量充沛、光照充足、四季分明。年平均气温 15~17℃,年平均无霜期 255 d,年平均降水量 1 000~1 100 mm。湿地公园范围内的土壤类型主要有黄棕壤、潮土和水稻土。

4. 湿地动植物资源概况

沮河湿地公园范围内共有各类植物 293 种。其中:浮游藻类共有 5 门 31 属 37 种;维管束植物 102 科 206 属 256 种。有各类动物 136 种。其中,常见浮游动物 4 类 15 科 21 属 22 种、底栖动物 2 门 11 科 13 属 13 种、鱼类 4 目 8 科 24 种、两栖类动物 2 科 6 种、爬行动物 3 目 5 科 8 种、鸟类 12 目 28 科 53 种、兽类 6 目 8 科 10 种。

5. 湿地景观与人文资源概况

沮河湿地公园的湿地景观主要有水域风光、地貌景观、摩崖题刻、生物景观等自然景观，以及宗教建筑、岩屋遗迹等人文景观。远安县历史悠久，文化资源源远流长，有道教文化、嫘祖文化、传统文化、饮食文化资源等。

6. 历史沿革

远安县历史悠久，早在西汉建元元年(公元前 140 年)置县，以其临沮水而得名临沮县。沮河是远安人民的母亲河，对远安县社会经济与人民生产生活具有重要作用。目前，远安县境内沮河干流上有夜红山水电站、洋坪水电站、双路水电站、安陆电站、将军寨水电站等几座水电站。

多年来，沮河的生态环境治理取得了显著成绩，林业部门在沮河河滩及周边大力开展植树造林，破坏的湿地生态环境得到一定恢复。此外，水利部门也实施了沮河流域的河道治理、堤防工程。2013 年 2 月，远安县委、县政府发出《保护沮河倡议书》，制订了《远安县沮河环境专项整治行动方案》，决定将用两年的时间对沮河流域进行专项整治，加大对沮河的生态环境保护力度。目前，远安县各单位、各乡镇均组织相关人员对沮河及其支流进行环境专项整治活动，大大地改善了沮河的生态环境。

远安县政府设水利水电局，主要管理沮河及其支流水资源。2012 年 11 月，为了加快湖北远安沮河湿地公园的生态环境保护与建设，远安县成立了县政府领导挂帅的沮河湿地公园建设领导小组，督促指导沮河湿地公园的保护与建设。同时，在县林业局成立建设管理办公室，负责湿地公园近期建设相关工作。

7. 总体规划编制单位

湖北省林业勘察设计院、湖北大学。

4.34　湖北松滋洈水国家湿地公园

1. 湿地公园四至及地理位置

湖北省松滋洈水国家湿地公园(以下简称洈水湿地公园)位于湖北省荆州市松滋西南部洈水镇和刘家场镇境内，是亚洲著名人工淡水湖——洈水水库的主体，与洈水国家森林公园毗邻。地理坐标为东经 $111°27'25''\sim111°34'54''$、北纬 $29°55'39''\sim29°59'05''$。

2. 湿地类型、面积及分布

洈水湿地公园内湿地资源丰富，根据《全国湿地资源调查技术规程(试行)》的分类系统，湿地公园内的湿地类型主要为人工湿地类和库塘、稻田湿地 2 个湿地型。洈水湿地公园湿地总面积为 $2\,271.20\,hm^2$，占湿地公园总面积 $4\,049.01\,hm^2$ 的 56.09%，其中，库塘湿地面积为 $2\,219.13\,hm^2$，占湿地总面积的 97.71%，占湿地公园总面积的 54.81%；稻田湿地面积为 $52.07\,hm^2$，占湿地总面积的 2.29%，占湿地公园总面积的 1.28%。库塘湿地主要分布在洈水水库，稻田湿地则零星分布在洈水水库库区岛屿及水库周围的库汊地带。

3. 自然地理条件

洈水湿地公园地处湘鄂西边界，属江汉平原、洞庭湖平原向鄂西丘陵山区过渡的丘陵地区,属长江中游平原——丘峰与岩丘、低山与丘陵亚区。属亚热带季风性湿润气候,年平均气温 17.6℃,年平均降水量 1 200~1 300 mm。主要耕作土壤为水稻土、潮土、黄棕壤土、红壤土、沼泽土。

4. 湿地动植物资源概况

洈水湿地公园共有维管植物 164 种;野生动物总数为 162 种;其中兽类 22 种、鸟类 68 种、爬行类 13 种、两栖类 8 种、鱼类 51 种。

5. 湿地景观与人文资源概况

洈水湿地公园内岛屿密布、水域面积广阔,形成了森林、岛屿、溶洞以及人工湿地构成的复合湿地生态系统,拥有着众多的湿地景观资源。主要包括洈水人工湖、颜将军洞地下湖、桃花岛、将军岩温泉与漂流等。文化景观资源主要有土家乡村游、九岭岗起义烈士陵园等。

6. 历史沿革

洈水水库于 1958 年开始兴建,1960 年按经济断面做至 90 m 高程,水库初步拦蓄洪水,由于自然灾害的影响,工程停建,1965 年进行续建,1970 年基本完工投入使用,1975 年大坝整险加固,1980 年竣工。水库枢纽由主坝,南、北副坝,两座正常溢洪道,电站,南、北澧输水管等九大建筑物组成,主副坝全长 8 968 m,坝顶高程 98 m,总库容 $5.93×10^8$ m³。坝址设在松滋市大岩咀,是一个以灌溉为主,防洪、发电、养殖综合利用的大型水库。

7. 总体规划编制单位

国家林业局中南林业调查规划设计院。

4.35　湖北十堰黄龙滩国家湿地公园

1. 湿地公园四至及地理位置

湖北十堰黄龙滩国家湿地公园(以下简称黄龙滩湿地公园)地处十堰市张湾区,地处秦岭东麓,黄龙镇以西 4 km 的峡谷出口处,紧邻襄渝铁路和 316 国道。公园位于汉水最大支流——堵河的下游,距离“南水北调”水源地丹江口水库约 40 km,地理坐标为东经 110°27′38″~110°32′08″,北纬 32°37′52″~32°40′58″。

2. 湿地类型、面积及分布

黄龙滩湿地公园面积为 874.78 hm²,湿地面积 434.61 hm²,湿地率为 49.68%,为典型的库塘型湿地。按照《全国湿地资源调查与监测技术规程(试行)》,湿地公园内的湿地主要分为两类,一类为人工湿地(湿地类)中的库塘湿地(湿地型),包括湿地公园范围内的黄龙滩水库,面积为 413.64 hm²,占湿地总面积的 95.17%;另一类为河流湿地(湿地类)中的永久性河流(湿地型),包括湿地公园内堵河的支流,面积为 20.97 hm²,占湿地总面积的 4.83%。

3. 自然地理条件

黄龙滩湿地公园地处湖北省十堰市张湾区,全区地势南高北低,山峦起伏,高低悬殊,海拔 160~1 283 m。属于北亚热带大陆性季风气候,光热资源较丰富,年平均降水量 884.9 mm。受海拔、坡向等地形地貌因素影响,本区的气候复杂多样。主要土壤类型有水稻土、潮土、石灰岩土和黄棕壤。

4. 湿地动植物资源概况

黄龙滩湿地公园范围内共有浮游藻类植物 5 门 48 种（属），维管束植物 540 种。共有浮游动物 28 种（属），两栖类动物 17 种，爬行类 23 种，鸟类 137 种，哺乳类 34 种，底栖动物 26 种，鱼类 4 目 9 科 45 种。

5. 湿地景观与人文资源概况

黄龙滩湿地公园的湿地景观十分壮美，水库风光波澜壮阔。湿地景观主要有库区大坝风光、峡谷风貌、渡口风情、泛舟赏玩，山水相映。该地文化氛围浓厚，其中堵河拥有厚重的历史文化气息，它是"古巫文化"的发源地。附近的黄龙古镇素有"小汉口"之称，时隔久远仍然可以看到昔日的繁华。古镇具有独特的建筑风格，集科学、文化及艺术价值于一身，积淀了一段丰厚的历史文化气息。

6. 历史沿革

张湾区原属郧县管辖的黄龙区和茶店区的茅坪公社。1967 年 6 月 6 日，因第二汽车制造厂建设（今东风汽车公司），湖北省抓革命促生产第一线指挥部批准设立郧县十堰办事处，上述一区一社由郧县划归办事处管理（同时划归的还有十堰区），同年 12 月更名为郧阳十堰办事处，隶属郧阳地区领导。1969 年 12 月 1 日湖北省革命委员会决定成立十堰市，仍属郧阳地区领导。1973 年 2 月十堰市升格为省辖市。

1975 年，十堰市、二汽实行"政企合一"。合一之后，党政名称为"中共十堰二汽委员会""十堰二汽革命委员会"。十堰与二汽，头一次在称谓上紧紧连在了一起。当时二汽的厂领导，直接就是十堰市的党政领导。这种政企不分的状况一直持续到 1982 年 4 月 19 日，中共湖北省委颁下通知，分别组成中共十堰市委员会和中共第二汽车制造厂委员会为止。

1984 年 5 月经国务院批准，撤社建区成立张湾区（县级），辖头堰（今花果）、红卫、车城、土门（今汉江路）4 个街道办事处。1986 年 10 月经湖北省人民政府批准，撤销十堰市的花果、白浪 2 个区公所，并将花果区公所管辖的全部和白浪区公所管辖的东沟、茅坪 2 个乡与张湾区合并。

1994 年，实行地市合并，郧阳地区撤销，张湾区和茅箭区组成市区，周边五县全部并入十堰市，形成新的十堰市（地级市），市政府驻五堰街道六堰山。

7. 总体规划编制单位

湖北省野生动植物保护总站、华中师范大学、中南林业科技大学。

4.36　湖北宣恩贡水河国家湿地公园

1. 湿地公园四至及地理位置

湖北宣恩贡水河国家湿地公园（以下简称贡水河湿地公园）以宣恩县忠建河流域为主体，由桐子营水库、双龙湖水库、忠建河河道等最高洪水位线内的湿地资源及外围部分山体组成，地理坐标为东经 109°22′31″～109°31′42″、北纬 29°52′28″～30°00′28″。

2. 湿地类型、面积及分布

贡水河湿地公园湿地资源丰富，湿地总面积为 450.29 hm²，湿地率为 80.40%。根据

《全国湿地资源调查技术规程(试行)》的分类系统,贡水河湿地公园内湿地分为河流湿地、人工湿地两个大类和永久性河流湿地、库塘湿地两个湿地类型。其中,永久性河流主要为除桐子营水库与双龙湖水库等库塘湿地外的贡水河河道,总面积 140.17 hm²,占湿地总面积的31.13%;库塘湿地主要包括桐子营水库与双龙湖水库的最高洪水位线内的部分,总面积为310.12 hm²,占湿地总面积的 68.87%。

3. 自然地理条件

贡水河湿地公园位于贡水水系谷地,海拔 550~1 200 m,地势低平,土层深厚,土壤肥沃,水源充足,热量丰富,自然条件最为优越。湿地公园范围内为三叠纪地质与扭断性断层地质。属中亚热带季风性山地湿润气候年平均气温 15.60℃,无霜期 304 d,年平均降水量1 491.30 mm,年日照时数 1 062.50 h。湿地公园内土壤类型主要有黄壤、水稻土、石灰土等。

4. 湿地动植物资源概况

贡水河湿地公园内生物资源丰富,共有维管束植物 113 科 232 属 370 种。共有动物 32目 87 科 261 种,鱼类 2 目 4 科 24 种、两栖动物 2 目 4 科 24 种、爬行动物 3 目 9 科 24 种、鸟类 18 目 47 科 151 种、哺乳动物 7 目 19 科 38 种。

5. 湿地景观与人文资源概况

贡水河湿地公园环境优美,自然景观优美迤逦,主要包括绿染龙湖、峡谷透迤、洞穴奇观等。人文景观独具特色,主要包括贡水文澜、苗族钟楼等。文化历史源远流长,主要文化有建筑文化(吊脚楼)、特色民俗文化,贡品生态文化等。

6. 历史沿革

宣恩地域,古为廪君国,周属夔子国,春秋为巴子国地,战国属巫郡地,后秦伐楚,改属黔中,汉属南郡,三国属荆州建平郡,西晋及隋属清江郡,唐属黔中郡,五代时属羁縻感化州,宋为顺州、保顺州、高州,元隶施州。元至正二十二年(1362),设东乡五路安抚司、高罗安抚司、木册安抚司。明洪武五年(1372),设忠建长官司。永乐二年(1404),施南宣慰司治所由夹壁龙孔(今利川毛坝区共和乡龙孔坝)迁入本县椒园水田坝,因户口减少降为施南宣抚司,隶大田军民千户所,永乐四年(1406)升为施南宣抚司。同时设立忠峒安抚司,隶施州卫。施南宣抚司治所在明末迁入明珠山北麓(今珠山镇)。清雍正十三年(1735),改土归流,废除施南等六土司。乾隆元年(1736),在施南宣抚司设县,命名宣恩县,实含"传布恩德"之意,珠山镇为县署所在地。直至宣统三年(1911)9 月 7 日,施南反正,直属湖北布政使司施南府。

民国元年,废府存县,宣恩县直隶湖北省。民国四年改属荆南道,民国十四年改属施鹤道,民国十六年废道复隶于省。民国十七年改属鄂西行政区,民国二十一年属湖北省第十行政督察区,民国二十五年改属湖北省第七行政督察区,直至 1949 年 11 月 10 日宣恩解放。

1949 年 11 月 11 日,成立宣恩县人民政府,隶属恩施专区,1970 年改属恩施地区。1983年 12 月 1 日,鄂西土家族苗族自治州成立,宣恩属州辖县。

7. 总体规划编制单位

国家林业局林产工业规划设计院。

4.37　湖北荆门仙居河国家湿地公园

1. 湿地公园四至及地理位置

湖北荆门仙居河国家湿地公园(以下简称仙居河湿地公园)地处湖北省荆门市东宝区仙居乡,地理坐标为东经 112°00′00″～112°03′45″、北纬 31°20′00″～31°25′00″,与钟祥、宜城、南漳等县市毗邻。公园四界范围为:东至南河水库大坝,南至栗溪镇山段家台,西与仙居发旺村交界,北至促联村捉马洞。

2. 湿地类型、面积及分布

根据《湿地分类》(GB/T 24708—2009),仙居河湿地公园内的湿地类为人工湿地和自然湿地。人工湿地包括水库湿地和稻田湿地,自然湿地为永久性河流湿地,共 3 个湿地型。仙居河湿地公园总面积 403.98 hm²。其中,陆地面积 216.95 hm²,湿地面积 187.03 hm²,其中水库湿地 100.1 hm²,稻田湿地 12.3 hm²,永久性河流湿地 74.63 hm²,湿地率 46.3%。

3. 自然地理条件

荆门东宝区仙居乡为山区丘陵地形,西高东低。湿地公园内山地主要由石灰岩和砂岩构成,海拔 150～300 m,最高点为南河水库与北河水库之间的尖山寨,海拔 288.6 m,最低为南河水库的蔡家湾,海拔 143.9 m。地处亚热带季风气候带,雨量充沛,阳光充足,无霜期长,具有雨热同期及春湿、夏热、秋凉、冬寒四季分明的气候特征。年平均气温 16.2～16.8℃;年平均降水量 925.0～1 083.6 mm;年平均日照时数 1 053.9～1 593.3 h。

4. 湿地动植物资源概况

仙居河湿地公园范围内共有浮游藻类 35 种,维管束植物共计 93 科 223 属 298 种(4 种为栽培种)。有常见浮游甲壳类动物 9 科 11 种,底栖动物 2 门 8 科 12 种。有脊椎动物 27 目52 科 114 种,包括鱼类 5 目 10 科 37 种、两栖动物 1 目 3 科 8 种、爬行动物 3 目 6 科 9 种、鸟类 12 目 26 科 52 种、哺乳动物 6 目 7 科 8 种。

5. 湿地景观与人文资源概况

仙居河湿地公园的景观形态由众多元素组成,包括水体、驳岸、植被、岛屿、建筑、游览设施等方面。主要有水域景观、河流浅滩景观、植被景观、天象景观(观日出日落)、田园风光、北河大坝等。

6. 历史沿革

仙居河湿地公园由仙居乡的南河水库和北河水库组成。1987 年打通两库之间的尖山寨,引北河水入南河水库,以补其水量的不足。通过 720 m 导流涵洞与北河水库相连,形成两库一体,在灌溉期间可以相互调节运用。

7. 总体规划编制单位

湖北省林业勘察设计院。

4.38　湖北随县封江口国家湿地公园

1. 湿地公园四至及地理位置

湖北随县封江口国家湿地公园(以下简称封江口湿地公园)位于随县中部,范围主要以封江口水库为主体(主要以 124.5 m 的移民高程作为水体区划边界),包含部分山体,地理坐标为东经 113°20′00″~113°25′52″、北纬 31°58′33″~32°07′01″,总面积 2 990.85 hm²。

2. 湿地类型、面积及分布

根据《全国湿地资源调查技术规程(试行)》中的分类方法,封江口湿地公园内的湿地分为河流湿地、人工湿地 2 个大类,包括季节性河流、库塘湿地 2 种湿地型。库塘湿地占湿地面积的比重较大,为 2 463.00 hm²,占湿地总面积的 93.42%。季节性河流面积 173.54 hm²,占湿地总面积的 6.58%。整个湿地公园的湿地面积为 2 636.54 hm²,湿地率 88.12%。

3. 自然地理条件

封江口湿地公园所在的随县,地势自南北渐向中部微缓倾斜,山脉走向呈西北和东南向分布,北为桐柏山山脉,南为大洪山山脉,两山遥相对峙,支脉四延,形成山地、丘陵、岗地、平原 4 级阶梯。气候上划归为北亚热带大陆性季风气候地区,气候四季分明,冷暖适中,夏长冬短,冬干夏雨;多年平均降水量 958 mm,降水量多集中在 5—8 月,蒸发量 1 450~1 520 mm;年平均气温 13~16℃。封江口库区周边地形以山地丘陵为主,土壤类型以黄棕壤为主。

4. 湿地动植物资源概况

封江口湿地公园共有维管束植物 103 科 270 属 364 种。共有脊椎动物 25 目 61 科 139 种。其中包括鱼纲、两栖纲、爬行纲、鸟纲和哺乳纲等主要类群。

5. 湿地景观与人文资源概况

封江口湿地公园有着如诗如画的山地河流、库塘湿地景观。主要有封江水景、松栎林密、芦苇涤荡、森林小屋、水鸟景观等。文化主要有神农农耕文化、编钟古乐文化等。

6. 历史沿革

封江口湿地公园主体的封江口水库修建于 20 世纪 60 年代,是随县六座大型水库之一。水库地处随县厉山镇和殷店镇,库区周边人口约 5 000 人。水库总库容 2.52×10⁸ m³,有效库容 1.37×10⁸ m³。封江口水库水质良好,是随县新县城饮用水源地,也是随州市主要备用水源地之一。

7. 总体规划编制单位

国家林业局林产工业规划设计院。

4.39　湖北宜城万洋洲国家湿地公园

1. 湿地公园四至及地理位置

湖北宜城万洋洲国家湿地公园(以下简称万洋洲湿地公园)位于宜城县城北部,地域属

于长江一级支流汉江水系,主要由西北—东南向的汉江组成,地理坐标为东经 112°13′07″~
112°22′08″、北纬 31°41′28″~31°45′32″,总面积 2 466.03 hm²。

2. 湿地类型、面积及分布

根据《全国湿地资源调查技术规程(试行)》中的分类方法,万洋洲湿地公园内的湿地归
属于河流湿地大类,包括永久性河流、泛洪平原湿地 2 种湿地型。整个湿地公园的湿地面积
为 1 714.81 hm²,湿地率 69.53%,永久性河流湿地为汉江河道的主体部分,总面积 1 147.06 hm²,
占湿地总面积的 66.89%。泛洪平原湿地为汉江河道两侧部分滩涂以及部分的沙洲,面积
567.75 hm²,占湿地总面积的 33.11%。

3. 自然地理条件

万洋洲湿地公园位于宜城市北部,以汉江河道为主体,地区地形主要为河谷平原区,属
于汉江一级阶地,出露第四系全新统冲积粉质黏土、砂、砂砾(卵)石层。属亚热带大陆性季
风区,大陆性季风气候特征明显,冬冷夏热、冬干夏湿、雨热同季。宜城境内各地年降水量
800~1 000 mm,年平均降水天数 116.4 d,年平均气温 15~16℃。万洋洲国家湿地公园内以
潮土为主,河道周边以水稻土为主。

4. 湿地动植物资源概况

万洋洲湿地公园内植物资源较为丰富,共有维管束植物 99 科 246 属 317 种。共有脊椎
动物 23 目 45 科 133 种,其中,鱼类 3 目 6 科 49 种、两栖动物 1 目 2 科 4 种、爬行类 2 目 5 科
9 种、鸟类 15 目 30 科 64 种、哺乳类 2 目 2 科 7 种。

5. 湿地景观与人文资源概况

万洋洲湿地公园湿地景观丰富,主要包括碧波绿带、意杨叠翠、鹭飞燕舞等。文化资源
主要有汉水文化、稻作文化、饮食文化、红色文化等。

6. 历史沿革

宜城历史悠久,历史可追溯到夏商时期,汉朝始称宜城县。中华人民共和国成立后隶属
湖北省襄阳行政区专员公署。1983 年,襄阳地区与襄樊市合并,宜城改属襄樊市。1994 年,
经国务院批准撤销宜城县,设立宜城市(县级),以原宜城县行政区域为宜城市行政区域,由
襄樊市代管,市政府驻鄢城街道办事处。

万洋洲湿地公园的主体汉江,是长江的一级之流,其中宜城境内全长 65 km,流域面积
2 113 km²。湿地公园以汉江大桥为中心,向东西两方延伸,总长约 16 km。

7. 总体规划编制单位

国家林业局林产工业规划设计院。

4.40　湖北咸宁向阳湖国家湿地公园

1. 湿地公园四至及地理位置

湖北咸宁向阳湖国家湿地公园(以下简称向阳湖湿地公园)范围包括向阳湖、向阳湖奶
牛场部分区域。东至京珠高速、南至向阳湖路、西至三八河西堤、北至咸安区行政边界,地理
坐标为东经 114°06′46″~114°13′45″、北纬 29°54′50″~29°59′45″。

2. 湿地类型、面积及分布

向阳湖湿地公园有湿地 5 064 hm²,湿地率为 85.08%。按照《湿地分类》(GB/T 24708—2009)的湿地分类系统,湿地公园内的湿地类型分为天然湿地、人工湿地两大类型。天然湿地主要包括湖泊湿地、沼泽湿地和河流湿地 3 种类型。其中,湿地公园内的向阳湖属于斧头湖的组成部分,位于斧头湖的南部,其湖泊湿地面积 3 047 hm²。沼泽湿地主要分布于淦河入湖口、三八河入湖口,沼泽湿地面积 552 hm²,以草本沼泽湿地型为主,主要是菰沼泽、芦苇沼泽和莎草沼泽。淦河与三八河流经湿地公园,最终流入向阳湖,河流湿地总面积 61 hm²。人工湿地主要是库塘湿地、水产养殖场库塘和水田湿地,主要分布于湿地公园的南部,淦河与三八河之间。其库唐湿地面积 983 hm²,水产养殖场湿地面积 421 hm²。

3. 自然地理条件

向阳湖湿地公园所在的咸安区地处幕阜山系和长江之间的过渡地带,地貌破碎,垄岗发育,地势东南高西北低,呈阶梯状分布。属亚热带季风性湿润气候,四季分明,气候温和,日照充足,雨量丰沛,无霜期长,严寒酷暑时间短。年平均气温 16.8℃,年平均降水量 1 531.4 mm。湿地公园主要为红砂岩棕红壤,土层深厚黏重,呈酸性或弱酸性反应,土体呈棕红色,保水保肥性能好。

4. 湿地动植物资源概况

向阳湖湿地公园有野生维管植物 97 科 265 属 380 种。湿地公园共有野生动物 267 种。陆生野生动物 202 种,其中兽类 5 目 5 科 9 种、鸟类 14 目 45 科 161 种、两栖类 1 目 5 科 13 种、爬行类 3 目 7 科 19 种。此外,湿地公园有鱼类 65 种。

5. 湿地景观与人文资源概况

向阳湖湿地公园的湿地景观主要有湖泊景观、芦苇荡、沼泽风光、湿地鸟类和荷塘等。湿地文化主要有向阳湖文化和农垦文化,向阳湖文化是特殊历史的标本,是一种特殊的文化现象,是特殊人群的一种精神状态。其特殊性寄寓了特别的历史价值和文化价值。

6. 历史沿革

向阳湖是咸宁市的重要泄洪口,是咸宁市的生态安全的制高点,并且是向阳湖文化名人旧址的所在地。近年来,咸安区委、区政府整合向阳湖及淦河、三八河的部分河段,建立向阳湖湿地公园。向阳湖湿地公园建设项目被咸宁市政府作为"十二五"重点建设项目之一,并且湖北省相关部门十分重视向阳湖湿地公园的建设,多次开展现场会,为湿地公园的建设出谋划策。2014 年 2 月向阳湖湿地公园被湖北省林业厅批准建设"湖北省咸宁向阳湖省级湿地公园"。为进一步提升向阳湖湿地公园的建设质量,切实保护好湿地资源以及向阳湖文化,为公众提供一个接触湿地的理想场所,咸安区政府决定申报"湖北咸宁向阳湖国家湿地公园"。

7. 总体规划编制单位

国家林业局调查规划设计院。

4.41　湖北长阳清江国家湿地公园

1. 湿地公园四至及地理位置

湖北长阳清江国家湿地公园(以下简称清江湿地公园)范围包括长阳土家族自治县清江(大堰乡三洞水村至省道 224 磨市镇花桥村段),隔河岩水库的部分区域以及周边的山体。地理坐标为东经 111°04′28″～111°12′51″、北纬 30°21′13″～30°26′16″。

2. 湿地类型、面积及分布

清江湿地公园湿地资源丰富,现状有湿地面积 1 406.4 hm²,湿地率为 60.14%。按照《湿地分类》(GB/T 24708—2009)的湿地分类系统,湿地公园内的湿地类型可分为河流湿地、人工湿地两大类型。河流湿地主要是永久性河流湿地,包括清江(平洛村—柏圆山段),面积 187 hm²,占湿地总面积的 13.3%。人工湿地主要是库塘湿地,主要以隔河岩水库为主,库塘湿地总面积 1 219.4 hm²,占湿地总面积的 86.7%。

3. 自然地理条件

清江湿地公园所在的长阳土家族自治县地处云贵高原东延的尾部,系江汉平原向西南山区的过渡地带。总地势西高东低,高低悬殊,山高坡陡,山峦重叠,群山对峙,逶迤起伏,峡谷幽深,沟壑纵横,地形条件十分复杂。地处亚热带季风气候区,在低丘河谷地带,年平均气温 16℃,年平均降水量 1 335.5 mm。土壤主要有黄壤、黄棕壤、棕壤、石灰土、潮土、紫色土、水稻土。

4. 湿地动植物资源概况

清江湿地公园有野生植物 56 科 107 属 122 种。共有野生动物 162 种。陆生野生动物 117 种,其中兽类 5 目 5 科 5 种、鸟类 11 目 29 科 87 种、两栖类 2 目 8 科 14 种、爬行类 2 目 3 科 11 种。此外,湿地公园有鱼类 45 种。

5. 湿地景观与人文资源概况

清江湿地公园的湿地景观主要为清江形成的库塘湿地景观。文化资源主要有远古文化、土家文化、巴蜀文化。

6. 历史沿革

清江是湖北省西南部的一条河流,为长江的一级支流,古称夷水,因"水色清明十丈,人见其清澄",故名清江。清江发源于湖北省恩施州利川市之齐岳山,流经利川、恩施、宣恩、建始、巴东、长阳、宜都等七个县市,在宜都陆城汇入长江。隔河岩水库位于湖北清江中下游长阳县境内,于 1993 年建成,是一座集防洪、发电、航运、旅游、渔业等功能于一体的大型山谷河道型水库。

近年来,长阳土家族自治县政府高度重视生态环境建设,县委、县政府高度重视对湿地的保护和合理利用,本着"积极保护、科学开发、合理利用、持续发展"的原则,成立了"长阳土家族自治县县湿地保护示范管理委员会",具体负责对湿地的保护和管理。2013 年 2 月,湖北省林业厅通过湖北长阳清江省级湿地公园初审。为进一步提升湿地公园的建设质量,长阳土家族自治县积极开展湖北长阳清江国家湿地公园的申报工作。

7. 总体规划编制单位

国家林业局调查规划设计院。

4.42　湖北黄冈白莲河国家湿地公园

1. 湿地公园四至及地理位置

湖北黄冈白莲河国家湿地公园(以下简称白莲河湿地公园)位于黄冈市东北部,浠水中游,大别山南麓。湿地公园的范围包括水库水面及周边的生态公益林、水库水面滩涂湿地,东至英山县温泉镇,西至罗田县匡河镇,南至浠水县白莲镇,北至英山县红山镇,以高水位自然岸线(海拔 104.9 m)为界,同时包括坝址周围的部分山体。地理坐标为东经 115°26′41″～115°39′52″,北纬 30°33′45″～30°44′33″。

2. 湿地类型、面积及分布

白莲河湿地公园面积为 6 653.75 hm²,湿地面积 5 544.19 hm²,湿地率为 83.32%,以库塘湿地为主。按照《全国湿地资源调查与监测技术规程(试行)》,湿地公园内的湿地可以分为库塘湿地、稻田湿地、永久性河流湿地、草本沼泽及森林沼泽。其中库塘湿地主要指库区水域,面积为 4 361.81 hm²,占湿地总面积的 65.55%;稻田湿地指库周库的水稻田,面积为551.46 hm²,占湿地总面积的 8.29%;永久河流湿地指白莲河水库的库尾及支流;草本沼泽主要指库岸及库周由水生和沼生的草本植物组成优势群落的淡水沼泽,如灯心草沼泽、笋石菖沼泽、香蒲沼泽、莕菜群落、水鳖群落、菱群落等;森林沼泽主要指白莲河水库库尾以乔木森林植物为优势群落的淡水沼泽,包括意杨沼泽、水杉沼泽等。

3. 自然地理条件

白莲河湿地公园属低丘岗地地貌,地势相对起伏不大。属北亚热带大陆性季风气候,光能资源较充足,热量资源较丰富,无霜期长,降水充沛,雨热同季。年平均气温 16.4℃,多年平均降水量 1 308.89 mm,多年平均日照时数 1 720 h。湿地公园范围内主要为水域,部分水岸多为岩石,陆地土壤主要有砂泥土、砂黄土及黄砂土。

4. 湿地动植物资源概况

白莲河湿地公园范围内共有维管束植物 114 科 297 属 411 种。共有两栖类动物 2 目 6科 15 种、爬行类 2 目 8 科 17 种、鸟类 15 目 42 科 96 种、哺乳类 6 目 12 科 19 种。

5. 湿地景观与人文资源概况

根据白莲河湿地公园的景观特色,将湿地景观分为库区大坝风光、滨湖景观、生物景观。文化资源主要有山水文化资源、红色文化资源、禅宗文化资源、大别山民俗文化资源等。

6. 历史沿革

白莲河水库是浠水、英山、罗田三县人民为治理浠水而修建的,于 1958 年 8 月 10 日正式开工建设。1959 年因春汛早临,2 月 15 日上游围堰被冲,主体工程施工被迫暂停。1959年 10 月 30 日正式复工。1960 年 10 月 6 日开始蓄水,10 月 30 日主坝建成。此后大坝、子坝经过多次加固。白莲河水库作为黄冈市人民灌溉以及饮用水用水的主要水源地自建成以来,发挥了极其重要的作用,对黄冈市具有深远的意义。白莲河抽水蓄能电站利用白莲河水库作为下库,正常蓄水位 104.00 m 时,相应库容 $8.00 \times 10^8 \, m^3$,调节库容 $5.72 \times 10^8 \, m^3$;上库位于白莲河水库右坝头上游侧山头谷地。电站于 2005 年开工建设;2008 年 12 月上库通过蓄水验收;2009 年 5 月首台机组开始调试,2010 年 12 月全部机组投产发电。白莲河抽水蓄能电站对湖北乃至华中电网安全、经济、稳定具有十分重要的作用,对带动当地经济与社会发展也具有深远意义。

7. 总体规划编制单位

湖北省野生动植物保护总站、华中师范大学、中南林业科技大学。

4.43　湖北武汉杜公湖国家湿地公园

1. 湿地公园四至及地理位置

湖北武汉杜公湖国家湿地公园(以下简称杜公湖湿地公园)位于湖北省武汉市东西湖区,距东西湖区人民政府所在地 4.5 km。范围包含杜公湖、么教湖及周围部分湖岸区域,范围以湖泊蓝线外扩 50~80 m 为界。湖泊东至新建队,南至新港苑,西起养殖队,北邻红光大队宋家山。南北跨 4.17 km,东西跨 1.72 km。地理坐标为东经 114°08′06″~114°09′05″、北纬 30°42′02″~30°44′13″。

2. 湿地类型、面积及分布

根据《全国湿地资源调查技术规程(试行)》的分类系统,杜公湖湿地公园内湿地分为湖泊湿地和人工湿地两大类,包括永久性淡水湖和水产养殖场 2 个湿地类型。杜公湖湿地公园面积为 231.26 hm^2,其中湿地面积 195.3 hm^2,占湿地公园总面积的 84.5%。其中,杜公湖与么教湖为永久性淡水湖,面积为 164.3 hm^2,占湿地面积 71.41%;水产养殖场为湖岸周边人工湿地,面积为 31 hm^2,占湿地面积 28.59%。

3. 自然地理条件

杜公湖湿地公园处于东西湖区的东北部,杜公湖为东西湖区第二大湖泊。属北亚热带季风气候区,是武汉地区太阳总辐射能高值区,光照充足,热量丰富,年平均实际日照时数 1 918 h。雨量充沛,年平均降水量 1 572.2 mm。四季分明,冬季多偏北风,严寒低温,年平均气温 17~19℃。

4. 湿地动植物资源概况

杜公湖湿地公园内种子植物优势明显。有高等植物 63 科 137 属 169 种。野生动物资源相对比较丰富,有昆虫、鱼类、鸟类、兽类等,该园区共记录兽类 4 目 7 科 17 种、鸟类 12 目 30 科 128 种、爬行动物 2 目 8 科 21 种、两栖类 1 目 4 科 9 种、鱼类 9 目 16 科 54 种。

5. 湿地景观与人文资源概况

杜公湖湿地公园内湿地景观优美,主要有湖泊湿地景观。杜公湖和么教湖湖岸边分散着鱼塘和藕田,可欣赏湖泊和丰富的野生动植物资源。文化资源主要有新石器文化、名人文化、以柏泉古镇代表典型的古代集市文化、以景德寺为代表的古建文化。

6. 历史沿革

东西湖境域史属古云梦泽东境,因境内原有东湖、西湖两个紧密相连的湖群而得名。据考证,迄今5 000多年前,这里就有人类聚居,从事渔猎和耕耘。春秋战国时期属古云梦泽,夏商属荆州地,后为楚地,秦汉以后,先后隶属安陆县、沙羡县、石阳县、沌阳县、汉津县。隋大业二年改汉津县为汉阳县,东西湖区属汉阳县(今蔡甸区)。此后经唐、宋、元、明、清各代,虽州郡建制屡有改变,辖区始终属汉阳县管辖。围垦前,这里分属汉阳县(今蔡甸区)、汉川、孝感、黄陂四县管辖。1957年建武汉市国营农场管理局,1958年改称武汉市东西湖农场管理局。1979年建东西湖区。

7. 总体规划编制单位

国家林业局调查规划设计院。

4.44　湖北南漳清凉河国家湿地公园

1. 湿地公园四至及地理位置

湖北南漳清凉河国家湿地公园由西北向东南呈片带状走向(片指石门集水库宽阔水面,带指清凉河带状廊道),西起石门集水库上游白河与南河汇合处,东南至清凉河绕城路大桥,具体包括石门集水库和清凉河所有水域以及两侧部分林地和绿地。地理坐标为东经111°39′02″～111°54′02″、北纬31°48′12″～31°55′47″。

2. 湿地类型、面积及分布

湖北南漳清凉河国家湿地公园湿地资源丰富,湿地分为河流湿地和人工湿地2大湿地类,包括永久性河流、泛洪平原湿地、库塘和水产养殖场4个湿地型。河流湿地主要包括永久性河流和泛洪平原湿地2个湿地型。永久性河流主要是指清凉河干流及其沿线支流,面积263.6 hm²,占湿地总面积的32.9%;泛洪平原湿地主要是指清凉河及其支流河道中的泛滥地、河心洲、河滩、河谷等。人工湿地中,库塘主要是指湿地公园范围内的石门集水库,面积381.9 hm²,占湿地总面积的47.6%;水产养殖场主要是指清凉河下游九集镇的上罗家湾和黄家营附近的人工鱼塘。湖北南漳清凉河国家湿地公园湿地总面积802.4 hm²,占土地总面积的65.1%。

3. 自然地理条件

湖北南漳清凉河国家湿地公园地形地貌主要以低山丘陵和低山峡谷为主。南漳属北亚热带季风性气候,气候温和,雨热同期。年平均气温15.3℃,年平均降水量880～1 200 mm。流域多年平均降水量876 mm,多年平均气温16.4℃。土壤共分5类,即水稻土类、石灰土类、黄棕壤土类、紫色土类和潮土类。

4. 湿地动植物资源概况

湖北南漳清凉河国家湿地公园及其周边区域共有湿地维管束植物123科347属460种。公园内有脊椎动物共计5纲29目78科252种。其中,兽类6目8科19种、鸟类15目45科167种、鱼类有4目11科36种、爬行动物2目8科19种、两栖动物2目6科11种。

5. 湿地景观与人文资源概况

湖北南漳清凉河国家湿地公园水域广阔,河流蜿蜒曲折,形成了河流、库塘和泛洪平原湿地构成的复合湿地生态系统,湿地景观多样。主要包括水域景观、地文景观、生物景观、天象与气候景观等。文化资源众多,全县有各类景点 110 多处,其中有省市级文物保护单位 40 多个,是湖北省电影家协会挂牌命名的著名影视基地。

6. 历史沿革

石门集水库位于长江流域汉江水系蛮河支流清凉河中游,1970 年 9 月建成。水库有主坝、副坝、溢洪道、泄洪洞、灌溉(发电)洞、电站厂房等水工建筑,泄洪形式分开敞式溢洪道和闸门控制的 188 m 的泄洪洞高低两处,发电与灌溉洞合一,施工导流洞,为库壁漏水处理提供了便利条件。水库承雨面积 252.3 km²,总库容 1.5403×10^8 m³,兴利库容 1.1469×10^8 m³,主要灌溉南漳、宜城、襄阳三县(市、区)的农田,设计灌溉面积 1.11×10^4 hm²,防洪保护农田 1.33×10^4 hm²,保护人口 25 万人。是一座以灌溉、防洪为主,兼有发电、养殖等综合效益的大(二)型水库,水库正常高水位 195.0 m,500 年一遇设计洪水位 199.2 m,2 000 年一遇校核洪水位 200.1 m。

石门集水库作为饮用水水源一级保护区,是水库下游沿河村庄的主要饮用水源地。为了加强湿地与水源地保护,南漳县人民政府明确以石门集水库为核心,以清凉河为纽带,构建南漳县湿地与生态环境建设的示范工程,推进华中绿谷和县城生态文明建设,特提出了清凉河国家湿地公园规划与建设的构想。

7. 总体规划编制单位

国家林业局中南林业调查规划设计院。

4.45　湖北枝江金湖国家湿地公园

1. 湿地公园四至及地理位置

湖北枝江金湖国家湿地公园(以下简称金湖湿地公园)位于湖北省枝江市境内,地处马家店街道办、仙女镇和问安镇之间,地理坐标为东经 111°46′57″～111°50′01″、北纬 30°26′25″～30°28′26″,包括东湖、刘家湖两个子湖区以及湖区以北的金山林场。

2. 湿地类型、面积及分布

金湖湿地公园湿地资源丰富,类型多样,湿地总面积为 688.57 hm²,占湿地公园总面积的 93.89%。根据《全国湿地资源调查技术规程(试行)》的分类系统,湖北金湖国家湿地公园内湿地分为河流湿地、湖泊湿地、沼泽湿地、人工湿地 4 个湿地类,又包含永久性河流湿地、草本沼泽湿地、永久性淡水湖、水产养殖场、稻田 5 种湿地型。从 4 个湿地型来看,永久性淡水湖所占的比重最大,占湿地总面积的 66.20%;其次为水产养殖场,占 23.71%。

3. 自然地理条件

金湖湿地公园地处江汉平原西缘,扬子江淮地台西部,属江汉断拗的一部分,在地质构造上属新华夏系第二沉降带,为一套厚约 200 m 的第四系河湖松散堆积物所覆盖,属第四纪地层。属亚热带季风性湿润气候,气候特点四季分明,雨热同季,兼有南北过渡的特点。年平均气温 16.8℃,年平均降水量 1 039.4 mm。共有黄棕壤、潮土、紫色土、石灰(岩)和水稻土 5 个土类。

4. 湿地动植物资源概况

金湖湿地公园内共有浮游植物 6 门 45 种,维管束植物 86 科 168 属 198 种。浮游动物 3 门 4 类 50 种,底栖动物 3 门 36 种。野生脊椎动物总计 33 目 87 科 239 种,包括鱼纲 9 目 15 科 49 种、两栖纲 1 目 3 科 11 种、爬行纲 2 目 8 科 20 种、兽纲 5 目 9 科 18 种、鸟纲 16 目 52 科 141 种。

5. 湿地景观与人文资源概况

金湖湿地公园景观资源主要有水域景观、湿地植物景观、湿地动物景观。金湖湿地公园及周边孕育了丰富多彩的历史文化资源,拥有一批历史悠久的遗迹和传说,保留了极具特色的传统民俗文化。主要有大溪文化、佛教文化、酒文化、民俗文化。

6. 历史沿革

金湖湿地公园所在地旧称东湖(孙家湖),环湖周边土地肥沃适合耕种,清康熙年间立界刊碑将湖西面 200 hm² 土地划归旗军放牧。清乾隆年间因湖中有一脊将东湖分为东西两湖。后又因东湖北面有刘家坡,西南有刘家牌坊,因而西湖改称为刘家湖,东湖仍用旧名。金湖湖面面积最大时曾达 648 hm²,后因大规模垦殖和水利工程等人为因素导致金湖水面面积缩小为 527 hm²,平均蓄水深度由 2.5 m 变为了 1.5 m,已垦殖的地方由湖泊变成了稻田。

7. 总体规划编制单位

国家林业局林产工业规划设计院。

4.46　湖北汉川汈汊湖国家湿地公园

1. 湿地公园四至及地理位置

湖北汉川汈汊湖国家湿地公园(以下简称汈汊湖湿地公园)位于汉江下游北岸,湖北省汉川市中北部的汈汊湖湖区范围内,地理坐标为东经 113°39′53″～113°43′27″、北纬 30°39′52″～30°43′08″。

2. 湿地类型、面积及分布

根据《全国湿地资源调查技术规程(试行)》标准,汈汊湖湿地公园内的湿地划分为自然湿地和人工湿地 2 个湿地类,其中自然湿地为永久性淡水湖;人工湿地包括运河、输水河(为公园内部主要输水渠道)与水产养殖场。汈汊湖湿地公园内的现有湿地总面积为 2 464.51 hm²,占公园总面积 2 489.56 hm² 的 98.99%。其中,永久性淡水湖面积为 196.76 hm²,占公园湿地面积的 7.98%;运河、输水河面积为 93.22 hm²,占公园湿地面积的 3.78%;水产养殖场面积为 2 174.53 hm²,占公园湿地面积的 88.24%。

3. 自然地理条件

汈汊湖湿地公园地处江汉平原腹地汉川市中北部,该区域地貌类型比较单一,主要是冲积、湖积平原,基本上由一系列河间洼地组成,以河间低湿平原为主。汈汊湖区域属亚热带季风气候类型,具有热量丰富,雨量充沛,光照充足,雨热同步,气候温和,四季分明等特征。年平均气温 16.1℃,年平均降水量 1 179.3 mm。湖区及周边区域土壤成土母质为河流冲积物及湖相沉积物,主要有潮土、水稻土、黄棕土 3 个土类。

4. 湿地动植物资源概况

汈汊湖湿地公园共 142 种鸟类,鱼类多达 62 种,底栖类有蟹、虾、螺等 11 种。有植物 62 科 141 属 164 种。

5. 湿地景观与人文资源概况

汈汊湖湿地公园的景观资源主要有湿地鸟类景观、千亩荷塘景观及具有江汉平原典型特色的湖泊—鱼塘—水田—沟渠—河流等相间的复合湿地生态系统景观。文化资源主要有红色文化、水利文化、名人文化等。此外,还有流传至今的"打芦蓆""卖水谣""十杯子酒""工匠歌""赶秧雀"等水乡民谣和汉川善书、汉川楹联、舞龙赛狮、民歌、民谣、皮影戏等民间艺术。

6. 历史沿革

汈汊湖为河间洼地湖,初成年代在晚更新世后的云梦泽分离时期,明代以前,曾"纳四水,吞江汉,烟波浩渺,茫茫千余里"。清代的一次大水,致汉江溃口,将汈汊湖与下游的东西汊湖、老观湖、中柱湖、沉下湖、大小松湖等连成一片,使汈汊湖水面达到历史最大时期,方圆达 1 000 km²。中华人民共和国成立前的汈汊湖是由汈汊湖、东西汊湖、龙塞湖、老鹳湖、白石湖等大小湖泊组成的湖泊群。中华人民共和国成立后对汈汊湖分期进行了治理。20 世纪 70 年代是对汈汊湖区进行全面规划、综合治理的新阶段。80 年代前期,实行退田还湖,综合开发。1985 年又于东干渠西堤与中干渠的交汇处建泄洪东闸一处。

7. 总体规划编制单位

湖北省林业勘察设计院。

4.47　湖北环荆州古城国家湿地公园

1. 湿地公园四至及地理位置

湖北环荆州古城国家湿地公园(以下简称环荆州古城湿地公园)位于荆州市区,以荆州古城护城河、太湖港及港南渠、荆襄河水体为主体,包含九龙渊、古城墙、明月湾湿地、环城北至西门两河四岸湿地景观以及荆襄河湿地。

2. 湿地类型、面积及分布

环荆州古城湿地公园内的湿地面积合计 263.92 hm²,占湿地公园总面积的 56.22%。其中,永久性河流 173.99 hm²、库塘 25.55 hm²、水产养殖场 57.55 hm²、稻田 6.83 hm²。

3. 自然地理条件

环荆州古城湿地公园所在的荆州市地处湖北省中南部,江汉平原腹地。平原湖区占 78.7%,丘陵低山区占 21.1%。属亚热带季风气候区。光能充足、热量丰富、无霜期长。年平均气温 15.9～16.6℃,年无霜期 242～263 d,多数年份降水量 1 100～1 300 mm。

4. 湿地动植物资源概况

环荆州古城湿地公园内有维管束植物 121 科 501 种(含栽培 192 种),其中蕨类植物 5 科 6 种,裸子植物 4 科 6 种(全部为栽培种),被子植物 112 科 489 种(含栽培种 186 种),国家 Ⅱ级保护植物有 3 种(野菱、野莲、野大豆)。脊椎动物共有 5 纲 28 目 66 科 153 种,其中鱼纲 7 目 14 科 40 种、鸟纲 13 目 35 科 79 种、两栖纲 1 目 3 科 7 种、爬行纲 2 目 8 科 15 种、哺乳纲 5 目 6 科 12 种,其中国家 Ⅱ 级保护动物 8 种(虎纹蛙及鸟类鸢、苍鹰、白尾鹞、鹊鹞、红隼、小鸦鹃、斑头鸺鹠)等。

5. 湿地景观与人文资源概况

荆州古城护城河、太湖港是典型的城郊河流,湿地景观明显。荆州古城地区景观资源极为丰富,涵盖水景、生景、天景、园景、建筑、史迹、风物等类,特别是荆州古城及其护城河是中国南方现仅存的"城池"。国家级的荆州古城历史文化旅游区同时也是荆州的一张精致名片。

6. 历史沿革

荆州古城墙是我国延续时代最长、跨越朝代最多,由土城发展演变而来的唯一古城垣。护城河环绕荆州古城,是我国现存仅有的完整城壕。环荆州古城河可追溯到 2 800 多年前周厉王时期,它承载了几千年的历史文明和湿地文化,虽历经沧桑,依然秀丽古朴。2015 年 9 月,荆州市编委荆编办〔2015〕18 号文批准建立湖北环荆州古城国家湿地公园管理局,保护建设工作由市林业局承担。

7. 总体规划编制单位

湖北省林业勘察设计院。

4.48 湖北公安崇湖国家湿地公园

1. 湿地公园四至及地理位置

湖北公安崇湖国家湿地公园(以下简称崇湖湿地公园)位于长江中游南岸湖北省荆州市公安县中东部,地理坐标为东经 112°14′38″～112°18′08″,北纬 29°53′48″～29°57′46″。

2. 湿地类型、面积及分布

根据《全国湿地资源调查技术规程》(试行)标准,崇湖湿地公园内的湿地划分为自然湿地和人工湿地 2 个湿地类,其中自然湿地为永久性淡水湖;人工湿地包括运河、输水河(为公园内部主要输水渠道)、水产养殖场与稻田。崇湖湿地公园内的湿地总面积为 1 454.91 hm²,占公园总面积 1 475.11 hm² 的 98.63%。其中,永久性淡水湖面积为 1 207.82 hm²,占湿地总面积的 83.02%,主要分布在公园中部,为崇湖主体。

3. 自然地理条件

崇湖湿地公园地处洞庭湖平原北端,紧邻荆江南岸,区域总体地势北高南低,除西南侧的吴达河有一小块岗地以外,其余三面地势平坦,为典型的冲积、湖积平原地貌。崇湖属典型的河间洼地湖,所在位置相对地势较低,是周边地区的"水窝子"。公园范围内,地面海拔30～33 m。崇湖湖区属亚热带季风气候,具有光照充足、雨量充沛、有霜期短、夏热冬冷、四季分明等特征。湖区年平均气温 16.7℃,年平均日照时数 1 857.8 h,年平均降水量 1 211 mm。湖区及周边地区土壤成土母质为河流冲积物及湖相沉积物,土壤类别主要有潮土、水稻土、黄棕土 3 个土类。

4. 湿地动植物资源概况

崇湖湿地公园共分布有植物 96 科 254 属 353 种。鱼类 8 目 15 科 46 种,两栖动物 1 目 3 科 7 种,爬行动物 2 目 7 科 16 种,鸟类 14 目 45 科 82 属 131 种,兽类 6 目 10 科 18 种,浮游动物有 39 种,底栖动物 42 种。

5. 湿地景观与人文资源概况

崇湖湿地公园湿地景观资源主要有湖泊湿地景观、湿地鸟类景观以及独具地方特色的湖泊—鱼塘—水田—沟渠复合湿地生态系统景观。文化资源主要有名人文化、公安说鼓、水利文化、历史文化、渔家文化、三国文化、红色文化、宗教朝觐文化等。

6. 历史沿革

崇湖本是原长江支流东清河(北起长江南岸公安县斗湖堤镇杨公堤段)南下过程中,流经途中洼地所形成的河间洼地湖。后因荆江北岸大堤不断修筑完善,穴口逐渐被堵塞,致使此段江水经常冲破南堤,在洞庭湖流域肆意泛滥。江水中携带的大量泥沙在此淤积沉淀,使河、湖底部不继抬升,崇湖也在此过程中逐渐与东清河分离。后经人类不继的改造开发,才形成了如今崇湖流域河、渠、湖网状相连的水系格局。

7. 总体规划编制单位

湖北省林业勘察设计院。

4.49　湖北安陆府河国家湿地公园

1. 湿地公园四至及地理位置

湖北安陆府河湿地公园(以下简称府河湿地公园)位于安陆市城区附近,地理坐标为东经 113°35′55″~113°41′14″、北纬 31°08′51″~31°23′25″,范围包括府河、府河两岸部分滩涂以及部分洑水。府河河段北起安陆与广水交界处,南至安陆与云梦交界处,河道两岸以河堤为界,整个河段东西跨度 9 km,南北跨度 27 km。

2. 湿地类型、面积及分布

根据《全国湿地资源调查技术规程(试行)》,府河湿地公园内的湿地划分为河流湿地和人工湿地 2 个湿地类,包括永久性河流、泛洪平原湿地、库塘 3 个湿地型。府河湿地公园内的湿地总面积为 1 419.1 hm²,占湿地公园总面积 1 557.5 hm² 的 91.1%。其中,永久性河流湿地面积为 846.6 hm²,占公园湿地面积的 59.7%;泛洪平原湿地面积为 327.8 hm²,占公园湿地面积的 23.1%;库塘湿地面积 244.7 hm²,占公园湿地面积的 17.2%。

3. 自然地理条件

府河湿地公园位于安陆市中部,属河谷冲积阶地平原区,自然条件较好,地势平坦,土层深厚。属北亚热带季风气候区,气候温和,雨量充沛,日照充足,安陆市年平均降水量 1 117 mm,年平均日照 2 109 h,年日照率 48%,年平均气温 16℃,无霜期 200~240 d。湿地公园主要位于冲积平原上,沿河岸土壤以砂土或潮砂土为主,部分靠近农田的地区以水稻土为主。

4. 湿地动植物资源概况

府河湿地公园范围内共有维管束植物 100 科 236 属 309 种(含栽培种 65 种)。有各类动物 166 种。其中,鱼类 7 目 12 科 58 种、两栖类动物 3 科 4 属 13 种、爬行动物 3 目 6 科 8 种、鸟类 12 目 29 科 78 种、兽类 6 目 6 科 9 种。

5. 湿地景观与人文资源概况

府河弯曲绕城,如玉带穿越而过,大桥似彩虹连接古城东西。极目远眺,满河清波,河岸曲折,蜿蜒流淌,恍若仙境。浅滩芦苇,身姿摇曳,岸边青木,郁郁苍苍。偶见白鹭,或低空掠影,或立足边岸。清波、芦花、绿树、飞鸟,或动,或静,自然景观丰富。河岸、田野、村落映衬,一派田园风光。古泽安陆人文底蕴深厚,有"李白故里""银杏之乡""漫画之乡"之美誉。

6. 历史沿革

府河,亦称涢水。发源于湖北大洪山麓,其流域大部在古德安府(今湖北省安陆市)境内而得名。府河沿岸属冲积性平原,河底为沙石,河床迂回曲折,泥沙受急流冲刷则淤积于缓流处,形成一个个长潭浅滩。府河是安陆人民的母亲河,对安陆市社会经济与人民生产生活具有重要作用,为沿岸周边村镇提供生活和农业生产用水,是安陆城区饮用水源。府河不仅是安陆重要饮用水源地,也是一个水产种质资源库。根据农业部颁发的第 1873 号公告,安陆市政府成立了府河细鳞鲷水产种质资源国家级保护区。保护区自北向南从解放山电站大坝至孛畈镇天子岗止,长 28.3 km,面积 1 415 km²,保护区位于府河湿地公园湿地保育区内,通过湿地保育、植被恢复,能更好地保护水产种质资源。

7. 总体规划编制单位

湖北省林业勘察设计院。

4.50 湖北五峰百溪河国家湿地公园

1. 湿地公园四至及地理位置

湖北五峰百溪河国家湿地公园(以下简称百溪河湿地公园)位于湖北省宜昌市五峰土家族自治县中南部,属云贵高原武陵山脉北支脉尾部地带。范围包括五峰土家族自治县五峰镇的长坡村、茅坪村及后河国有实验林场。百溪河湿地公园西接湖北五峰后河国家级自然保护区,南连湖南壶瓶山国家级自然保护区,东、北面与五峰土家族自治县五峰镇接壤。百溪河湿地公园总面积 501.90 hm²,地理坐标为东经 110°38′52″~110°43′40″,北纬 30°02′35″~30°07′12″。

2. 湿地类型、面积及分布

根据《湿地分类》(GB/T 24708—2009),百溪河湿地公园属于永久性河流湿地类型的湿地公园,公园总面积 501.90 hm²,其中湿地面积为 300.12 hm²,湿地率为 59.80%。其分布范围仅限于百溪河中下游干流以及泉溪河、林溪沟、麻池河等 3 条支流。

3. 自然地理条件

百溪河流域地处鄂西褶皱山地,断裂甚为明显,群峰起伏,层峦叠嶂,所有山地均属云贵高原武陵山脉北支脉尾部地带。地势由西向东逐渐倾斜。广泛分布碳酸盐岩,岩溶极为发育,溶蚀洼地、岩溶漏斗、落水洞、暗河、槽谷及溶洞等岩溶地貌随处可见。气候特征属中亚热带季风气候,多年平均气温为 13.1℃,多年平均降水量为 1 765.0 mm。由于地形地貌的差异以及海拔高度的变化,使得该流域具有典型的山地气候特征。百溪河湿地公园土壤有红壤、黄壤、黄棕壤、山地草甸土、石灰土、水稻土6类。

4. 湿地动植物资源概况

百溪河湿地公园浮游藻类共计5门37种,维管植物146科470属814种。浮游动物共计4大类26种,底栖生物共13种(属),鱼类3目5科12属13种,两栖动物共有2目9科26种,爬行动物共有2目8科37种,鸟类13目26科77种。兽类有8目19科38种。

5. 湿地景观与人文资源概况

百溪河湿地公园景观资源主要有原生态河流景观、湿地生物景观、湿地娱乐景观。湿地文化资源主要有土家族吊脚楼、茶文化、土家腊肉、苞谷饭、跳丧舞、赶年、土家锦织等土家文化资源,除此之外,五峰境内残存有大量的土司文物古迹,富有土家特色和巴人遗风的"摆手舞""薅草锣鼓"等别具神韵。

6. 历史沿革

百溪河湿地公园由五峰县五峰镇的长坡村、茅坪村和后河国有实验林场的部分区域组成。后河国有实验林场是1974年开始筹建,1977年正式建场,1998年经五峰县政府批准同意,将国有后河林场部分非木材经营区划入后河自然保护区管理,余下部分仍由林场管理。百溪河湿地公园主要将林场的杨家山、林溪沟等国有范围201.29 hm²纳入。长坡村和茅坪村的部分区域划入湿地公园面积300.61 hm²。百溪河湿地公园是2013年4月28日湖北省林业厅以鄂林湿函〔2013〕249号文批建的省级湿地公园。同年6月19日,五峰县土家族自治县人民政府以五政发〔2013〕19号文成立"湖北五峰百溪河湿地公园管理局",开展湿地资源保护、科研监测、宣传教育、基础设施建设建设、旅游开发与宣传促销等活动。

7. 总体规划编制单位

湖北省野生动植物保护总站、中国地质大学(武汉)、中南林业科技大学。

4.51　湖北孝感老观湖国家湿地公园

1. 湿地公园四至及地理位置

湖北孝感老观湖国家湿地公园(以下简称老观湖湿地公园)位于汉江下游北岸,行政区划上隶属湖北省孝感市,跨应城、汉川两市。湿地公园的地理坐标为东经113°27′28″～113°30′00″、北纬30°44′22″～30°47′54″,东西跨度4.0 km,南北跨度6.3 km。

2. 湿地类型、面积及分布

老观湖湿地公园湿地资源丰富,类型多样。根据《全国湿地资源调查技术规程(试行)》的分类系统,公园内的湿地可分为湖泊湿地、沼泽湿地、人工湿地3种湿地类及永久性淡水湖泊、草本沼泽、水产养殖场3种湿地型。老观湖湿地公园总面积为1 244.79 hm²,其中湿地面积1 087.72 hm²,湿地率为87.4%。老观湖湿地公园内永久性淡水湖泊总面积332.60 hm²,占湿地总面积的30.58%。老观湖内芦苇丛生、水深较浅的区域划为沼泽湿地,为草本沼泽,该类型湿地总面积约537.16 hm²,占湿地总面积的49.38%。水产养殖场位于老观湖湖周区域,总面积为217.96 hm²,占湿地总面积的20.04%。

3. 自然地理条件

老观湖湿地公园所在区域为湖沼洼地,海拔 21 m 以下。地质为全新统近代沉积物。属亚热带季风性湿润气候,多年平均气温 16.1℃,多年平均降水量 1 060 mm。湖泊外围地层为湖积冲积物,周边水田均为水稻土土种。

4. 湿地动植物资源概况

老观湖湿地公园分布有维管束植物 58 科 131 属 165 种。有野生动物 224 种,其中哺乳类 6 目 8 科 19 种、鸟类 13 目 39 科 125 种、爬行类 2 目 6 科 12 种、两栖类 2 目 4 科 11 种、鱼类 6 目 14 科 57 种。

5. 湿地景观与人文资源概况

老观湖湿地公园内,湖水清澈透亮,万亩芦苇荡一望无尽,湖岸线迂回婉转,结合周边的田园村庄形成一派壮阔的水乡盛景。主要有湖区景观、湿地鸟类景观、万亩芦苇荡景观等湿地景观。文化资源源远流长,主要有民俗文化、蒲骚文化、渔业文化、历史文化等。

6. 历史沿革

老观湖湿地的演变正是云梦泽历史演变的缩影。老观湖地处古云梦泽的北缘,属汉江流域,为汉江干流和支流冲积形成。据汉川志和应城志记载,20 世纪 50 年代以前的老观湖仍为泛水湖,老观湖上源四龙河南流经草场垸至菱角荡入湖,下连三台湖、天门河,经汈汊湖入汉江,河湖相通,水位随涨随落。盛水期湖面 87 km²。明清时期,老观湖(三台湖)接壤应城、天门四邑之水汇之,周凡百数十里,为西北巨浸。明代华清《三台湖》诗:"沱潜既云道,云梦成大陆,湖为水所都,无乃蛟龙窟;港汊人汊沔,琐琐错水族;鲂鲤及鳍鲨,此物荐公悚;鸬鹚日日来,饥鹤在林宿;泛舟欲何之,长啸弄寒绿。"咸丰初,汉水北溢,七载相仍,浊流淤成平地,仅一线可通舟楫;霖雨时,至水无所潴,浸淫之滥畎亩为壑。民国时期直至 20 世纪 50 年代初,老观湖尚有湖面 28.6 km²。1960 年府河改道,撤走北来山洪。1969 年汉北河改道,修筑堤防,河湖分家,三台湖也被大量挖压和占用,老观湖遂成为内湖,结束了泛水湖的历史,水位下落,湖面缩小。1973 年原义和公社从萧梁沟至田家嘴修筑老观湖大堤(俗称三台湖西堤),从中隔开老观湖与三台湖水域,并开挖了一条灭螺河直通龙赛湖引水河,兴建丁咀闸调节老观湖水位。

进入 20 世纪 70 年代后,周边社区相继围垦老观湖、三台湖,使得三台湖彻底消失,而老观湖水面也进一步缩小,至 2012 年老观湖自然湖泊水面减少到 9.38 km²。湖底高程 22.7~23.0 m,正常水位 24.5 m,平均水深 1.5 m,最大水深 4.8 m,常水位时湖泊容积约 7.69×10⁶ m³。

7. 总体规划编制单位

国家林业局昆明勘察设计院。

4.52　湖北英山张家咀国家湿地公园

1. 湿地公园四至及地理位置

湖北英山张家咀国家湿地公园(以下简称张家咀湿地公园)位于黄冈市英山县县城北部,西河上游,大别山南麓。湿地公园范围以张家咀水库千年一遇洪水位 253.18 m 淹没线为界,东至五峰山林场,西至吴家山林场,北至新店村,南至古城村。地理坐标为东经115°48′44″～115°50′50″、北纬31°02′36″～31°05′25″。

2. 湿地类型、面积及分布

张家咀湿地公园面积为512.54 hm²,湿地面积324.4 hm²,湿地率为63.29％,以库塘湿地为主。按照《全国湿地资源调查与监测技术规程(试行)》,湿地公园内的湿地可以分为永久性河流湿地、泛洪平原湿地、库塘湿地和水产养殖池塘。其中永久河流湿地指张家咀水库的库尾及支流;泛洪平原湿地指在丰水季节由洪水泛滥的河滩、季节性泛滥的草地组成;库塘湿地主要指库区水域;水产养殖池塘主要指坝下区域的人工池塘。

3. 自然地理条件

张家咀湿地公园所在的英山县平均海拔300～400 m,总体可分为山地、丘陵河谷、岗地4种地貌类型。属长江中下游北亚热带湿润季风性气候,年平均气温16.4℃,年平均降水量1 403 mm。湿地公园范围内主要为水域,部分水岸多为岩石,陆地土壤主要有砂泥土、砂黄土及黄砂土。

4. 湿地动植物资源概况

张家咀湿地公园范围内共有维管植物126科342属560种。共有两栖类动物1目4科8种、爬行类2目8科14种、鸟类14目36科82种、哺乳类5目8科16种。浮游藻类植物6门53种(属);浮游动物42种(属)。

5. 湿地景观与人文资源概况

张家咀湿地公园湿地景观主要有库区大坝风光、山水景观、鸟类景观、大别山红叶等。文化资源主要有山水文化资源、红色文化资源、英山民俗文化资源等。

6. 历史沿革

张家咀水库是英山县人民为治理西河流域而修建的,于1974年9月开工建设大坝,于1979年9月基本竣工,投入使用。张家咀水库是一座以防洪为主,结合灌溉、发电、养殖、旅游等综合利用的大型水利水电骨干工程,水库控制承雨面积115 km²,总库容1.088×10⁸ m³。水库作为英山县人民饮用水的主要水源地,以及部分灌溉用水的水源地,自建成以来,发挥了极其重要的作用,对英山县具有深远的意义。

7. 总体规划编制单位

中南林业科技大学、湖北省野生动植物保护总站、华中师范大学。

4.53 湖北云梦涢水国家湿地公园

1. 湿地公园四至及地理位置

湖北云梦涢水国家湿地公园(以下简称涢水湿地公园)位于湖北省孝感市云梦县县城附近,地理坐标为东经113°40′27″～113°43′01″、北纬30°58′32″～31°06′47″。

2. 湿地类型、面积及分布

涢水湿地公园内的湿地总面积为591.0 hm²,占湿地公园总面积1 150.0 hm²的51.4％。其中,永久性河流面积为363.9 hm²,占公园总面积的31.6％;泛洪平原湿地面积为 126.3 hm²,占公园总面积的 11.0%;库塘面积为 41.4 hm²,占公园总面积的 3.6%;运河、输水河面积为 59.4 hm²,占公园总面积的 5.2%。

3. 自然地理条件

涢水湿地公园位于河谷冲积平原区,自然条件较好,地势平坦,土层深厚,土质肥沃,灌溉便利。属典型的亚热带季风气候,年平均气温 15.9℃,平均降水量 1 069.4 mm。涢水湿地公园土壤的分布主要受河流泛滥时流速沉积的影响。离河床越近,分布的土壤质地越轻,一般为砂土或潮砂土(灰潮砂土);反之质地越重,多为潮砂泥土;中间部分多为油砂土。

4. 湿地动植物资源概况

涢水湿地公园范围内共有维管束植物 73 科 163 属 211 种。有各类动物 31 目 62 科 176种,其中,鱼类 9 目 15 科 71 种、两栖类动物 1 目 3 科 12 种、爬行动物 3 目 8 科 9 种、鸟类 12目 30 科 76 种、兽类 6 目 6 科 8 种。

5. 湿地景观与人文资源概况

涢水湿地公园的景观主要有水域风光、湿地鸟类景观和湿地植物景观。古泽云梦人文底蕴深厚,有"楚国别都""秦简胜地""黄香故里""皮影之乡"之美誉,主要有"云梦泽"湿地文化、楚文化、孝文化、民俗文化。

6. 历史沿革

涢水亦曰清发水,《左传》"吴败楚于柏举,从之及于清发"就早有记载。涢水发源于大洪山麓,是云梦县最大一条自然河流,流经随州、安陆(涢水流经安陆段称府河)、云梦,至应城与云梦交界的虾咀分流,西支经汉川北部至新沟注入汉水,东支由云梦入孝感之澴河至武汉谌家矶注入长江。涢水沿岸属冲积性平原,河道宽度 80~300 m,河底为沙石,河床迂回曲折,泥沙受急流冲刷则淤积于缓流处,形成一个个长潭浅滩。涢水两岸,有数百条支流呈叶脉状分布,其中流量较大的有厥水、溠水、溠水、均水、清水河、㳇水、濡水、石河水、杨家河、郑家河、富水、徐家河、五龙河、支水、浪水、漳水、滠水等,形成一个相对独立的水系,具称之为涢水流域。涢水水量充沛,多年来从未出现断流,自涢水上游修建水利设施调蓄后,改变了下泄水沙过程,洪峰被削减调平,枯水流量加大,中水流量持续时间增加,年内和年际流量变幅减小,各级流量相对稳定时间拉长,水库蓄水运用初期,拦沙率达 98%,基本属清水下泄,引起下游含沙量、输沙量减少。相应地,坝下游河道为适应新的水沙条件也发生了一系列的调整变化。

7. 总体规划编制单位

湖北省林业勘察设计院。

4.54　湖北夷陵圈椅淌国家湿地公园

1. 湿地公园四至及地理位置

湖北夷陵圈椅淌国家湿地公园(以下简称圈椅淌湿地公园)位于湖北省宜昌市夷陵区北部,国有樟村坪林场经营区内。范围以圈椅淌沼泽湿地、黄垭河上游为主体,包括沼泽四周的山地及黄垭河两岸森林,地理坐标为东经 111°04′33″~111°06′13″,北纬 31°15′16″~31°16′42″。

2. 湿地类型、面积及分布

根据《全国湿地资源调查技术规程（试行）》的湿地分类系统,圈椅淌湿地公园湿地为沼泽湿地、河流湿地2个湿地类,包括藓类沼泽、草本沼泽、灌丛沼泽、森林沼泽和永久性河流5个湿地型。圈椅淌湿地公园内的湿地总面积105.82 hm²,占湿地公园总面积326.6 hm²的32.4%。其中,永久性河流1.04 hm²,占公园湿地面积的0.98%;藓类沼泽6.74 hm²,占公园湿地面积的6.74%;草本沼泽面积15.64 hm²,占公园湿地面积的14.78%;灌丛沼泽面积15.21 hm²,占公园湿地面积的14.37%;森林沼泽面积67.19 hm²,占公园湿地面积的63.49%。

3. 自然地理条件

圈椅淌湿地公园位于夷陵区樟村坪林场西北部,属于夷陵区的亚高山区,坡缓,淌平,其周边是中山区,河谷纵横,溪深谷长。属中亚热带季风气候区,四季分明,气候温和,年平均气温16.9℃,平均降水量1 158.6 mm。圈椅淌地区由于海拔较高,主要土壤为棕壤、草甸土、沼泽土等3个土类。

4. 湿地动植物资源概况

圈椅淌湿地公园有高等植物149科392属586种。有脊椎动物21目55科127种。其中,鱼类3目4科4种、两栖类2目4科12种、爬行类1目6科17种、鸟类9目23科52种、哺乳类6目18科42种。

5. 湿地景观与人文资源概况

圈椅淌湿地公园主要景观有"绿树成荫、林海茫茫、草甸群铺、乳峰连连、溪沟密布"的圈椅淌湿地自然奇景、圈椅淌迷宫、杜鹃花海、巨木奇观、落落奇石等。夷陵区由于历史和地理因素的双重作用,文化资源源远流长、沉积深厚。樟村坪山高林深、圈椅淌林泽相依,孕育出独特的渔猎文化、森林文化、茶歌文化和民间文化。

6. 历史沿革

圈椅淌湿地公园范围全部位于国有樟村坪林场内。樟村坪林场始建于1956年6月,是夷陵区唯一的国有林场,场部机关驻地马槽驿(樟村坪集镇西南4 km处)。1964年7月,雾渡河区清凉寺林场并入该场后,林场经营中面积达到72 km²,其中林地面积为7 200 hm²。1973年,宜昌县政府行文将殷家坪、白果店、三岔大队部分生产队划归国营林场,成立了犁耳坪、宰金坪、清凉寺3个农业大队(今为犁耳坪村)。1976年,林场机关迁至黄粮河,现下辖清凉寺、马槽驿、三岔垭,犁耳坪4个分场。2013年8月、2014年5月,湖北省林业厅先后两次组织世界自然基金会、中国地质大学、中国科学院湿地与生态环境重点实验室等单位的专家教授深入圈椅淌湿地考察。2013年12月,省林业厅以鄂林湿函〔2013〕683号文批复设立省级湿地公园。

7. 总体规划编制单位

湖北省林业勘察设计院。

4.55　湖北天门张家湖国家湿地公园

1. 湿地公园四至及地理位置

湖北天门张家湖国家湿地公园(以下简称张家湖湿地公园)位于天门市九真镇,范围以张家大湖自然水体为主体,地理坐标为东经113°13′09″~113°16′10″、北纬30°43′47″~30°47′01″,湿地公园总面积 1 084.54 hm²。

2. 湿地类型、面积及分布

根据《全国湿地资源调查技术规程(试行)》的湿地分类系统,张家湖湿地公园湿地包括河流湿地、湖泊湿地和人工湿地 3 个湿地类,具体划分为永久性淡水湖、永久性河流、库塘、水产养殖场、稻田/冬水田 5 个湿地型。湿地面积(不计稻田/冬水田,下同)合计 841.26 hm²,占湿地公园总面积 1 084.54 hm² 的 77.57%。其中,永久性河流面积 41.04 hm²,占湿地公园湿地面积的 4.88%;永久性淡水湖面积 721.23 hm²,占湿地公园湿地面积的 85.73%;库塘面积 16.56 hm²,占湿地公园湿地面积的 1.97%;水产养殖场面积 62.43 hm²,占湿地公园湿地面积的 7.42%。

3. 自然地理条件

张家湖湿地公园位于天门市九真镇中部,属新生界第四系中更新统冲洪积层,由黏土及砾石组成。湿地公园地势从西北向东南略微倾斜,北部垄岗相间,波状起伏,为剥蚀垄岗地貌,相对高差不超过 10 m。张家大湖所在的九真镇属北亚热带季风气候区。光照充足,气候湿润,严寒期短,四季分明,雨量充沛。年平均气温 16.2℃,年平均降水量 1 101.4 mm。湿地公园北部有黄棕壤分布,沿湖低地以水稻土为主,与潮土相间分布。

4. 湿地动植物资源概况

张家湖湿地公园范围内共有维管束植物 76 科 189 属 244 种。共有底栖动物 22 种。脊椎动物共有 5 纲 28 目 70 科 162 种,其中鱼纲 6 目 13 科 57 种、两栖纲 2 目 6 科 9 种、爬行纲 2 目 6 科 11 种、鸟纲 13 目 37 科 72 种、哺乳纲 5 目 8 科 13 种。

5. 湿地景观与人文资源概况

张家湖湿地公园的景观资源主要有水域景观、鸟类景观和湿地植物景观。人文与综合景观包括历史遗迹、革命遗址、民风民俗等。张家湖湿地公园历经数千年的历史文化熏陶,留下了陆羽文化、石家河文化、竟陵文化等深厚的文化烙印,并形成了独具地方特色的侨乡文化、水乡文化。天门民歌、天门糖塑、天门蒸菜就是其中的代表。

6. 历史沿革

张家大湖是天门市最大的湖泊,位于市境北部,九真镇腹部地区,湖面现属天门市水产局管理。张家大湖原为古风波湖的一部分。清宣统年间现在的张家大湖地区还是汪洋一片,延续到天门城。到 20 世纪 20 年代,随着湖区淤积、湖泊萎缩,西部形成现在的张家大湖,东部形成现在的石家湖。

7. 总体规划编制单位

湖北省林业勘察设计院。

4.56　湖北荆州菱角湖国家湿地公园

1. 湿地公园四至及地理位置

湖北荆州菱角湖国家湿地公园(以下简称菱角湖湿地公园)位于长江中游北岸湖北省荆州市荆州区西北部的马山镇、菱角湖管理区境内,地理坐标为东经 111°58′12″～111°59′51″、北纬 30°30′21″～30°31′05″。

2. 湿地类型、面积及分布

根据《全国湿地资源调查技术规程(试行)》标准,菱角湖湿地公园内的湿地划分为自然湿地和人工湿地 2 个湿地类,其中自然湿地为永久性淡水湖,人工湿地为水产养殖场。菱角湖国家湿地公园内的湿地总面积为 1 156.0 hm²,占公园总面积 1 236.28 hm² 的 93.51%。其中,永久性淡水湖面积为 932.13 hm²,占公园湿地面积的 80.63%;水产养殖场面积为 223.87 hm²,占公园湿地面积的 19.37%。

3. 自然地理条件

菱角湖湿地公园为江汉湖群的一个部分,位于我国第二级阶梯东缘,属华中盆地江汉平原西部,晚近期构造带,其地貌类型属于低丘冲岗平畈地貌。属亚热带季风气候区,冬夏长,春秋短,四季分明,光照充足,雨量充沛,夏热冬冷,雨热同季,但洪涝灾害频发。湖区年平均气温 16～16.40℃,年平均日照时数 1 800～2 100 h,多年平均降水量 990 mm。

4. 湿地动植物资源概况

菱角湖湿地浮游藻类共有 9 门 39 属 56 种。共有维管束植物 62 科 145 属,191 种(含栽培种 15 种)。共有常见浮游动物 4 类 29 属 37 种,常见底栖动物有 3 门 13 科 28 属 32 种、鱼类 5 目 10 科 33 属 38 种、两栖类动物 3 科 3 属 7 种、鸟类 90 种、兽类动物 5 目 6 科 11 种、爬行动物 3 目 7 科 11 种。

5. 湿地景观与人文资源概况

菱角湖湿地公园的湿地景观丰富,主要有水域景观、湿地植物景观、湿地鸟类景观、岛屿景观、湖区生活景观等。菱角湖湿地公园区域及其周边文化资源种类多,内涵丰富,主要包括民歌民谣、遗址文化、红色文化、民间传说、神话故事等。

6. 历史沿革

2014 年,为了加快湖北荆州菱角湖国家湿地公园的生态环境保护与建设,荆州区成立了由区委、区政府领导负责的菱角湖国家湿地公园建设领导小组,督促指导菱角湖国家湿地公园的保护与建设,同时,在荆州区林业局成立建设管理办公室,负责湿地公园近期建设相关工作。

7. 总体规划编制单位

湖北省林业勘察设计院。

4.57　湖北石首三菱湖国家湿地公园

1. 湿地公园四至及地理位置

湖北石首三菱湖国家湿地公园(以下简称三菱湖湿地公园)位于湖北省石首市,范围以湖泊自然水体为主体,以自然明显地物为界线,适当划入临湖区域,地理坐标为东经 112°41′59″～112°46′42″、北纬 29°40′15″～29°42′28″。

2. 湿地类型、面积及分布

根据《湿地分类》(GT/T 24708—2009),三菱湖湿地公园湿地包括湖泊湿地和人工湿地 2 个湿地类,具体划分为永久性淡水湖、淡水养殖场、运河输水河 3 个湿地型。三菱湖湿地公园内的湿地总面积 799.16 hm²,占湿地公园面积 853.99 hm² 的 93.58%。其中,永久性淡水湖面积 644.59 hm²,占公园湿地总面积的 80.66%;淡水养殖场 145.0 hm²,占公园湿地总面积的 18.14%,运河、输水河 9.57 hm²,占公园湿地总面积的 1.2%。

3. 自然地理条件

三菱湖湿地公园位于石首市桃花山镇东北部,桃花山西北山脚下。地势从北、东向南、向西略微倾斜,湿地公园内相对高差较小,不超过 10 m。属亚热带季风气候,四季分明,雨量充沛,热量丰富,光照充分,无霜期长。年平均气温 17℃,年平均降水量 1 291.4 mm。湿地公园东部桃花山有黄棕壤分布,沿湖低地以水稻土为主,与潮土相间分布。

4. 湿地动植物资源概况

三菱湖湿地公园内共有浮游藻类 8 门 38 属 61 种,共有维管束植物 75 科 166 属 219 种(含栽培种 9 种),有常见浮游动物 4 类 36 属 49 种,常见底栖动物 3 门 14 科 32 属 37 种,鱼类 6 目 11 科 35 属 44 种,两栖类动物 3 科 3 属 10 种,爬行动物 3 目 7 科 12 属 14 种,鸟类 87 种,兽类动物 6 目 10 科 14 属 16 种。

5. 湿地景观与人文资源概况

三菱湖湿地公园的湿地景观资源主要有水域景观、鸟类景观、湿地植物景观等。三菱湖区域历经数千年的历史文化熏陶,留下了楚文化、三国文化、佛教文化、红色文化等深厚的文化烙印,并形成了独具地方特色的水乡文化、民俗文化。

6. 历史沿革

石首历史悠久,早在 5 000 多年前的新石器时代,勤劳智慧的先民们就在这块沃土上创造了极其光辉灿烂的屈家岭文化。石首,春秋战国时为楚,秦统一中国后,隶属南郡。西晋时期,因"有石孤立"于江边、以石为首而得名。石首后隶属荆州府或江陵府。1986 年,石首县撤县立市,属荆州地区行政公署。1996 年,石首市属荆州市管辖。湖北石首三菱湖湿地公园处在石首市桃花山镇和调关镇接壤处。桃花山镇因区域内有桃花山,盛产桃子,春来桃花满山坡而得名。调关原名调弦,因晋国上大夫俞伯牙在此抚琴巧遇知音钟子期而得名。三菱湖、杨叶湖、白洋湖因长江河道左右横向摆动、泽口溃堤、洪水泛滥、积水于桃花山脚下而形成。三菱湖区域一直都是桃花山地区最重要的观景、捕鱼或养殖的场所,也是许多人文史迹的汇聚地。

7. 总体规划编制单位

湖北省林业勘察设计院。

4.58　湖北广水徐家河国家湿地公园

1. 湿地公园四至及地理位置

湖北广水徐家河国家湿地公园(以下简称徐家河湿地公园)位于湖北省广水市西南部,地理坐标为东经 113°34′40″～113°43′42″、北纬 31°31′24″～31°40′46″,由徐家河水库、龙泉河、肖店河、聂店河组成,四至边界为:东起龙泉河桥,南至徐家河大坝,西至徐家大湾北侧,北到肖店村桥。

2. 湿地类型、面积及分布

根据《全国湿地资源调查技术规程(试行)》中的分类方法,徐家河湿地公园的湿地资源可以分为人工湿地和河流湿地两大类,包括库塘和永久性河流两种湿地型。其中,库塘湿地面积最大,为 3 385.51 hm²,占湿地总面积的 85.11%。永久性河流湿地面积 592.12 hm²,占湿地总面积的 14.89%。湿地公园总湿地面积为 3 977.63 hm²,湿地率 95.55%。永久性河流湿地包含徐家河水库周边的河流支汊,含肖店河、聂店河和龙泉河,合计面积 592.12 hm²。库塘湿地包含徐家河水库的主要水体,面积 3 385.51 hm²。

3. 自然地理条件

徐家河湿地公园的地形为低山丘陵,没有厚层的古山麓堆积和新地层沉积。地势起伏不大,连续山脉一般成北西向延伸,山头圆滑平坦,山岗植被良好。地势四周高,中间低,最高山峰海拔 195.5 m,最低河谷海拔 40～50 m,相对最大高差为 140～150 m。属北亚热带大陆性季风气候,冷暖适中,冬干夏雨,雨热同季,四季分明。年平均气温 13～16℃,多年平均降水量 1 000 mm。土壤类型属黄棕壤。

4. 湿地动植物资源概况

徐家河湿地公园内共有维管束植物 74 科 173 属 208 种。湿地公园动物共计 28 目 70 科 224 种,其中鱼类 6 目 13 科 49 种、两栖类 1 目 4 科 9 种、爬行类 2 目 7 科 13 种、鸟类 13 目 32 科 132 种、哺乳类 6 目 14 科 21 种。

5. 湿地景观与人文资源概况

徐家河湿地公园主要有碧波万顷、千岛罗布、白鹭翩翩、奇幻天象等湿地景观。徐家河水库有"鄂北明珠"之称。广水市地处荆楚文化和中原文化的交汇处,具有深厚的文化底蕴,这里兼具荆楚文化的诗情画意和中原文化的厚重务实,这些文化特色在徐家河湿地公园都得到了集中的体现。

6. 历史沿革

明中期,徐姓一支自江西南昌始迁应山,时值"麻城过籍"后期,当地良田都已分配给了先来落籍的其他姓氏,官府便将德安府以北至大洪山北麓以南的这段河流分给徐姓,并张文布告:"上起洪山垭,下至府北门,九港十八汊,一百零八沟,属徐姓所有",因此称为徐家河。徐家河水库建大坝拦截府河支流徐家河而成,自 1959 年 2 月建成后,渔业生产一直是其主要功能之一,最初以放养鲢、鳙鱼为主,兼放少量的草鱼、青鱼和鳊鱼。由于水库水面大,水位深,库底地形复杂,加上当时捕捞技术落后,渔政管理混乱,水库的鱼产量多年来一直很低。1983 年以后停止向徐家河水库投放鱼种,水面处于荒废状态,这给竞食能力较低的小型鱼类银鱼等发展创造了良好机会。由于个体大、竞食能力强的食浮游生物的鲢、鳙鱼减少,水库浮游生物的数量和生物量相对丰富了,水库银鱼成为鱼类中的优势种类。1992 年 3月广水市水产局接管徐家河水库渔业生产,又增加鲢、鳙的放养量,鲢、鳙产量大幅度上升,银鱼产量一直在 20 吨左右。为加强管理,2009 年由水产局提出申请,经市委、市政府批准,成立了广水市水产局徐家河渔政管理分站。2011 年广水市人民政府印发了《广水市徐家河水库水产养殖发展规划》(广政办发〔2011〕85 号),水库的渔业稳定增长。

7. 总体规划编制单位

北京中森国际工程咨询有限责任公司。

4.59　湖北十堰郧阳湖国家湿地公园

1. 湿地公园四至及地理位置

湖北十堰郧阳湖国家湿地公园(以下简称郧阳湖湿地公园)的范围包括汉江郧阳区城关地区江段及其消落带。东至神定河与汉江交汇口,南以 168 m 等高线和长沙路为界,西至环湖路以下,北以黄家岭群岛南缘和湖北丹江口库区省级湿地自然保护区为界。地理坐标为东经 110°44′14″~110°53′38″、北纬 32°28′27″~32°31′26″。

2. 湿地类型、面积及分布

郧阳湖湿地公园范围内湿地面积 1404.09 hm²,湿地率为 80.53%。按照《湿地分类》(GB/T 24708—2009)的湿地分类系统,湿地公园内的湿地类型为天然湿地。天然湿地主要包括河流湿地和沼泽湿地两种类型。河流湿地分为汉江永久性河流湿地、泛洪平原湿地。汉江在湿地公园内流长 10.97 km,常年水位变化为 143~163 m,抗洪水位 170 m。湿地公园内沼泽湿地主要为草本沼泽,分布在郧阳岛的西侧,主要为有红穗薹草沼泽、芦苇沼泽等。

3. 自然地理条件

郧阳湖湿地公园所在的郧阳区地处位于湖北省十堰市北部(小部分在十堰市西部)秦岭南坡与大巴山东延余脉之间,汉水上游下段,是南水北调中线工程水源区。北部属秦岭余脉,南部属武当山,海拔多在 800 m 以上;中部汉江谷地为海拔 250~500 m 的丘陵区。汉江横贯中部,还有堵河、滔河、将军河,曲远河四支流。属亚热带湿润性季风气候区,年平均降水量 824 mm,年平均气温 13~16℃。

4. 湿地动植物资源概况

郧阳湖湿地公园内共有维管束植物 70 科 178 属 317 种。有两栖类动物 10 种、爬行类 3种、鸟类 68 种、哺乳类 16 种、鱼类 67 种。

5. 湿地景观与人文资源概况

汉江是长江的支流,是郧阳区境内最大的河流,流经湿地公园。郧阳湖湿地公园的湿地景观主要是汉江河流形成的河流景观及郧阳岛西侧的沼泽湿地景观。

6. 历史沿革

湖北十堰郧阳湖是南水北调中线工程的重要节点。作为丹江口水库"坝上第一县"的郧阳，更是南水北调中线工程核心水源地，担负着"一江清水送北京"的历史使命。郧阳以"打造国家级清洁水源地"为己任，大力加强生态环境建设，积极发展绿色生态经济，着力打造优质水源区，全县森林覆盖率达到 56%，工业"三废"治污率达 90% 以上，水质、土壤、大气等环境质量长期保持在优良以上。近年来，十堰市和郧阳区各级政府高度重视生态环境建设，先后实施了汉江流域综合治理工程，连通汉江水系。2015 年初，郧阳区政府正式启动湿地公园建设工程，将湿地公园项目纳入政府重点项目，并积极开展湖北十堰郧阳湖国家湿地公园的申报工作。

7. 总体规划编制单位

国家林业局调查规划设计院。

4.60　湖北阳新莲花湖国家湿地公园

1. 湿地公园四至及地理位置

湖北阳新莲花湖国家湿地公园（以下简称莲花湖湿地公园）位于长江中游南岸湖北省黄石市阳新县城东新区范围内，地理坐标为东经 $115°12′21″\sim115°16′22″$、北纬 $29°49′55″\sim29°52′26″$。

2. 湿地类型、面积及分布

根据《全国湿地资源调查技术规程（试行）》标准，莲花湖湿地公园内的湿地划分为湖泊湿地和人工湿地 2 种湿地类，其中湖泊湿地为永久性淡水湖；人工湿地为水产养殖场。莲花湖湿地公园内的湿地总面积为 981.42 hm²，占公园总面积的 85.68%。其中，永久性淡水湖面积为 814.84 hm²，占公园湿地面积的 83.03%；水产养殖场面积为 166.58 hm²，占公园湿地面积的 16.97%。

3. 自然地理条件

莲花湖湿地公园为长江中下游淡水湖群，地处幕阜山脉北麓至长江间的垄岗丘陵-冲积湖平原区。属北亚热带季风气候，湖区年平均日照时数 1 923 h，日均 5.16 h，夏长冬短，光照充足。年平均气温 16.6℃，湖区平均水温 10～33℃。年降水日 159 d，年降水量 1 371～1 496 mm，降水集中，雨量充沛，无霜期 240～280 d。湿地公园土壤主要有红壤、紫色土、潮土、水稻土。

4. 湿地动植物资源概况

莲花湖湿地公园范围内共有维管束植物 123 科 345 属 487 种（含栽培种）。有底栖生物 30 种、鱼类 62 种、两栖类动物 5 科 9 种、爬行动物 3 目 6 科 12 种、鸟类 131 种；兽类 5 目 7 科 13 种。

5. 湿地景观与人文资源概况

莲花湖湿地公园具有集水域、自然和人文景观于一体的生态景观资源。主要有水域景观、植被景观、湿地鸟类景观、湖区生活景观。文化资源主要有历史文化、红色文化、民俗文化、宗教文化、建筑文化。

6. 历史沿革

莲花湖原名竹林塘,据《大清一统志》记载,竹林塘由欧家湖演变而来。欧家湖原为一吐纳型湖沼,明正德年间(1506—1521),由刘寿村刘玉瑞牵头开河道,筑坝围湖,形成了竹林塘,刘寿村刘姓各房头都持有湖塘股份。1950 年,竹林塘由县人民政府接管,竹林塘仍交刘寿村,属集体所有。1958 年,政府将竹林塘一带海拔 18.5 m 以下水面土地全部圈入,设立国营竹林塘渔场。2012 竹林塘取旧时湖西莲花池的名,改为莲花湖,规划为城东新区的城中湖。

7. 总体规划编制单位

湖北省林业勘察设计院。

4.61　湖北监利老江河故道国家湿地公园

1. 湿地公园四至及地理位置

湖北监利老江河故道国家湿地公园(以下简称老江河故道湿地公园)位于监利县境东南部,地处尺八、柘木、三洲 3 个乡镇之间,与长江主河道隔长江大堤。距离监利县城约 45 km。地理坐标为东经 112°29′08″～113°05′24″,北纬 29°30′25″～29°35′27″。

2. 湿地类型、面积及分布

根据《湿地分类》(GB/T 24708—2009),老江河故道湿地公园湿地包括湖泊湿地和人工湿地 2 种湿地类,具体划分为永久性淡水湖,淡水养殖场,灌溉用沟、渠 3 种湿地型。湿地公园的湿地总面积 2 149.01 hm²,占湿地公园总面积 2 238.32 hm² 的 96.0%。其中,永久性淡水湖面积 1 847.86 hm²,占公园总面积的 82.6%;淡水养殖场 289.39 hm²,占公园总面积的12.9%,灌溉用沟、渠 11.76 hm²,占公园总面积的 0.5%。

3. 自然地理条件

老江河故道湿地公园范围主要为老江河故道及洲滩,地面高程 23.5～30.5 m,高差 7 m左右。属亚热带季风气候区,热量丰富、雨量充沛、光照充足、雨热同步、气候温和、四季分明且无霜期长。年平均气温 16.2℃,年平均降水量 1 278.0 mm。

4. 湿地动植物资源概况

老江河故道湿地公园有维管束植物 60 科 138 属 161 种;鱼类 60 种、两栖动物 1 目 3 科9 种、爬行动物 6 科 10 属 11 种、鸟类 11 目 38 科 110 种、哺乳动物 6 种。

5. 湿地景观与人文资源概况

老江河故道湿地公园内,湖水清澈透亮,万亩芦苇荡一望无尽,湖岸线迂回婉转,结合周边的田园村庄形成一派壮阔的水乡盛景。主要湿地景观有故道风光、鸟类景观、湿地植物景观等。该区人文荟萃,名人辈出,历史悠久,底蕴深厚,文化资源类型丰富。其中应城历史悠久,人文荟萃,为古蒲骚之地,有"膏都盐海"之称、汉川有"江汉明珠""鱼米之乡"之称。

6. 历史沿革

老江河原系长江主流,位于长江中游荆江末端。受地壳运动和泥沙淤积的影响,长江河道左右摆动不定。1909 年,长江自然裁弯,长江河床南移,形成老江河故道,呈牛轭形。故道外滩逐渐淤积成 40 km² 的沙洲。1957 年,老江河上口淤死,下口断流,监利县在老江河上口熊家洲和下口孙良洲分别修筑洲堤,与长江主流隔断,建闸门与长江通汇。

1958 年,老江河故道被辟为国营渔场,隶属荆州地区行署水产部门。1960 年下放到监利县,由县水产局经营管理。1992 年老江河建成国家级"四大家鱼"水产种质资源库,2000 年被农业部批准为国家级"四大家鱼"水产原种场,2009 年经农业部批准成为"长江监利段四大家鱼国家级水产种质资源保护区"核心区。

7. 总体规划编制单位

湖北省林业勘察设计院。

4.62　湖北嘉鱼珍湖国家湿地公园

1. 湿地公园四至及地理位置

湖北嘉鱼珍湖国家湿地公园(以下简称珍湖湿地公园)位于嘉鱼县西部陆溪镇。具体范围为:湿地公园北起陆水河入江口,南至陆水河堤岸与嘉鱼县虎山林场相邻,西起陆水河与赤壁市交界,东至珍湖东缘,东西跨度 3.8 km,南北跨度 7.1 km,地理坐标为东经 113°39′12″～113°41′47″、北纬 29°50′59″～29°54′50″。

2. 湿地类型、面积及分布

根据《全国湿地资源调查技术规程(试行)》中对于湿地分类划分标准,珍湖湿地公园内的湿地类型包括河流湿地、湖泊湿地和人工湿地 3 种湿地类,其中河流湿地包括永久性河流和泛洪平原湿地 2 种湿地类型;湖泊湿地包括永久性淡水湖 1 种湿地类型;人工湿地包括水产养殖场 1 种湿地类型。陆水河流经湿地公园 9.5 km,最终流入长江。珍湖湿地公园湿地面积 592.99 hm²,其中,湿地总面积为 476.87 hm²(不含稻田湿地),湿地率为 80.4%。其中:永久性河流面积为 40.26 hm²,占湿地总面积的 8.44%。泛洪平原湿地,主要分布于陆水河左右则,从珍湖至陆水河入长江口一带,面积为 93.02 hm²,占湿地总面积的 19.51%,以河滩、河心洲、季节性泛滥的草地为主。湖泊湿地为珍湖水面,面积为 232.31 hm²,占湿地总面积的 48.72%。水产养殖场主要分布在珍湖左岸一侧,总面积 111.28 hm²。

3. 自然地理条件

珍湖湖周地带,北倚长江,东连大岩湖,陆水河斜贯西南,长港河横穿全境;地貌多为长江冲积平原和陆水河溪冲积平原,少部为平岗。属于亚热带季风气候鄂中气候区年平均气温 17.0℃,年平均降水量 1 380 mm。珍湖湿地公园位于嘉鱼县江滨湖平原地区,气候温暖、多雨、光照强。

4. 湿地动植物资源概况

珍湖湿地公园有野生植物 98 科 273 属 395 种。兽类 6 目 7 科 12 种、鸟类 14 目 45 科 161 种、两栖类 1 目 5 科 13 种、爬行类 3 目 7 科 17 种、鱼类 99 种。

5. 湿地景观与人文资源概况

珍湖湿地公园的湿地景观魅力独特。自然景观主要有河流及入河口景观、湖泊景观、植物景观、动物景观等；人文景观主要有田园风光、吴王行祠、界石山遗址等。文化资源源远流长，主要有三国文化、呜嘟文化、说唱文化、鱼文化、特色饮食文化。

6. 历史沿革

嘉鱼县历史悠久，县城古名沙阳堡。夏、商、周属荆州，春秋战国属楚，秦属南郡，西晋太康元年（280）设置沙阳县，属武昌郡。南唐保大十一年（953）取《诗经·小雅·南有嘉鱼》之义，定名嘉鱼县，属鄂州。元属武昌路。明清属武昌府。民国二十一年（1932）属第一行政督察区。1949 年 5 月嘉鱼县解放，属沔阳专区，1951 年改属大冶专区，1952 年 6 月撤销大冶专区后属孝感专区，1959 年 12 月属武汉市，1960 年 4 月与武昌合县，1961 年 6 月恢复孝感专区，属之，1961 年 11 月复置为嘉鱼县，属孝感地区，1965 年 6 月后划属咸宁专区、地区，1998 年 12 月属咸宁市。

7. 总体规划编制单位

原总体规划编制单位：国家林业局调查规划设计院；规划修编单位：湖北省林业勘察设计院。

4.63 湖北十堰泗河国家湿地公园

1. 湿地公园四至及地理位置

湖北十堰泗河国家湿地公园（以下简称泗河湿地公园）位于湖北省西北部，十堰市茅箭区中东部，涉及茅箭区东城开发区、武当路街办、茅塔乡及十堰经济技术开发区，地理坐标为东经 110°44′36″～110°54′34″、北纬 32°29′40″～32°37′51″。

2. 湿地类型、面积及分布

根据《全国湿地资源调查技术规程（试行）》（国家林业局 2010 年 1 月修订），泗河湿地公园内的湿地划分为河流湿地和人工湿地 2 种湿地类，包括永久性河流、季节性河流、泛洪平原湿地、水产养殖场、库塘 5 种湿地型。泗河湿地公园内的湿地总面积为 469.34 hm²，占湿地公园总面积 1 040.47 hm² 的 45.11%。其中，永久性河流面积为 197.34 hm²，占公园湿地总面积的 42.05%；季节性河流面积为 39.41 hm²，占公园湿地总面积的 8.40%；泛洪平原湿地面积 70.12 hm²，占公园湿地总面积的 14.94%；水产养殖场面积为 4.01 hm²，占公园湿地总面积的 0.85%；库塘湿地面积 158.46 hm²，占公园湿地总面积的 33.76%。

3. 自然地理条件

泗河湿地公园为河流型的湿地公园，茅塔河、马家河与田湖堰河源于南部山区，地势较高，多为峡谷，往北穿越十堰城区，地势较平坦，后注入泗河，沿河谷向北注入丹江口水库。属北亚热带季风性大陆山区气候，全年气候比较温暖湿润，四季分明，雨热同季，光热充沛，山区立体小气候特征明显。年平均气温为 15.2℃，年平均降水量 878.6 mm。

4. 湿地动植物资源概况

泗河湿地公园的浮游植物共有 6 门 38 属 88 种。湿地公园内有维管束植物 132 科 375 属 634 种（含栽培种 10 种）。有常见浮游动物 4 类 15 科 17 属 21 种；常见底栖动物 3 门 16 科 30 属 31 种、鱼类 3 目 7 科 19 属 20 种、两栖类动物 2 目 6 科 6 属 11 种、爬行动物有 2 目 7

科 14 属 16 种、鸟类 140 种、兽类动物 5 目 9 科 17 属 18 种。

5. 湿地景观与人文资源概况

泗河湿地公园内河流蜿蜒,岸线曲折,河库清波荡漾,自然野趣横生。主要湿地景观资源有水域景观、湿地植物景观、鸟类景观等。湿地公园历史悠久,人文底蕴深厚,在历史的文化篇章中印刻着属于它自身的文化资源,其中主要有湿地生态文化等。

6. 历史沿革

茅箭南部山区沟谷纵横,雨量充沛,马家河、茅塔河、田湖堰河均为山体汇水后自然形成的小型河流。马家河 1958 年开始修建马家河水库,1963 年竣工蓄水,设计库容 $2.45 \times 10^7 m^3$,1966 年 11 月对马家河水库堤坝进行加固。2003 年,茅箭区开展了马家河河道李明槽垭防洪改道工程。茅塔河原名"猫塔河"。相传很久以前,猫塔河一带有山精水怪出没,真武大帝听说后,从王母娘娘那里借来一只御猫,又从托塔天王那里借来宝塔,御猫带着宝塔经过几番恶战将妖魔鬼怪全部降服。御猫和宝塔飞回天宫后,在河岸山上留下了一个很像山猫一样的石头、河岸边留下了一座石塔分别取名天王石和震妖塔,并把这条河称为"猫塔河",久而久之便传为"茅塔河"。茅塔河水库始建于 1970 年,1972 年竣工蓄水,库容 $1.385 \times 10^7 m^3$。田湖堰河水库始建于 2001 年 11 月,2002 年 10 月竣工蓄水,库容 $1.3 \times 10^6 m^3$。

7. 总体规划编制单位

湖北省林业勘察设计院。

4.64　湖北老河口西排子湖国家湿地公园

1. 湿地公园四至及地理位置

湖北老河口西排子湖国家湿地公园(以下简称西排子湖湿地公园)位于湖北省老河口市东部,地处鄂北岗地、汉水中游东岸。范围包括水库水面、上游河流及周边鱼塘,地理坐标为东经 $111°50'47''$~$111°57'42''$、北纬 $32°21'54''$~$32°28'03''$。

2. 湿地类型、面积及分布

根据《全国湿地资源调查技术规程(试行)》的分类系统,结合野外调查,西排子湖湿地公园湿地资源分为河流湿地、沼泽湿地、人工湿地 3 种湿地类,包括永久性河流、草本沼泽、库塘、水产养殖场 4 种湿地型。湿地总面积 2 202.83 hm^2,湿地率 99.59%,其中河流湿地面积 30.96 hm^2,占湿地总面积的 1.41%;沼泽湿地面积 50.65 hm^2,占湿地总面积的 2.30%;人工湿地面积 2 121.22 hm^2,占湿地总面积的 96.29%。

3. 自然地理条件

西排子湖湿地公园所在的老河口市地处南阳盆地边缘,秦岭山脉伏牛山南支尾端,地势北高南低,由西北向东南倾斜,全市海拔 110~160 m。属亚热带季风气候,具有南北过渡特点,四季分明。年平均气温 15.3℃,年平均降水量 845.6 mm。

4. 湿地动植物资源概况

西排子湖湿地公园内有维管束植物 50 科 109 属 159 种、哺乳类 6 目 14 科 28 种、鸟类 16 目 44 科 117 种、爬行动物 3 目 8 科 17 种、两栖动物 1 目 5 科 10 种、鱼类 4 目 9 科 47 种。

5. 湿地景观与人文资源概况

西排子湖湿地公园的湿地景观主要有库塘水域景观、野生动植物景观、人工湿地景观。老河口市历史悠久,地理优越,山水独特,人文荟萃,积淀了丰厚的历史文化资源。全市现有省级重点文物保护单位 5 处、市级文物保护单位 153 处。以木版年画、赞阳锣鼓、抬妆故事、剪纸等为代表的民间艺术异彩纷呈。

6. 历史沿革

西排子河水库地处湖北省襄阳市襄州区石桥镇及老河口市竹林桥镇,是以灌溉为主,兼有防洪、养殖、发电等功能的大(二)型水库。始建于 1959 年 11 月,1960 年扩建为中型水库,1965 年 11 月至次年 2 月再次扩建为大(二)型水库。"十五"期间投资 4 853 万元完成除险加固工程,西排子河水库由病险的三类水库升级为一类水库,同时改善灌溉面积 666.7 hm²。

7. 总体规划编制单位

黑龙江省林业设计研究院。

4.65 湖北随州淮河国家湿地公园

1. 湿地公园四至及地理位置

湖北随州淮河国家湿地公园(以下简称淮河湿地公园)位于湖北省随州市最北端,地处桐柏山脉北麓,与河南省交界,隶属淮河镇管辖,属淮河的上游区域。湿地公园西起道座湾,北达谢家湾,东至上胡家河自然村,南抵胡家河源点,地理坐标为东经 113°32′52″～113°37′23″、北纬 32°15′47″～32°22′06″。

2. 湿地类型、面积及分布

根据《全国湿地资源调查技术规程(试行)》分类系统及分类方法,淮河湿地公园内的湿地全部属河流湿地类,包括永久性河流、泛洪平原 2 种湿地型。湿地总面积 187.94 hm²,占湿地公园总面积的 50.30%。永久性河流主要是淮河主河道与胡家河干道及其支流,面积为 159.72 hm²,占湿地总面积的 84.98%。泛洪平原主要分布在淮河道座湾、斩马冲、淮河店和谢家湾处,以及胡家河回水湾段。

3. 自然地理条件

淮河湿地公园由低山丘陵、河流、滩地组成,地势南高北低,最高点位于胡家河源头点,海拔 300 m,最低点位于淮河主干道的谢家湾河道,海拔 108 m,相对高差 192 m。属于北亚热带季风气候,气候温和,四季分明,年平均降水量 865～1 070 mm,年平均气温为 15.5℃。土壤类型以潮土类、水稻土类和黄棕壤类为主。

4. 湿地动植物资源概况

淮河湿地公园内共有维管束植物 108 科 295 属 435 种。共有脊椎动物 27 目 67 科 212 种,其中鱼类 3 目 7 科 31 种、两栖类 1 目 4 科 9 种、爬行类 2 目 7 科 13 种、鸟类 15 目 35 科 138 种、哺乳类 6 目 14 科 21 种。

5. 湿地景观与人文资源概况

淮河湿地公园的湿地景观主要有淮河景观、胡家河景观、瀑布景观、鸟类景观、古栗林景观、天象景观。人文资源主要有淮源文化、上古文化、西游文化、稻麦轮作制度。

6. 历史沿革

据《随州志》记载，淮河地区自古属随。战国末楚灭随建县，淮河地区属随县管辖。秦汉同。三国时期魏在淮河镇境内的出山店（又一说在桐柏县固县镇）设义阳县，隶属南阳郡。晋代义阳县隶属义阳郡，郡守驻信阳。南北朝时期西魏在境内熊家集设安化县，隶属淮南郡，淮南地区隶属安化县辖地。隋开皇年间，改安化县为宁化县并入顺义县，隶属顺州。大业年间废州为县，顺州改为顺义县，宁化县并入顺义县，隶属汉东郡，淮河地区为顺义县辖地。唐武德五年，废顺义县入随州，淮河地区改为随州辖地。宋、元、明、清和民国亦同。解放后淮河地区先后隶属随县、随州市、曾都区、随县。

7. 总体规划编制单位

国家林业林局产工业规划设计院。

4.66　湖北秭归九畹溪国家湿地公园

1. 湿地公园四至及地理位置

湖北秭归九畹溪国家湿地公园（以下简称九畹溪湿地公园）位于湖北省宜昌市秭归县东南部，长江西陵峡南岸。南起九畹溪水坝，北至九畹溪入长江汇水口，东以 002 乡道西侧和纸坊河、车溪沟山西侧为界，西以九畹溪峡谷断崖坡顶的第一重山脊线为界。地理坐标为东经 $110°48'47'' \sim 110°51'59''$、北纬 $30°46'24'' \sim 30°53'12''$，东西跨度 5.2 km，南北跨度 12.7 km。

2. 湿地类型、面积及分布

据湿地公园实地调查及资料查阅，按照《全国湿地资源调查技术规程（试行）》的分类系统，九畹溪湿地公园内湿地类型为河流湿地类，永久性河流湿地型。湿地公园内九畹溪及其纸坊河、车溪沟等支流构成了河流湿地的主体，湿地公园总面积 702 hm²，湿地面积为 309.88 hm²，占湿地公园总面积的 44.14%。

3. 自然地理条件

九畹溪湿地公园地处仙女山的东端，属长江上游下段的三峡河谷地带的鄂西南山区，秭归向斜，山脉走向为北东—南西或北西—南东向，南高北低，区内九畹溪主河道沟壑下陷深度平均 70 m。区域内群山相峙，形成起伏跌宕的山岗丘陵和纵横交错的河谷地带。属亚热带大陆季风气候，区内山峦起伏，气候垂直变化明显。一年四季分明，温暖湿润，雨量充沛，光照充足，热量丰富，雨热同季，冬冷夏热；春秋常有变化，初夏多梅雨，伏秋多旱；晚秋多涝等特点；多年平均降水量 1 016.0 mm，多年平均气温 18.1℃。主要土壤类型有黄壤、黄棕壤、棕壤、石灰土等。

4. 湿地动植物资源概况

九畹溪湿地公园内主要分布有野生植物 129 科 20 属 486 种，其中维管束植物 108 科 289 属 453 种。湿地公园主要分布有 48 目 114 科 302 种野生动物，其中无脊椎动物主要有 21 目 35 科 51 种（浮游动物 10 目 18 科 27 种，底栖动物 11 目 17 科 24 种）；脊椎动物主要有

27 目 79 科 231 种,其中,鱼类 4 目 10 科 44 种、两栖动物 1 目 6 科 19 种、爬行动物 3 目 9 科 38 种、鸟类共有 13 目 43 科 128 种、哺乳动物 6 目 11 科 2 种。

5. 湿地景观与人文资源概况

九畹溪湿地公园位于长江南岸,拥有独特的喀斯特侵蚀地貌。公园内拥有明澈清冽的溪流水景,也拥有大气壮观的峡江风貌等景观资源。丰富的自然人文景观以及良好的生态环境使得湿地公园极具观赏价值,也已经成为新三峡十景之一。九畹溪曾是伟大爱国诗人屈原早期开坛讲学,修身养性的地方,因此沿线有很多关于屈原的传说及景点,如砚窝台、笔峰石、问天简、巨鱼坊等。湿地公园内还拥有着具有科学研究价值与观赏探秘价值的古悬棺群。文化资源主要有三峡水利文化、屈原故里文化、楚文化、九畹溪文化等。

6. 历史沿革

秭归,殷商时代为归国所在地。西周前期为楚子熊绎之始国。西周后期至春秋前期为夔子国,春秋中期属楚,战国后期称归乡。秦始皇统一中国后,天下分为郡县,归乡在南郡辖区内。西汉元始二年(2)置秭归县。缘其地为楚三闾大夫屈原之故乡,据《水经注》载:"屈原有贤姊,闻原放逐,亦来归……因名曰秭归。"南北朝北周建德六年(577)置秭归郡,避郡县同名而改秭归为长宁县。隋开皇三年(583)罢天下诸郡,改长宁为秭归。唐武德二年(619)置归州。天宝元年(742)改置巴东郡,治秭归。乾元元年(758)复置归州。宋时仍名归州。

元至元十四年(1277)升为归州路,至元十六年(1279)降为州。明洪武九年(1376)废归州置秭归县,隶夷陵州。洪武十年(1377)再改秭归为长宁县,洪武十三年(1380)裁长宁县复置归州。清雍正七年(1729)置归州为直隶州,隶属湖北省。雍正十三年(1735)升夷陵州为宜昌府,归州直隶州降为县级州,属宜昌府,不再辖县。民国元年(1912)改为秭归县,隶属荆南道。民国十一年(1922),隶属荆宜道。民国二十一年(1932),隶属第九行政督察区。民国二十五年(1936),隶属第六行政督察区。

中华人民共和国建立后仍名秭归县,1949—1991 年,先后隶属宜昌行政区专员公署、宜都工业区行政公署、宜昌专员公署、宜昌地区革命委员会、宜昌地区行政公署。1992 年,宜昌地区行政公署和宜昌市人民政府合并,成立宜昌市人民政府,秭归县隶属宜昌市。2012年,秭归县辖 12 个乡镇、6 个居委会、186 个行政村、1 150 个村(居)民小组。

7. 总体规划编制单位

国家林业局林产工业规划设计院(国家林业局风景园林与建筑规划设计院)。

通过选取湖北省内不同湿地类型、不同区域特征的 10 个国家湿地公园作为建设管理示范案例,阐述其在湿地保护、生态恢复、科普宣教、科研监测、管理模式、社区共建、合理利用、湿地文化、国家验收等方面的创新经验,为其他国家湿地公园建设提供借鉴经验与实践参考。10 个国家湿地公园分别为孝感朱湖、远安沮河、襄阳汉江、随县封江口、武汉安山、浠水策湖、大冶保安湖、蕲春赤龙湖、潜江返湾湖、竹溪龙湖(排名不分先后)。

5.1 古代圩田与现代生态契合的探索实践
——孝感朱湖国家湿地公园

位于长江、汉水之滨的朱湖农场(图 5-1)南傍武汉、北依孝感,府河、沦河如两条彩练自西向东泽被全境。1959 年 10 月围垦建场之前,是云梦古泽一隅,芦苇丛生,人烟稀少,生态原始,至今,古老的湖汊、河滩依然是野生动植物快乐的天堂。2013 年以来,通过建设湖北孝感朱湖国家湿地公园,传承湖乡文化、发掘圩田文化、弘扬红色文化,推动绿色发展,掀开了生态文明建设的崭新一页。

图 5-1　朱湖农场

朱湖围垦建场之后,尽管投入了巨大的人力物力财力,进行平整土地,兴建设施,但地势低洼的区域始终没能解除遇涝成灾的困苦。朱湖的优势和特色在哪里? 从丰富的水土和野生动植物资源,丰富的湖乡文化、历史人文,独特的圩田文化,以及生态文明建设的迫切需要中受到启示,建设国家湿地公园既有强大的生态功能,又有强大的经济文化功能,依托湿地生态公园,可以走生态保护与农旅融合之路,大兴现代休闲产业、高新农业、旅游度假商业,把朱湖建设成为绿色环保的"创业场"。

湿地公园建设的根本目的是保护和恢复生态,创造人与自然和谐相处、和谐发展的基础和空间。湿地,以生物为本,道法自然;公园,以人为本,注重考虑人的需求。因此,在朱湖国家湿地公园建设中坚持以生物为本、道法自然的规划设计理念,把动物、植物作为核心,把为他们创造适宜生存成长的湿地生态系统作为目标,围绕生物生存成长,科学统筹,顺其自然,确保整个生态系统的生机与活力。

5.1.1 修复水墨朱湖

清朝末年,朱湖梁氏族人偶得:"波寒生潋月,帆远入东烟"。即兴描绘出一幅珠湖明月图:皓月当空,寒波摇苇,"枫边鸟度千云障,柳外渔归月一船"。水墨朱湖,古韵犹存,但早已换了人间,通过恢复湿地,修复生态,妆点家园,朱湖今朝更好看。

一是综合治理抓修复。实施湿地公园及其周边区域府沦河抗洪排涝、水生态综合治理、生态保护区拆迁还建、渠道清淤、内渠渠网连通等工程。公园陆续启动了 9 500 m 环湖湿地绿道、2 000 m 渠道清淤、500 m 木制栈道、53.3 hm² 湿地基塘,以及投资 4 600 多万元的朱辛公路等重点项目。在湿地公园完成退田还湖 133.3 hm²,兴建基塘、圩田、柳烟荷塘等湿地植物培育、生态涵养、湿地科普区 83.3 hm²,栽植紫薇、垂柳、樱花等 20 多个品种的景观树 3 万多株;湿地公园展现出林茂、鸟多、水清、路畅、人气旺的盛况。

二是精准整治抓修复。对湿地周边有污染的万头养猪场、酱品厂等 8 家老旧企业予以关闭,兴建日处理 800 t 污水的四汊集镇污水处理厂一座,建立了严格的排污登记制度;修建了原生态湿地循环绿道、亲水平台、大湖节制闸、湿地植物保育基地、湿地鸟类等动物栖息地,实现湿地生态建设、基础设施、保护力度同步提升。

三是生态渲染抓修复。围绕湿地建设,在核心区周边兴办了 800 hm² 花卉苗木种植基地,333.3 hm² 全国水产健康养殖示范场,1 666.7 hm² 国家地理标志保护产品"朱湖糯米"种植基地;依偎核心区形成总面积达 2 666.7 hm² 的共生互利湿地生态圈。

5.1.2 发展圩田文化

圩田是古代我国劳动人民利用濒河滩地、湖泊淤地过程中发展起来的一种农田。人们在低洼地区四周筑堤,并在堤上设置涵闸,平时闭闸御水,旱时开闸放水入田,这样无论旱涝都可以保证收成。圩田,曾经在朱湖发展中担任过重要角色,呈现出"畦畛相望""阡陌如绣"的景象。如何传承好圩田文化,让今天的新型生态圩田在朱湖湿地保护和生态农业发展中担当起应有的历史使命?

一是凸显湿地特色优势。恢复传统圩田,创建生态圩田,充分发挥生态圩田的生态产品产出、环境优化、水质净化、生物保育、调蓄雨洪等多种功能,打造富有朱湖特色的湿地生态保护模式(图 5-2)。

二是体现湿地利用功能。在生态圩田区域规划设计了 500 多块大小不一的湿地食用水生植物田、湿地,观赏植物田、湿地,药用植物田、湿地,编织用材料植物田等应用类型,以丰富生物多样性、水土涵养、水质净化、调节小气候,实现人与湿地的协同共生。圩田布局中,在湿地公园中心区域对原有地形地貌进行微调重塑;在朱湖湿地多区域建立基塘、多塘系统;在公园周边,建设乔灌结合,林带、林团组合的林泽复合湿地工程;在原有的农田系统中,根据地形,因湖就水种植大量本土水生植物,丰富生物多样性,充分利用空间,吸引更多的生物在此栖息,营造出别具一格的自然和谐、互利共生的生态环境(图5-3)。

图 5-2　朱湖湿地生态圩田

图 5-3　朱湖湿地复合农田生态系统

　　三是展示湿地人文景观。把握古云梦泽历史遗韵,将原有矩形农田改造恢复为古代圩田形态,为水生植物、底栖生物、鱼类和水鸟提供了理想的栖息地,同时也造就成观赏性较强的湿地人文景观。近年来,先后吸引110多批次作家、诗人、文学爱好者,以及新闻记者、新媒体创作人员到朱湖湿地观赏采风,在国家及省市区各级媒体、报刊发表各种体裁的湿地作品 500 多件,摄影作品 1 000 多件。

　　四是恢复湿地自然景观。通过发展和精心培育湿地生态圩田,拓宽了建设视野,圩田植物达 30 多种 20 多万株。芡实、水葱、莼菜等 10 多种一度在朱湖区域销声匿迹的野生植物再现沟渠河汊,生机盎然,"才闻鸟啁在东陌,又见野莲卧菱湖"(图5-4)。目前,湿地"五区"和 3 333.3 hm² 稻田共同组成一个庞大的生态循环系统,湿地生态环境基本恢复到 20 世纪 70 年代初期水平。

图 5-4　朱湖湿地自然景观

5.1.3　传承湖乡水韵

　　湿地与文化是一对孪生兄妹,湿地文化愈深邃厚重,湿地发展愈稳健快捷,在抓湿地建设时,更加注重发掘发展湿地文化。

　　一是抓科普宣教促湿地文化建设。在湿地区域设立宣教点 30 多处,树立标识标牌 40 多块,科普宣教区做到宣教设施无处不在。制订了具有朱湖湿地本地特色的宣教方案,让科普宣教活动和知识进机关、进学校、进企业、进社区、进家庭;结合湿地公园"保护母亲河,推进河长制"主题活动,在朱湖国家湿地公园核心区、府河、沦河设立固定宣传牌 6 处、刷写宣传标语 30 条。

　　二是抓科学研究促湿地文化建设。成立了朱湖国家湿地公园科技咨询工作站,开展湿地保护管理科研和监测活动;建立了国家湿地公园知名专家科研联系点,朱湖湿地建设成果在美国、欧洲等地进行了交流展示,创造出朱湖湿地建设文化奇葩。

三是抓民风民俗促湿地文化建设。朱湖湿地有着十分丰富的文化资源,地处楚文化发祥地核心区,端午文化、中秋文化、春节文化,以及孝感南部湖区独特的民风民俗、地方戏剧文化沉淀很深,充分发挥朱湖区域乡土文化艺人、民间歌舞队、文学创作人员、书法爱好者,以及教师、文化产业从业人员等各方人士的建设性作用,利用各种途径挖掘湿地文化、传承湿地文化,逐步让湿地文化成为朱湖湿地稳健发展的力量之源、创新之源。

朱湖国家湿地公园在建设中,坚持保护、恢复、开发、利用相结合,致力建成"高颜质、高品质"的"两高"型国家湿地公园。针对朱湖发展潜力和区位优势,将湿地经济发展的方向定位在培育名优产品、开拓特色经济、兴办产业基地、保护生态环境、推进农旅融合上,突出重点调整产业结构,优化区域经济布局,形成四季林木葱郁、糯稻飘香、水清鱼跃、观光休闲的农旅融合产业园。朱湖及周边拥有 3 333.3 hm² 稻田,常年气候湿润,水美稻香,是白鹭、野鸭、大雁等鸟类出没的胜地,以其高品质的湿地功能和高效益的经济功能成为湿地公园引人陶醉的田园观光景致。

5.2　创新体制机制,打造醉美湿地
——远安沮河国家湿地公园

湖北远安(图 5-5)沮河国家湿地公园在试点建设以来,坚持"全面保护、科学修复、合理利用、持续发展"的方针,立足远安实际,大胆探索、勇于实践,创新完善体制机制,建立健全职能架构、管护执法、修复治理、技术支撑、科普宣教、社区共建六大体系,探索符合实际、有效管用的方法路径,系统推进湿地公园建设和湿地保护管理,湿地公园生态环境持续改善、综合效益明显提升,为全县生态文明建设做出了积极贡献。

图 5-5　嫘祖故里——湖北远安县

5.2.1　一盘棋管全域的组织架构体系

湖北远安县委县政府站在贯彻绿色发展理念、服务全县发展大局的角度,抓好组织机构顶层设计,建立谋全局、管全域的统筹协调机制,构建湿地公园(图5-6)建设和湿地保护管理全县一盘棋的工作格局。

1. 组织领导上统筹有力

成立了由县委副书记、县长任组长,21个单位主要负责人为成员的湿地公园试点建设工作领导小组,负责湿地公园规划建设和保护管理的组织领导、统筹协调、督促指导等工作,办公室设在湿地公园管理处。

成立由县委书记任主任、县长任第一副主任,38个单位负责人为成员的生态治理委员会,统筹推进三峡生态经济合作区生态治理宜昌试验远安试点建设,湿地公园管理处负责具体工作。湿地公园管理处职能得到进一步拓展和强化,实现了生态管护职能全域化、管全域。

图 5-6　湖北远安沮河国家湿地公园

县委高度重视生态治理和湿地保护修复,重视"多规合一"试点县工作,建立经济社会发展规划、城乡建设总体规划、土地利用总体规划、环境保护规划和全域旅游规划"五规合一"规划体系;要求树牢全域生态理念,将湿地保护从局部试点向全域拓展,把湿地保护与全域旅游、乡村振兴、城乡建设和水利、交通基础设施等各个领域深度融合;明确提出"生态优先、全面保护,尊重自然、体现乡愁,综合治理、低碳治污、突出功能、科学修复"的湿地保护与建设总体思路。

2. 工作理念上融入全局

树立全局全域的工作理念,把湿地公园试点建设和湿地保护融入全县发展大局,着力抓好三个融合,助推全县高质量绿色发展全面发展。

一是与生态治理试点相融合。将湿地公园试点建设纳入县政府工作报告,纳入全县生态治理重要工作内容和乡镇工作目标责任制考核。将生态公民教育、生态导读体系、生态公益创投及生态管控、生态修复、生态产业发展等举措与湿地科普宣教、保护修复、社区共建紧密结合起来,为湿地公园建设增添新活力。

二是与乡村振兴战略相融合。乡村振兴,生态宜居是关键。远安县实施乡村振兴战略和农村人居环境整治三年行动方案(2018—2020年)提出,加强湿地建设与保护,推动交通干线、旅游专线可视区域内的小微湿地建设、景观廊道建设;加强河库、湿地修复与保护,推进岸线生态复绿,开展农村小微湿地建设。在探索试点的基础上,制定《小微湿地建设指南》,出台《贯彻落实远安县实施乡村振兴战略三年行动方案加快推进小微湿地建设指导意见》,组织乡村小微湿地建设专题培训,在全县全面开展小微湿地保护与修复建设。

三是与河库长制相融合。保护河流生态就是保护湿地。县委县政府出台《远安县全面推行河库长制实施方案》,建立"县乡村三级河库长＋责任单位＋治安员＋监督员＋管护员"的管理体系。湿地公园区域三条河流的河长均为县领导担任,县委副书记、县长任沮河河长,县委常委、县委办公室主任任九子溪河长,副县长任鸣凤河河长。全县先后组织开展碧水保卫战"迎春行动""清流行动"和河库"四乱"专项治理,全面实施全流域生态环境整治。依法关闭采砂场 25 家、规模化养殖场 4 家,河库周边采砂场和规模养殖场全面取缔出清。对湿地公园城区段沿岸的预制厂、堆煤场、驾校、民房予以征迁,并开展生态复绿。

5.2.2　多层次全覆盖的管护执法体系

湖北远安县委县政府严格落实生态红线管控,全方位落实管护力量,加密编织管护网络,着力构建多层次、全覆盖的湿地管护执法体系。

1. 建立健全湿地保护政策制度

贯彻落实国家和省市关于湿地保护修复的政策法规,结合河流型湿地保护管理的实际,研究出台《湖北远安沮河国家湿地公园管理办法(试行)》《远安县湿地保护修复制度实施方案》《远安县人民政府关于沮河国家湿地公园全面禁渔的通告》等,为全面加强湿地保护管理提供了政策制度保障。

2. 设立湿地管护公益岗位

贯彻落实湿地保护修复的政策法规,建立健全湿地保护管理体系,将湿地公园保护管理纳入乡镇林业站工作职责和岗位目标责任制,实行年度工作述职和考核。以湿地公园管理处、乡镇林业站日常巡护为基础,在全省率先设立湿地公园管护公益岗位,在 8 个村居公开选聘村级管护员 11 名,实行合同管理、责任划片、一年一聘、动态考核(图 5-7)。

图 5-7　沮河国家湿地公园管护员日常巡护

3. 探索推动生态联合执法

将生态联合执法纳入全县综合执法改革内容予以实施,由湿地公园管理处(县生态办)牵头,建立远安县生态治理联合执法机制和联席会议制度,会同农业、林业、水利、国土、环保、公安等部门,严厉打击破坏湿地、乱采滥挖、乱砍滥伐、乱捕滥猎、污染环境等各类违法违规行为。遏制了破坏湿地生态行为,保护了湿地公园生态安全。联合执法机制的建立,使执法模式从单个部门独立行动向多部门协同作战转变,有力克服了湿地公园管理处作为事业单位无执法权限的弊端,提升了执法效率,强化了湿地保护管理能力,形成强有力的震慑效应。

4. 引导建立社会组织参与机制

发挥社会组织联系广泛的优势,通过开展公益活动和公益项目的方式,引导县内社会组织参与到湿地保护工作中来。由远安青年志愿者协会组建 12 支"河库志愿护卫队"和"河小青志愿护卫分队",覆盖湿地公园全部河流区域和 7 个乡镇重点河段,每月开展巡河护河活动。

通过"筛选核定＋自愿认领"方式设立 29 名企业河长,优选聘请 11 名民间人士担任民间河长,每月开展巡河护河活动,重点关注环境卫生、非法排污、侵占破坏河道等,一旦发现拍照取证,迅速向相关部门反映。

成立远安县水资源保护协会、志愿服务联合会,会同青年志愿者协会、远安论坛、骑迹单车协会、远安跑步协会等社会组织,不定期自行开展巡河、清理河岸白色垃圾公益活动。

5.2.3　重自然、保生态的修复治理体系

突出山区河流型湿地为主的特征,坚持自然修复为主方针,充分尊重自然、顺应自然,保护水文水质,保护河流原有形态和岸线。同时主动融入乡村振兴战略,创新推进乡村小微湿地建设。

1. 建立生态流量管控制度

印发《关于做好水库生态调度工作的通知》《关于加强湖北远安沮河国家湿地公园生态补水调度工作的通知》《远安县小型水电站生态流量泄放工作实施方案》,明确了沮河、鸣凤河、九子溪三条河流的生态流量值和生态补水调度规程,全县 19 座水电站、10 座水库严格执行生态流量泄放制度。当沮河远安水文站、鸣凤河水文站、九子溪水文监测点实时监测流量达到生态流量临界值时,启动各水电站、水库联合调度泄放等生态补水措施,确保沮河、鸣凤河、九子溪的生态基流。2015 年以来,共对湿地公园实施生态补水 9 次,补水总量 $1.58 \times 10^7 \mathrm{m}^3$,有效保证了湿地公园的生态用水。

2. 推进减排治污综合治理

制订和实施《远安县生态环保责任清单》《远安县水污染防治工作方案》《远安县沮河水环境整治和水质稳定达标工作实施方案》《远安县畜禽养殖污染防治管理办法》等,推进水污染综合防控。建设多座乡镇污水处理厂,实现乡镇全覆盖,污水直排现象得到根治,全域河流水质持续改善,沮河水质稳定达到Ⅲ类标准,鸣凤河、九子溪常年保持Ⅱ类水质。

3. 实施湿地生态修复工程

坚持湿地公园区域生态修复工程(图 5-8)优先纳入计划、优先保障资金、优先推动实施,使湿地公园保持河畅、水清、岸绿、景美,逐步恢复良好自然状态。为高质量建设好湿地公园桃花岛合理利用区,县委县政府坚持规划先行,遵循沮河国家湿地公园总规要求,对桃花岛合理利用区建设项目规划设计进行反复研讨,湿地公园管理处全程参与规划的讨论和修改完善,更多融入了湿地元素。

图 5-8　沮河国家湿地公园生态修复工程

4. 探索推动全县小微湿地建设

坚持因地制宜、综合施策、试点先行,积极探索推进不同类型的小微湿地建设。对 20 世纪六七十年代修建的水库、塘堰,以及保存较好的乡村溪流湿地,注重加强保护工作,维护

库塘及溪流湿地的自然性、原真性和完整性。对因人为活动破坏或功能退化的小微湿地,通过自然与人工相结合的方式进行生态修复,保护湿地资源,恢复生态功能。先后建成旧县镇鹿苑河董家段、洋坪镇五里河芭芒店等小微湿地。

积极探索绿水青山转化为金山银山的路径方法,围绕美化环境、生态观光、乡村旅游等目标,打造具有生态功能、服务功能和景观美学功能的小微湿地,进而改善人居环境,丰富景观资源,促进旅游开发。先后建成金家湾生态露营公园、嫘祖镇金桥梦里老家、桃花岛生态公园等生态湿地景区,以及七彩园林公司、鸣凤镇航天花园等庭院小微湿地。金家湾生态露营公园建成小微湿地,打造独具特色的丹霞山水湿地景观,年接待游客10万人次。

保护湿地资源与促进农业开发相结合建设生产型小微湿地(图5-9)。鼓励引导农民及农村经营主体发展涉水特色种植、养殖,推动小微湿地建设与保护,促进休闲农业和乡村旅游发展,实现经济价值和生态价值双提升。先后建成旧县镇观西村生态虾稻共作种养、洋坪镇芭芒店"十里荷塘"、凤凰村茭白种植等一批农业生产型小微湿地。

图 5-9　沮河国家湿地公园生产型小微湿地

5.2.4　谋融合促共赢的社区共建体系

树立大社区、大共建的理念,建立政府主导和社区共建机制,推动形成多元融合、共建共享的湿地资源和湿地生态管护格局。

湿地公园管理处与县水电部门、生态环境部门、教育部门、鸣凤山景区、七彩园林公司以及8个村居,分别签订共建共管合作协议,围绕湿地保护、生态修复、科研监测、科普宣教、水文水质监测、劳务用工等方面密切协作,共同推动湿地公园建设管理。

积极引导社区产业转型,湿地公园周边村居从事葡萄、草莓、雷竹种植,特色养殖和农家乐、民宿、旅游商品经营的农户达132家,年经济效益超过1 200万元(图5-10)。广泛吸纳社区居民就业,通过聘用湿地管护、森林管护、河道巡查、公路养护、卫生保洁、景区管理人员和协调企业用工,解决湿地公园周边居民400余人就业问题,既保护了生态环境,又增加了居民收入。

图 5-10　沮河国家湿地公园内农家乐

5.3　强化特色平台,科学保护管理
——襄阳汉江国家湿地公园

湖北襄阳汉江国家湿地公园(图 5-11),位于汉江崔家营大坝至汉江襄荆高速公路大桥之间,汉江大堤及鱼梁州南岸之内,湿地公园汉江段中心线长度约 23.14 km,面积 3 894.3 hm²,是汉江流域面积较大、原生生物丰富、生态地位重要的国家湿地公园。

图 5-11　湖北襄阳汉江国家湿地公园

5.3.1 实施联防联动,强化巡护保护

襄阳市坚持把襄阳汉江国家湿地公园湿地资源保护修复与汉江水生态环境保护修复有机结合起来,全面推行河库长制,积极主动打好沿江化工企业关改搬转、城市黑臭水体整治、农业面源污染整治、汉江干线非法码头专项整治、河道非法采砂整治、船舶污染防治、尾矿综合治理等15项专项战役。

制订了《襄阳市沿江化工企业关改搬转任务清单》,完成黑臭水体整治4处,关闭规模养殖场11家、非法砂场18处,拆除砂架等设备5套、取缔非法船舶42艘,出台了《襄阳市汉江河道采砂日常管理办法》等制度,建立日常监管机制;回收渡船27艘和趸船1艘;同时严格按照《湖北襄阳汉江国家湿地公园总体规划》,扎实抓好栽桩定界和标识标牌安装,在河岸及河道内制定出3条巡护线路,聘请巡护人员、制订巡护制度,加强日常(特别是候鸟迁徙季节)巡护监测,定期对湿地内鸟类活动情况进行监测记录。

出台了《湖北襄阳汉江国家湿地公园资源环境保护联防联动管理办法》,建立汉江襄阳城区段资源环境保护联防联动机制,与周边社区建立共抓共建的共抓大保护网络体系,多次与城管、森林公安局、渔政、协会、社区等单位联合开展拆除违法建筑、清理岸线垃圾、保护候鸟等专项整治行动,在湿地公园管理上建立信息共享、责任共担,防控互联、管理互通、经验互鉴、人员互访的管理机制;实现汉江襄阳城区段资源环境保护的长治久安(图5-12)。

图 5-12　襄阳汉江国家湿地公园联防联动及巡护保护

据监测统计显示,襄阳汉江国家湿地公园主体水质达到国家Ⅱ类,部分指标趋向Ⅰ类,且有继续向好态势。湿地公园范围内鸟类由2013年的109种增加到187种,数量由年平均3 000余只增加到15 000余只,发现千只以上鸟类集群2处,一群上百只或几百只水禽集中栖息飞翔的景观时常可见,以前没有记录到的灰鹤、天鹅、鸳鸯、中华秋沙鸭等珍稀鸟类出现在人们的视野。

5.3.2　突出合理利用，坚持科学修复

襄阳市结合"森林城市建设""绿满襄阳"提升行动，实施汉江生态修复工作（图 5-13）。

一是实施月亮湾湿地修复工程，投入资金 3.9 亿元，改造土壤 13.3 hm²，恢复植被 86.7 hm²，清淤整修开挖园区水系 12 条共 16 km，高标准建设木栈道 9 km、巡护道路 6 km，建设了科普宣教设施、休闲场地及服务设施；

二是结合堤防整治，实施沿江风光带建设，完成堤岸绿化、美化工程 15.2 km；

三是结合非法采砂治理，完成岸线复绿 1.4 km，复垦土地 1.03 hm²；

四是大力实施岸线造林绿化，印发《汉江两岸造林绿化工作方案》，划拨专项资金 500 万元，打造汉江沿岸生态治理示范工程，在汉江沿岸完成造林 333.3 hm²；

五是实施磷石膏堆场整治工程，总长度 1.4 km，修建 3.0 km 地下连续防渗墙，敷设 1.2×10^4 m² 土工膜，对 8.8×10^4 m² 的堆体表面和坡面覆盖 0.8 m 厚的土层并进行绿化等，工程总投资 4 470.31 万元。

图 5-13　襄阳汉江国家湿地公园实施汉江生态修复工作

随着襄阳汉江国家湿地公园生态修复工程的不断实施，襄阳汉江湿地在生态环境和湿地功能得到优化的基础上，也极大地丰富了襄阳旅游业的内涵，为人们"走进湿地、亲近自然"创造了不可多得的优美环境，让襄阳汉江湿地重新焕发生机与活力，成为襄阳市民喜爱的生态休闲绝佳胜地。同时襄阳汉江湿地生态修复工程还充分展现了生态建设全民共享的建设理念，湿地修复工程也顺利成为推进大江大河治理和江汉流域"共抓大保护"的成功案例。

5.3.3　发挥宣教优势，凝聚社会共识

重视湿地科普宣传教育，制订了科普宣传实施计划，积极发挥襄阳汉江国家湿地公园地

处城市中心这一优势地理位置,将科普馆设置在日均人流量2万人次以上的月亮湾合理利用区,高标准规划科普宣教馆,注重科普馆趣味性和互动性,让科普馆成为人们认识湿地、了解湿地、保护湿地的重要窗口。

充分调动市观鸟协会、市绿色汉江环保协会、各中小学校、襄阳晚报小记者采访团等各社会团体组织参与湿地宣教活动的积极性,每月组织中小学生开展走进湿地——"湿地观鸟""自然课堂""小小湿地导赏员""湿地植物采集和标本制作"等系列湿地保护宣教活动;每季度开展湿地"进学校、进机关、进企业、进村组"等宣传活动,积极开展社区共建共享活动,让市民群众知晓湿地,了解湿地公园,增强全社会保护湿地的意识;每年在"世界湿地日""爱鸟周""世界水日""野生动物保护日"等节日组织开展大型宣传活动,发放宣传册、倡议书等资料,并充分利用电视、报纸、网络等广泛开展宣传(图5-14)。目前已在湿地中国、《湖北日报》《襄阳日报》《襄阳晚报》、汉江网等媒体发表《汉江湿地鸟家族又添新成员》《汉江上的来客——中华秋沙鸭》等各类宣传和科普稿件30余篇。

图5-14 襄阳汉江国家湿地公园湿地宣教活动

2018年,襄阳汉江国家湿地公园先后被授予湖北省未成年人生态道德教育基地和襄阳市小记者团活动基地,充分展现了湿地公园在湿地宣教、传播湿地知识方面的重要作用。通过系列高密度、持续性的宣教活动,构建了人人参与,人人提高的互动式、体验式、参与式的襄阳汉江湿地宣教模式。

5.3.4 加强生态监测,强化科技支撑

襄阳汉江国家湿地公园重视科研监测工作,与中国科学院测量与地球物理研究所、华中农业大学、湖北大学、世界自然基金会等建立合作关系,建立技术支撑平台,并坚持对外依靠不依赖,遵从不盲从,自力更生探索开展科研监测,实现科学管理。

设立了监测保护站2处,面积50 m²,配备相关的办公设备和管理人员,购置水质、土壤、

大气、动植物等生态监测设备 13 台(部),设置动植物监测点 5 处,水源、土壤取样点 4 处,制订了《湖北襄阳汉江国家湿地公园野生鸟类监测方案》《湖北襄阳汉江国家湿地公园水质监测方案》等,及时开展湿地各种生态环境信息监测,并多次邀请专家现场指导,确保监测数据的规范性和持续性。

目前,已经摸清了湿地公园鸟类种类、种群数量及分布状况,对湿地公园水体的水温、pH 值、溶解氧、总氮、总磷、氨态氮等主要指标进行采样检测,及时了解汉江水质变化情况;开展植物种类、分布、多样性监测工作,制作湿地植物标本 200 多份;完成了湿地公园内动植物本底资源调查、完善了湖北襄阳汉江国家湿地公园生态监测各项档案资料的收集整理工作,为开展湿地公园科研项目储备了丰富的原始数据,为实施公园资源保护提供了可靠的科学依据,为今后开展湿地动物保护及湿地植物群落恢复等科学性专项研究提供了珍贵的本底资料。目前,还积极加强与中国科学院水生生物研究所合作,探索联合建立汉江流域藻类研究所。

5.4 强核心、美全域、活资源——随县封江口国家湿地公园

湖北随县封江口国家湿地公园(图 5-15)的主体是封江口水库。封江口水库建于 1958 年 7 月至 1960 年 4 月,总库容 $2.52 \times 10^8 \, m^3$,主体水质常年为 II 类,是随州市和随县最大的饮用水水源地。保护和建设好湿地公园有利于保护和恢复其强大湿地生态功能,对于维持溠水水系的生态系统健康、保障汉江流域下游生态安全具有十分重要的意义。

图 5-15　湖北随县封江口国家湿地公园

5.4.1　强化保护核心,维护湿地生态

按照"维护湿地自然生态状况,促进人与自然和谐共生"的基本原则,开展湿地公园的规划设计和建设工作,在建设过程中尽可能保证封江口湿地自然生态,并肃清了封江口湿地保

育区内人为干扰活动。

1. 保护湿地自然生态

一是保障湿地水源充足。封江口国家湿地公园位于桐柏山与大洪山山间谷地,区域水量充足,而且有湖北最大的丹江口水库补给封江口湿地。控制流域面积 460 km²,占溯水流域的 34.3%。湿地用水能得到充分保障。二是保障湿地水质优良。通过采取一系列措施,封江口湿地主体水质达到国家Ⅱ类标准。统筹新建垃圾堆放点 16 处,加大清污、清漂力度,实施湿地生态恢复工程,逐步形成 4 级水源净化体系,对上游的村居建立了污水治理系统,保障了水质优良。三是保障水岸景观自然。在建设过程中尽可能保证封江口湿地自然生态原貌,使封江口湿地水岸及景观基本保持自然状态(图 5-16)。

2. 落实湿地保护措施

清除湿地公园保育区干家沟、明玉、大河挡三处大型库汊,总面积 72.3 hm²。投资近百万,取缔湿地公园周边养殖污染源 18 处,并对污染物进行清理,保证了湿地公园水质。关闭工业污染金矿企业一家,并在覆土区域种植林木 2 000 余株,绿化效果已经呈现。

3. 开展生态恢复与重建

在恢复重建区进行水系连通、退堰还湿、湿地生态修复、植被带恢复、鸟类生境恢复与再造、库周矿区复绿等生态恢复工程,使封江口湿地生态环境得到有效恢复,对湿地生态系统的修复具有积极的推动作用,并取得了良好的效果(图 5-17)。

图 5-16　封江口湿地自然生态原貌

图 5-17　封江口湿地生态系统修复效果

5.4.2　创新社区共建,促进协调发展

1. 推进生态农业与资源持续利用

在坚持全面保护的基本原则的基础上,积极采取湿地资源友好型利用模式。一是在封江口湿地公园东北部库湾开展湿地生境工程,营造浅滩湿地系统面积约 52 hm²,打造东北部湿地生境系统、浅水沼泽系统,根据地理位置及地形条件,采取人工种植和自然修复的方式,营造接近自然的湿地生态环境,为湿地动植物提供良好的栖息环境,促进湿地的合理利用和湿地生态可持续发展。

二是合理利用丰富山地、林地资源,发展种植业、养殖业、农副产品加工业,发展绿色农业,打造富有文化创意的农业体验项目,既能发展经济又能保持湿地的自然形态,增加生物多样性,打造湿地景观。充分挖掘了湿地的生产潜力和旅游潜力,在有效保护湿地公园的基础上,使湿地的生态、经济、景观、社会等多种效益得到了全面发挥。

整合资源积极推广生态农业(图 5-18),合理利用湿地公园 9 333.3 hm² 山场,为周边各村发展经济提供了资源支撑,实现湿地合理利用与湿地资源可持续发展。目前,封江蓝莓产业园种植规模达 86.7 hm²，年发展幼苗 500 万株，带动周边 2 000 hm² 土地种植蓝莓，逐步成为生态农业示范区，重点发展生态农业种植与推广，开发湿地生态农业产品，不断拓展湿地合理利用方式，为实现湿地公园资源的可持续利用起到重要的推进作用。

在加强湿地保护的基础上，湿地公园积极发展湿地生态旅游产业，开展生态旅游活动，发展周边乡村民宿业和农家乐，实现湿地保护利用与经济发展双赢（图 5-19）。

图 5-18　封江口国家湿地公园生态农业　　　　图 5-19　封江口国家湿地公园湿地生态旅游

2. 社区共建与关系协调

为更加科学有效地服务于湿地管理，全面保护封江湿地生态系统功能和湿地生物多样性，结合总体规划建设要求，积极与周边社区开展生态保护、环境治理、节能减排、防灾减灾等方面的共管共建工作。湿地公园管理处与周边 5 个村、1 个行政事业单位、1 家民营企业分别签订《社区共管协议书》和《合作共建协议书》，逐步培养其湿地保护意识，促进当地经济与生态保护的和谐发展。

通过实施共管共建，社区居民由湿地资源的使用者，转变为管理者，从被防范者转变为保护者，通过实施共建，社区居民做到"四不"，促进社区经济与生态保护的和谐发展，减少对湿地公园生态系统的人为干扰和破坏，同时提升了居民对社区的归属感和认同感。在社区制作湿地墙绘，丰富社区文化，引导社区居民加入湿地保护的行列之中。

2018 年 3 月，成立由封江知名爱鸟人士和封江口湿地保护站站长陈晓红同志任会长的随县封江口湿地野生动植物保护协会，协会共吸纳封江周边会员 50 余人，协会将在湿地公园内义务开展野生动植物知识宣传和保护活动。

管理处聘请当地居民为湿地公园巡护、管护人员，有效地保护和管理了湿地，又增加了周边部分家庭的经济收入。

3. 湿地文化保护、挖掘与利用

在湿地利用过程中，充分考虑了湿地美学价值，按照不同的湿地类型和地形条件，采取相应的恢复建设模式，选择适合的植物，进行合理的配置，提升自然野趣，使湿地的美学价值得到充分体现。同时，充分挖掘封江包括河道文化、古寨文化和寺庙文化在内的各种人文遗产，并加以保护和利用，使湿地公园文化底蕴更加深厚。

5.5　安江夏之源、兴翱翔之愿——武汉安山国家湿地公园

　　湖北武汉安山国家湿地公园(图5-20)所在区域位于枯竹海,周边湖泊主要有上涉湖、斧头湖、枣树湾、鲁湖、梁子湖等,这些湖泊通过金水河直通长江。

　　安山国家湿地公园自试点建设以来,所开展的湿地资源合理保护与科学修复工程,维持了湿地公园自然的湖泊生态系统与丰富的生物多样性资源,修复了受人为活动干扰的部分湖滨带区域,使得湿地公园系统健康、结构完整、功能得以有效发挥。

图5-20　湖北武汉安山国家湿地公园

5.5.1　保护湿地,安山在行动

　　自2013年试点建设以来,安山国家湿地公园管理处开展了一系列的湖泊水环境保护工作,尤其是在农村生活与农业面源污染控制方面取得了显著的成效,有效地改善了湿地公园沿岸农村生态环境和生活环境,为流域水环境改善及水资源保护起到了重要的示范作用。

　　1. 加强枯竹海河湖长制度建设

　　湿地公园精心打造河湖长制"安山样板",实施"一湖一策",江夏区、安山街道和所在茶园村、涉湖村、合心村组成三级湖长;三级湖长良性互动、优势互补,全域管护,构建了党政主导与群众参与的湖泊生态共建共治机制。

　　2. 实施沿湖环境综合整治工程

　　建设并运营安山街污水处理厂,污水处理厂出水满足《城镇污水处理厂污染物排放标准》一级A标准,同时达到《城市污水再生利用绿地灌溉水质》非限制性绿地标准后回用于安山苗木花卉基地灌溉,不排入自然水体。

　　自试点建设以来,安山国家湿地公园管理处联合安山街道办事处在沿湖村湾建成分散式小型人工湿地80余处、新建生态塘4个、安装日处理$22×10^4\,m^3$地埋式一体化处理设备2套(图5-21),建成2.35 km的截污管网系统,建成户用小型"三格式"人畜粪便处理系统10座,有效减少了农村生活污水的排放。

安山国家湿地公园完善了农村生产生活垃圾收集、清运及处置系统建设,实现了由村收集、街道清运、区统一处理的方式,极大限度地改善了农村村容村貌,减轻了污染负荷量,有效的保护和维护了湿地公园的生态环境。

3. 优化田间灌排系统,构建生态沟渠

在安山国家湿地公园的推动下,安山街合心村小农水整体推进项目工程实施方案得以获批,合心村小型灌溉工程被列入武汉市级 2015 年"小农水"整体推进建设项目。该项目通过人工建设生态沟渠、污水净化塘、地表径流集蓄池等设施,净化农田排水及地表径流,项目的实施能够有效改善小型农田水利工程灌溉排水条件,增加了安山街农田灌溉面积。

4. 开展有针对性地湿地生态修复

一是实施了岸线和湖泊植被恢复工程。加强对岸线芦苇、千屈菜、莲、柳树等天然植被的保护和恢复;在枯竹海东面,通过栽植水生植物莲、狐尾藻、芦苇、香蒲、千屈菜等植物,促进水生植被的恢复与重建。

二是构建了多塘湿地系统(图 5-22)。安山国家湿地公园将原在湿地公园桥港区域的耕地、藕池等改造成为湿地多塘系统和水生植物园,总面积 2 626 m^2,共种植有水生植物 26 种。其中有挺水植物芦竹、香蒲、千屈菜、水葱等 17 种;浮叶植物有睡莲、萍逢草等 4 种;沉水植物有菹草、黑藻、苦草等 5 种。该系统既营造了良好的湿地生态环境,又能够去除水体中的悬浮物质,起到了改善水质、营造景观、修复滨湖区域水生植被等多方面的作用。

图 5-21　地埋式一体化处理设备　　　　图 5-22　安山国家湿地公园多塘湿地系统

5. 开展流域环境综合整治

根据《武汉市江夏区湿地保护管理办法》,湿地公园内禁止从事网箱、围网、拦网渔业养殖。自试点建设以来,湿地公园管理处全面落实各项湿地保护措施,全面拆除斧头湖安山水域,包含湿地公园水域在内的养殖设施,拆除湖堤上的废弃构筑物,清理渔网、断桩等渔业废弃物。三网拆除共计 24 户,拆除区域总面积约 2 000 hm^2(含斧头湖部分水域),回归人放天养。

武汉安山国家湿地公园属于畜禽禁养区,按照武汉市区畜禽养殖"三区"划定及退养方案,全面划定畜禽禁养区、限养区,对禁养区畜禽养殖实施全面退养。

全面实施渔场承包清退工作,共清退湖周浅滩鱼塘 33.3 hm^2,清退枯竹海渔场承包水面 333.3 hm^2,收回枯竹海渔场承包权,由湿地公园进行统一管理,并取缔湖面所有的围网养鱼设施,恢复湖面和湿地自然景观,减少水产养殖的污染。此外,湿地公园对枯竹海北部原开垦的耕地进行了恢复,恢复总面积约 8.2 hm^2。

通过开展湿地保护与修复工程、流域环境综合整治等一系列活动,使得湿地环境面貌与景观得到明显的改善,湿地水质和水环境得到有效提升,水禽栖息地得以保护与恢复,湿地生态系统结构与功能得以维持,有效地保护了湿地资源和生物多样性。

5.5.2 特色宣教,建设"湿地+"

安山国家湿地公园已经建立了较为完善的科普宣教体系,逐步成为区域科普宣教的中心与基地,发挥了较好的科普示范作用。

1. 湿地+教育

安山国家湿地公园成立了湿地学校教育平台,将生态文明根植童心。湿地公园运行以来,定期开展湿地知识的宣讲课,教育受众达千余人,营造了良好的湿地保护气氛。

2. 湿地+活动

安山国家湿地公园结合"世界湿地日""爱鸟周"等湿地保护科普宣传活动,充分利用横幅、标牌等多种方式,大力开展湿地保护"进学校、进机关、进企业、进村组"活动,制作永久性宣传牌,发放宣传台历、宣传册等 5 000 余册。

3. 湿地+文化

结合安山国家湿地公园特有的文化基因,建设了新窑馆、农耕文化馆和民俗文化馆等文化承载平台,延续了人与自然和谐相处的文脉,让大众体会安山湿地深厚的人文底蕴,认识安山湿地文化的价值。

4. 湿地+新媒体

湿地公园管理处依托于微信公众号平台,发布有关湿地知识、湿地文化信息,开展湿地游乐体验、自然教育等互动活动,实现与大众"零距离"接触,丰富宣传内容,提高湿地公园的关注度,为安山湿地打造最佳传播平台。

5. 湿地+共享空间

为实现安山国家湿地公园自然资源的共创共享,湿地公园打造了"湿地共享空间",在这里可以学习自然教育、体验动手能力、加入公益活动,让湿地公园成为湿地创新、创意的基地。

5.5.3 倾力共建,护安山湿地

"绿水青山就是金山银山",安山国家湿地公园自试点建设以来,始终坚持保护优先、因地制宜、社区发展受益的利用原则,充分利用湿地公园良好的自然湿地景观和丰富的动植物资源为载体,利用现有较好的基础设施条件和接待条件,开展休闲观光、湿地观鸟、郊野踏青为主要内容的湿地旅游活动,带动周边社区积极参与,实现湿地公园和社区利益的"双赢",获得了当地居民对湿地公园发展的支持。

1. 完善社区共管制度

安山国家湿地公园周边社区、村生活和生产行为的管理是落实共建共管工作的基础。各村分别制定了村规民约,实行农户"门前三包"责任制,开展环境卫生整治,同时对排放污水、乱倒垃圾、围湖造田和偷猎野生动植物等破坏湿地资源的行为进行监督举报。

2. 解决社区就业问题

湿地公园根据建设发展需要,积极吸纳周边村组群众从事园区绿化、环卫、保安和保洁

工作,创造就业机会,实现湿地公园共建和利益共赢。

3. 营造社区共管氛围

湿地公园管理处联合公园范围内9个村(社区)成立了巡护工作专班,多次深入社区开展共建活动,先后召开座谈会二十余次,与周边村签订了共建协议,建立了日常沟通机制,定期组织村民参观,通过耳闻目染,增强社区居民湿地保护的自觉性,营造社区共管良好氛围。

4. 引导社区生态种植

安山国家湿地公园鼓励和引导当地居民种植水生经济植物,如莲(图5-23)等,引导开展生态农产品种植、生态养殖、乡村农家乐等生态创业活动,

图 5-23　安山国家湿地公园内种植的莲

让周边群众找到了生财之道,实现了湿地保护、村民增收和生态建设的多方共赢。

5.5.4　科研监测,促科学管理

安山国家湿地公园自 2013 年试点建设以来,在科研监测设备设施建设、科研监测能力建设、科研支撑与科研合作、共建实验室建设等方面开展相关工作,并取得了较好的成效。目前湿地公园已配备较为完善的监测设施,建立起监测站点,并开展了相应调查监测工作,建立较完备技术档案,全面掌握湿地资源本底情况,调查监测结果对湿地保护有科学指导的作用,对湿地保护管理工作的帮助已经显现。

图 5-24　枯竹海试验站

安山国家湿地公园管理处与湖北省面源污染防治工程技术研究中心、环境与灾害监测评估湖北省重点实验室共同建成枯竹海试验站(图 5-24),试验站围绕安山国家湿地公园及斧头湖流域,共同开展面源污染的常规监测与综合防治,是湿地公园开展野外监测与试验的重要平台。

此外,安山国家湿地公园管理处与中国科学院测量与地球物理研究所共建科研实验室,实验室配备了自动气象站、水质浮标在线监测系统、紫外—可见光分光光度计、多功能数控消解仪等仪器设备,能够满足野外定位监测与研究,水、土、植物分析化验工作的需要,为安山国家湿地公园科研监测工作提供有力的技术支撑。

5.6 策一湖净水、馈自然之恩——浠水策湖国家湿地公园

　　湖北浠水策湖国家湿地公园(图 5-25)分布有永久性淡水湖泊、草本沼泽、运河等湿地类型,具典型平原湖泊特征。湿地公园周边地势东高西低,东部为南北走向绵延低山(古牛山脉),其他三面为开阔的冲积平原,形成背山面水的天然格局,集丘陵、湖泊、湿地等自然景观为一体。

图 5-25　湖北浠水策湖国家湿地公园

5.6.1 "雷霆行动",保护策湖湿地

　　为了进一步落实习近平总书记提出的长江经济带建设要"共抓大保护、不搞大开发"的重要指示要求,按照《国家湿地公园管理办法》等法律法规,结合黄冈市委市政府的总体部署,按照"全面保护、科学修复、合理利用、持续发展"的要求,把长江经济带生态保护摆在压倒性位置。坚持问题导向,深入推进黄冈长江经济带生态保护工作。策湖国家湿地公园将该决策部署落实到实际保护行动上,推动策湖湿地公园建设、湿地保护和绿色发展取得实效。以"湖长制""雷霆行动"为抓手,结合三峡移民后续工程,加大退池还湖力度,拆除了湖面围网围栏,关停、拆除、复垦了周边畜禽养殖场,疏通了入湖通江港道,种植了大量水生植物,整治了排污口和沿湖岸线各类垃圾,自国家湿地公园试点建设以来,成效显著。

　　1. 开展湖泊确权划界,保护策湖生态

　　策湖国家湿地公园完成策湖湖泊保护范围内的保护区和控制区划界确权工作;严格规范涉湖水域、岸线的绿地湿地、自然保护区、水产种质资源保护区等项目建设申报审批行为;确定湖泊防洪、蓄泄及渔业生态养殖保护水位红线,划设湖泊水域保护区蓝线。

依据浠水县人民政府(2017年1月13日)关于加强对策湖国家湿地公园全面保护的通告,开展湿地与生物多样性保护,发展生态渔业,合理布局,增强湖泊自然修复能力,确保湖泊达到三类以上水质按功能区达标。

2. 开展非法侵占湖泊水域及岸线专项整治

开展非法侵占湖泊水域、岸线专项整治行动,禁止填湖造地、破坏湖泊形态等建设行为,整治取缔围网围栏和网箱养殖;严格落实湖泊管理保护执法监管责任主体,加大湖泊保护监管力度,建立部门联合执法长效机制,严厉打击涉湖违法违规行为。

在公园岸线景观建设方面,严格按照规划要求,在满足防汛的基础上,综合运用多种生态手段,按照水岸保护的原则,科学选用生态型材料,建设自然改造型堤岸,其中,生态石笼堤岸800 m,自然整型堤岸300 m,利用三峡移民后续工程加强岸线生态保护及绿化、美化,有效修复了策湖湿地的自然面貌和生态系统。

3. 积极推进退垸还湖工作

根据黄冈市委市政府办公室联合下发的《关于进一步做好湖泊生态治理和退垸还湖工作的通知》(黄办文〔2016〕51号),对围垦湖泊形成的鱼池鱼塘内垸等,科学制订退垸(池、塘)还湖方案和人员安置方案,扎实开展社会稳定风险评估,确保退垸还湖工作顺利进行(图5-26)。

图 5-26　策湖国家湿地公园退垸还湖

4. 加强湖泊河流整治力度

加强湖泊河流整治力度,整合小河流水利工程,对茅山港入江港道进行疏浚护砌3 000 m,并建立水文监测点(图5-27)。

5.6.2　社区共建,促进协调共赢

策湖国家湿地公园范围内涉及沿湖24个行政村及企业。为提高全民参与湿地公园建设管理的积极性、主动性,共享"红利",湿地公园管理处采取了多项措施正确处理湿地公园与社区的关系:

一是与周边 24 个村及企业签订了共建共管协议,在保障规范湿地公园建设管理活动的同时,积极为村争取各种扶持政策项目,规范引导周边村民实行生态种植、养殖,推进湿地公园与周边村的协调发展。

二是浠水县政府已批准、浠水县城乡规划局已审核的《策湖生态旅游区概念规划》,将环湖 24 个村一并纳入策湖旅游风景区统筹谋划,共同发展。

三是为周边退池还湖农户和畜禽、水产养殖户、拆迁户争取补偿扶持资金,建立长效生态效益补偿机制。

图 5-27 策湖国家湿地公园河流整治

四是发展特色旅游业,实现生态垂钓与渔家乐相结合,带动策湖当地农民就业。

五是建立定期走访制度,深入湿地公园周边村落,走访群众,听取他们对湿地公园建设管理的真实想法和利益诉求,以便在湿地公园建设管理过程中更好地兼顾他们的利益,以实际成效赢得他们的支持。

目前,随着湿地公园生态文化旅游的兴起,当地人民群众参与湿地公园建设的热情空前高涨,湿地公园辖区内资源保护深入开展,修复利用有序推进,社区关系和谐融洽。

5.6.3 生态产业,实现绿色发展

在策湖国家湿地公园建设过程中,以"全面保护、科学修复、合理利用、持续发展"原则,充分发挥湿地生态资源,发掘人文资源,展现景观资源,发展生态旅游、生态养殖和品牌特产效应。

一是正确处理保护与发展的关系,在"绿色、环保、持续"的前提下,充分发挥水生态资源,在策湖发展茅山螃蟹、黄颡鱼、乌鳢、鲌鱼、鲫鱼等生态养殖业,严禁投饵施肥,严禁投放违禁物品。

二是在合理利用区及浅水区充分利用挺水植物特点优势,种植莲子莲、观赏莲、芦苇、茭草等经济、景观植物,营造湿地景观与增加群众收入双效益(图 5-28)。

图 5-28 策湖国家湿地公园挺水植物景观

三是充分利用策湖的人文资源,发展生态旅游业,利用策湖龙舟赛与福主庙会、天然寺及湖区民俗节日,形成主题突出、特色鲜明、内容丰富的文化产业链。规划三国文化项目,打造风情园,重建点将台,重现三国文化景观。

四是合理利用周边池塘发展生态养殖垂钓业,停止投肥养殖,实行人放天养,提高鱼类品质和品牌效益。

5.6.4 完善设施,规范科学管理

策湖国家湿地公园自成立以来,在科学保护湿地资源、合理开发利用景观资源的同时,实施了一系列服务旅游产业的配套设施和基础设施建设。

按照总体规划要求,整个湿地公园道路框架已基本形成,罗湖南路和散福路进行修葺加固,沿路已进行美化。新改建入园路,连通策湖与江北农场的兴港大道按一级公路设计,已经与黄石市对接。

在湿地公园南面新建湿地公园大门,管理服务区设立游客接待中心、停车场、生态码头、游船及各种导游信息标识,游客中心设置了休息厅、接待处、商品展示、商店卫生间、管理和卫生区;改造美化了罗湖大堤,并完善了道路交通标示体系;新建 560 m 亲水平台和 200 m 游步道,并整修了管理服务区活动广场;新建了 2 座生态公厕。目前,公园游客接待中心、休闲、游览、接待等服务设施建设齐全,能够满足公园各项服务功能的要求。

湿地公园管理处规范科学管理,档案资料实行双线管理法,在按省一级标准进行整理的同时,结合湿地公园验收标准的要求准备副本,便于湿地管理工作的需要;积极探索"公园＋科研"的合作方式,与科研机构进行技术合作,实现宣教和科研模式创新。

5.7 明珠勤拂拭、净土保安湖——大冶保安湖国家湿地公园

湖北大冶保安湖国家湿地公园(图 5-29)总面积 4 343.57 hm²。保安湖是长江中下游具有代表性的淡水浅水草型湖泊,通过百里长港经樊口闸与长江相通。保安湖原与梁子湖、鸭子湖、三山湖连成一片,为宽阔的古长江所覆盖,后受第四纪后期地壳运动影响而形成封闭的湖体,湖形狭长,呈南北延伸,湖北部为丘陵岗地,湖南部为石灰岩、砂岩沿湖分布。保安湖及周边地区湿地生态系统类型多样,包含有湖泊湿地、河流港渠湿地、沼泽湿地、人工荷田稻田鱼池湿地等多种湿地类型。

5.7.1 生态管治,实施科学修复

为有效开展保安湖国家湿地公园建设与管理,大冶市政府投入资金 1 000 余万元,对原保安湖开发总公司进行改制,政府高位推进、开启生态管治,以减轻保安湖的生态压力和资源环境负荷。

1. 加强生态保护力度,实施湖泊生态养殖

为取缔高密度养殖,2010 年大冶市政府投入资金 1 400 余万元拆除保安湖主体湖 9 个养殖场 10 000 m 围网(图 5-30),确保水体通透、物质流通、洄游繁殖线路畅通;在保安湖合理

利用区水域完全实施渔业生态养殖,保安湖国家湿地公园收回了湖面承包经营权,全湖严禁投肥投饵,严禁违规捕捞作业。围网拆除几年来,保安湖国家湿地公园按照中科院水生生物研究所提供的单位面积鱼种投放量,适度减少鲢、鳙放养水平,重点放流增殖以鳜为主的包括翘嘴鲌和黄颡鱼在内的凶猛鱼类,创水产渔业品牌,减轻以高产量为目标的渔业对水环境的压力。

图 5-29　湖北大冶保安湖国家湿地公园

图 5-30　保安湖养殖场

2. 切实形成管护合力,注重源头环境治理

与黄石、大冶两市环保局、环湖两镇一场形成合力,开展了一系列源头治理工作。对还地桥镇、保安镇多家大型涉水污染企业,100 多家五小企业实施了强制关停措施。市政府已将乡镇生活污水处理厂建设统一交由大冶市水务集团统一承建,还地桥镇、保安镇生活污水处理厂分别已完成主体池建设和管网建设。

3. 加强湿地生态监测、实施科学保护修复

一是实施保安湖植被修复。通过水位调控、移栽、播种等方法恢复保安湖沉水植被群落。二是实施大冶保安湖国家湿地公园湿地保护与恢复项目,新建湿地隔离带 200 hm²,修复湖岸 5 km;恢复栖息地 300 hm²;清除有害生物区 200 hm²;建设示范生态岛大型 1 个,小型 1 个;恢复挺水植物区 100 hm²,沉水植物区 100 hm²;修复水禽栖息地 50 hm²。三是开展增殖放流活动。从 2013 年起连续 3 年向保安湖投放江花、鳜鱼、黄颡鱼等鱼苗,恢复和优化保安湖鱼类种群结构。

与中科院水生生物研究所长期合作,设立了保安湖科研监测站,在保安湖湖区设置 10 个监测点,对保安湖生物资源及水资源状况进行调查、监测和研究(图 5-31)。保安湖国家湿地公园还与湖北师范大学共建实习实训基地和生态观测中心,加强生态系统监测力度,为湿地公园科学研究提供基础资料。

与中科院水生所、淡水生态与生物技术国家重点实验室合作,在保安湖湿

图 5-31　保安湖湿地生物资源及水资源状况调查

地进行了淡水生态与生物技术等方面的针对性科研项目,为保安湖湿地保护和修复提供科学依据;其中"基于鱼类结构优化和水位调控的湖泊沉水植被恢复技术研究与示范"项目,扁

担塘湖区在项目实施过程中已经显现了明显的水质净化、生态环境改善效果。此项科研成果还将推广应用到保安湖全湖。

5.7.2 合理利用,社区协调发展

湿地生态环境保护是湿地公园周边社区发展的一个公共议题,营造良好的保护与发展关系,需要来自政策法规的护航,需要各级政府和有关部门的支持,更需要获得全社会共同的广泛关注。

1. 科学编制规划、发展生态旅游

作为大冶城市转型和生态立市的重要平台,市委市政府高度重视对保安湖生态环境的保护,对保安湖环湖区域的产业布局规划起点高、项目准入审批程序严;环保安湖区域产业以生态旅游健康产业、养老产业为主导;在保安湖周边的磨山半岛打造千亩花海、红叶谷、四季彩色景观、农业高科技科普中心等,通过农业产业结构调整,不仅打造了环湖景观,也减少了该区域的面源污染。

2. 开展共建共管、实现共同发展

利用保安湖国家湿地公园的平台,发挥宣教中心的设施和技术优势,对周边社区居民不定期进行湿地知识、生态渔业技术、生态种植技术和生态旅游等方面培训,逐渐提高湖区居民的湿地保护意识和提高其相关产业的业务技术能力。

精心打造"荷花节""采莲节"(图 5-32)等旅游品牌。寓湿地科普宣教展示和乡村旅游、农家乐于一体;展示湿地风采,宣传湿地文化和湿地保护知识;让周边村民从中得到了实惠。

为实现社区共同发展,保安湖国家湿地公园主要采取了三项措施:第一,对项目区内耕地进行流转,保障村民基本收益;第二,项目区内的岗位,优先提供村民就业;第三,在项目区边沿建风情小镇,村民可以发展旅游商业。从而确保有固定的收入,有就业的机会,举办赛龙舟等比赛(图 5-33),调动广大村民的参与度,得到当地村民的积极支持。正是得益于保安湖湿地优美的自然环境,紧邻保安湖湿地的东风农场东风村,夺得"全省宜居村"称号。湿地公园与该村订立了社区共建协议,全面推进生态村建设。

图 5-32 保安湖国家湿地公园"采莲节"

图 5-33 保安湖国家湿地公园举办赛龙舟比赛

5.8　立足三原打造三新、实现人地和谐共生
——蕲春赤龙湖国家湿地公园

　　湖北蕲春赤龙湖国家湿地公园(图 5-34)位于黄冈东部蕲春县长江之滨,包含天然湖泊、永久性河流、人工库塘等多种湿地类型,总面积 61.47 km²,湿地率 63.58%。赤龙湖的"三多"远近闻名。①半岛多,288 个半岛星罗棋布,姿态万千,环湖岸线蜿蜒曲折,一步一景;②物种多,分布有国家Ⅰ级重点保护鸟类白鹤、东方白鹳、白头鹤、黑鹤等,国家Ⅱ级重点保护动物 27 种,省级重点保护动物 71 种,淡水鱼类 60 多种,国家Ⅱ级保护野生植物 7 种,《本草纲目》记载的 1 892 种药草植物赤龙湖就有 260 多种;③名人多,医圣李时珍、文学家胡风都出生在赤龙湖边,吴承恩在这美丽的湖畔写就了千古名著《西游记》。2014 年成功入选湖北省"我心中十大最美湖泊"。

图 5-34　湖北蕲春赤龙湖国家湿地公园

　　蕲春赤龙湖国家湿地公园 2009 年 12 月经国家林业局批准试点;2011 年经湖北省编办批准设立赤龙湖国家湿地公园管理处,作为副县级事业单位正式挂牌;2015 年正式被批准为国家湿地公园。

　　赤龙湖国家湿地公园管理处坚持把湿地当作实现人生价值的舞台、干事创业的平台,发扬献身精神、求真精神和创新精神,依托赤龙湖的"三原"(原山、原水、原居民),重新打造"三新"(新的生境、新的生产方式、新的生活方式),使赤龙湖国家湿地公园从无到有,从当初的不毛之地发展到今日的游人如织、万鸟翱翔、绿树成荫、环境优美的鄂东湿地明珠(图 5-35)。从而实现人与自然和谐相处,探索出了国家湿地公园高质量发展的新模式。

图 5-35　赤龙湖国家湿地公园"三新"

5.8.1　湿地:城乡发展和生态建设的亮点

1. 提升一号工程

蕲春县委县政府都坚持自然资源保护和人文资源开发相结合的思路,提出药旅联动战略,建设生态文明,将赤龙湖国家湿地公园与李时珍文化旅游区相结合,并成立了李时珍文化旅游区建设指挥部,县委书记亲自任指挥长,让赤龙湖国家湿地公园建设上升为一号工程。

2. 建设一把手工程

为建设生态文明,县里专门成立了生态文明建设指挥部,实行河湖库长制,指挥长和河湖库长分别由县长和县直、乡镇的一把手担任,把生态文明建设作为一把手工程(图 5-36)。加大湖区保洁、禁投禁捕、拆违防污、岸线管护、生态修复等工作的力度,促进水生态环境持续改善。一是压实责任。赤龙湖责任区域划分为三段,即内湖、外湖和红旗主港河道,实行分段分级管理,各河湖(段)长履职尽责,既挂帅又出征,湿地公园全体干部职工合力共治。二是科学运转。制订《"河湖长制"实施方案》《河湖长工作职责》《赤龙湖水污染突发事件应急预案》《防止蓝藻爆发的应急预案》等,快速反应,协同应对,保障人民群众的生命财产安全,确保河湖长制体系科学有效运转。三是强化监督。制订《赤龙湖"河湖长"综合管理考核办法》,每季度检查考核一次,全年四次,考核成绩纳入年度考核。建立河湖保护举报奖励制度,鼓励周边群众积极举报,打击破坏河流、湖泊生态环境的违法行为。

赤龙湖国家湿地公园以此为契机,大力实施"雷霆行动",开展禁投禁捕、退垸还湖,加强生态修复,开展清网行动,取得了丰硕的成果。

图 5-36　赤龙湖国家湿地公园生态修复工程

5.8.2　完善管理架构,理顺公园体制机制

1. 健全管理机构,完善机构职能

赤龙湖国家湿地公园刚成立,蕲春县委县政府就积极向省编委争取,成为湖北省首个被批准的副处级政府直属事业单位,并核定了 20 名全额财政供给的事业编制。

目前,赤龙湖国家湿地公园设有"一办七部",即办公室、生态保护部、宣传科技部、规划管理部、资产管理部、工程建设部、财务管理部、招商部,并赋予相应的管理职能,从制度层面保证了管理处依法科学有序履职尽责。

2. 整合属地资源,创新管理模式

将湿地规划范围内的国有赤东湖渔场、县原种场、县果园场、县金牛洞陶器厂整合到赤龙湖国家湿地公园管理处,成为二级单位,实行属地管理,同时成立赤龙湖投资有限公司、李时珍文化旅游投资有限公司承担政府投资职能。2015 年,经过一年的努力、协商、谈判、清产核资,资产评估,联投蕲春公司完成了李时珍健康置业公司、李时珍健康产业公司的整合,重新组建了新的赤龙湖健康置业有限公司。

赤龙湖国家湿地公园在县委县政府的支持下,坚持以赤龙湖湿地为主体,以李时珍健康文化旅游为主题,以利用与保护为主线,创新管理模式,创新开发模式,创新保护模式,创新共赢模式,经过不懈努力,把赤龙湖打造成为融湿地文化、健康文化、农耕文化于一体,集湿地生态保护区、健康文化旅游区、药旅联动示范区于一身的华中地区最大的长江中下游最美的湿地、闻名全国的健康养生城。

5.8.3　注重能力建设,强化湿地科学管理

1. 争取财力支持

蕲春县较为贫困,但在赤龙湖国家湿地公园管理处的积极争取下,蕲春县委县政府高度重视,每年拨付 218 万的预算经费予以优先保障。同时,积极争取中央财政资金,加大项目投入。2012 年度争取到 200 万元中央湿地保护补助资金项目;2014 年湿地公园保护恢复工

程项目,国家投资 411 万元;2015 年中央财政湿地保护补助资金项目,中央补助资金 300 万元;2016 年中央财政湿地保护补助资金 500 万元。2019 年度 5 000 万元的三峡后续工作项目"湖北赤龙湖国家湿地公园生态恢复工程"已获国家批准。

2. 寻求科技支撑

一是与世界自然基金会(WWF)及华中师范大学合作,开展鸟类同步调查和覆盖全域的鸟类同步观测点设置,建立永久性的鸟类同步监测保护网络(图 5-37)。

图 5-37 赤龙湖国家湿地公园的鸟类监测

二是与江汉大学合作,完成赤龙湖的湿地植物物资源调查工作,并编撰出版《赤龙湖国家湿地公园湿地植物彩色图谱》。

三是聘请重庆大学湿地生态学专家指导生态调研工作(图 5-38),建设生态环境监测系统,基本掌握湖区本底情况,并对湖区周边环境实现全方位监控。

四是建立水质监测实验室,利用华中农业大学水产学院研究生在赤东湖渔场实习实训的契机,安排专人学习水质监测。做到实时监测、月月监测,发现问题及时解决。

图 5-38 聘请专家开展湿地修复与可持续利用讲座　　图 5-39 赤龙湖国家湿地公园开展宣教活动

3. 开展宣教活动

开展特殊节日宣传。在每年的 2 月 2 日世界湿地日、3 月 3 日世界野生动植物日当天,赤龙湖国家湿地公园管理处都会组织全体工作人员和县林业局干部职工一起在胜天围湖开展湿地宣传活动,悬挂宣传标语、张贴宣传海报、开辟科普专栏(图 5-39)。拍摄微电影《蜜方》,多视角、多景别、多镜头地展现赤龙湖(图 5-40)。开展湿地培训活动。聘请国内知名湿地专家教授进行湿地科普培训。2018 年 9 月 12 日,由重庆大学教授袁兴中主讲,市委常委、县委书记赵少莲主持的湿地保护培训班在赤龙湖国家湿地公园开班,赤龙湖沿湖周边乡镇主要负责人、分管领导、沿湖各村支部书记、相关职能部门主要负责人参加了培训班，开启了赤龙湖湿地论坛新篇章。

积极开展研学活动。赤龙湖国家湿地公园联手县教育局，把湿地公园作为研学基地，开展丰富多彩的室外体验活动，寓教于乐。每周一到周五，全县中小学生有 800 余人定期来赤龙湖湿地参加研学活动(图 5-41)。

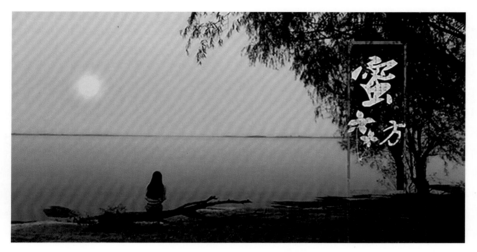

图 5-40　拍摄微电影《蜜方》

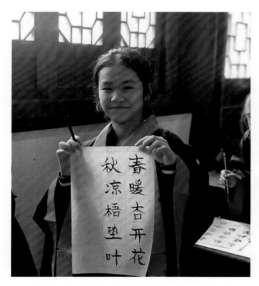

图 5-41　开展研学活动

将白天鹅请回家

——蕲春胜天围湖渔场的生态回归

生态优先　绿色发展

人进鸟退的悲剧

保护和养殖的斗争

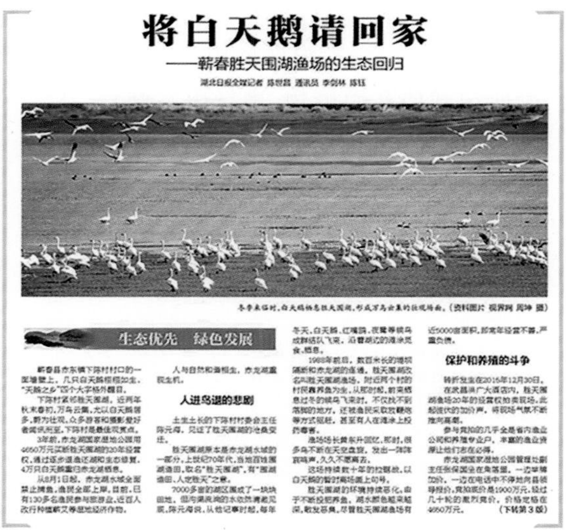

图 5-42　湖北日报宣传赤龙湖国家湿地公园

加强媒体宣传。充分利用各大媒体、相关团体广泛进行湿地宣传。鄂东晚报《赤龙湖：愿将"候鸟"变"留鸟"》，湖北日报《将白天鹅请回家——蕲春胜天围湖渔场的生态回归》(图 5-42)，黄冈日报《赤龙湖国家湿地公园生态修复与观察》三篇系列报道，以及湿地中国网、微信公众号上发表多篇报道赤龙湖国家湿地公园的文章，均赢得了社会广泛关注和好评；2018 年 11 月中旬，赤龙湖国家湿地公园与湖北摄影家协会、湖北传媒摄影技师学院等单位合作，在赤龙湖开展摄影培训和摄影比赛，取得了很好的社会效果。被湖北省林业局授予"湖北省湿地宣传教育示范基地"。

5.8.4 保护利用并重,实现持续协调发展

根据社会经济形势发展要求,结合本地实际情况,科学谋划,适时进行规划修编,做好顶层设计。赤龙湖国家湿地公园合理划分功能区,及时做好规划修编工作,确定好湿地保育区和合理利用区。

加强对胜天围生态保育区的保护。2015 年单日水鸟同步调查到的数量有 1 083 只,2016 年单日记录到 3 318 只,2017 年单日水鸟同步调查到的数量有 5 218 只。在赤龙湖国家湿地公园强力保护下,在胜天围湿地保育区周边村民的共同参与下,胜天围的"天鹅村"成为一个独具特色的"最美乡村",成为真正的冬候鸟"天堂"(图 5-43)。此外,赤龙湖国家湿地公园重视野生动物的救助援助方面的工作,荣获湖北省野生动物救护研究开发中心颁发的野生动物救助荣誉证书(图 5-44)。

图 5-43 胜天围生态保育区的白天鹅

在合理利用区的潘塆村,策划启动了投资 2 亿元的湿地本草体验园项目(图 5-45)。该项目占地 200 hm²,在保留原山、原水、原村落的前提下,结合当地特色,围绕李时珍《本草纲目》中所记载的药用植物,进行生态修复、新农村建设,打造集旅游观光、湿地体验、科普宣教于一园的山水林田湖生态共同体。

图 5-44 荣获"野生动物救助荣誉证书"   图 5-45 湿地本草体验园项目策划现场

坚持以管理机构为主,寻求社会力量参与。赤龙湖国家湿地公园管理处在蕲春县政府的支持下,寻找到了管理伙伴、社区伙伴和投资伙伴——湖北省联合发展投资集团。管理处与该公司采用政府和社会资本合作(Public Private Partnership,PPP)合作模式,进行赤龙湖基础设施建设。包括迎宾路、还湖路、本草纲目馆、李时珍纪念馆、科普馆,总投资 16 亿元的 PPP 项目已经财政部批准实施。

蕲春县赤龙湖国家湿地公园经过 8 年的艰辛探索和努力实践,走出了一条具有湿地特

色的发展之路,将赤龙湖打造成了自然保育的净土、城乡建设的亮点、精神体验的乐园、永续发展的平台。未来的赤龙湖,将着力打造长江中游通江湖泊水生态保护及修复示范区、华中地区湖泊型湿地科研宣传教育示范基地和全国首创以健康养生为主题的示范的国家湿地公园。

5.9　云梦泽缩影、候鸟的天堂——潜江返湾湖国家湿地公园

潜江,原为古云梦泽一角,历经江、河水体复合冲击而逐渐形成平原水网地区,位于湖北中南部,江汉平原腹地,北依汉水,南临长江,素有"鱼米之乡""水乡园林"之美誉。湖北潜江返湾湖国家湿地公园(图 5-46)犹如一颗璀璨的明珠,镶嵌在潜江大地,护佑着这块肥沃而富饶的土地,浸润着一座座村落,一块块田园。

图 5-46　湖北潜江返湾湖国家湿地公园

湿地公园动植物资源丰富多样,特别是野生鸟类资源十分丰富。据调查统计,湿地公园现有维管束植物 350 种;鸟类 114 种,其中国家Ⅰ、Ⅱ级重点保护物种有 7 种,列入"世界濒危动物红皮书"物种 1 种——青头潜鸭。公园还是全球最大候鸟迁飞路线——东亚澳大利西亚候鸟迁飞路线上候鸟重要的越冬地、繁殖地和停歇地。常年越冬水鸟种群数量稳定在20 000 只以上,国际濒危物种青头潜鸭种群数量近百只,占全球的 15%。返湾湖国家湿地公园对中国乃至全球的候鸟保护意义重大。

5.9.1　强化保护力度,促进人地和谐

湖北返湾湖国家湿地公园在建设过程中,遵循"维护湿地自然生态,促进人与自然和谐共生"的基本原则,高度重视保持返湾湖湿地自然生态原貌,强化返湾湖自然岸线及水体保护,大力推进"人退湖进"战略,强力肃清返湾湖保育区内人为干扰活动,使返湾湖水岸及景观基本保持自然状态。

1. 依法依规管理,强化保护力度

一是政府部门高度重视,潜江市人民政府颁布了关于加强湖北返湾湖湿地公园保护的通告,经市人大批准印发了《湖北返湾湖国家湿地公园管理办法》,使返湾湖湿地公园的保护有法可依。

二是大力开展返湾湖周边环境整治,周围面源污染全面整改,关停湖区养殖场,实行垃圾分类分拣处理,打击各种乱排乱放行为,从源头杜绝和减少湖区污染。

三是严厉打击各种破坏湿地野生动植物资源的违法行为,积极与市林业局、市森林公安局、野生动植物保护管理站等职能部门协作,在湖区开展打击乱捕乱猎、滥挖滥采等破坏湿地资源的专项行动,使各种违法行为受到严厉打击。

四是实施河湖水系连通工程,对返湾湖周边沟渠进行整治,通过疏浚沟渠、修建拦污闸、河湖水系连通等措施,使返湾湖及周边水系形成一个流动的完整的水系,达到自洁自净的目的(图5-47)。

五是落实河湖长负责制,推进管护巡护制度,坚持每天开展日常巡护,随时监控和处理湖区异常行为,湿地生态和动植物资源得到有效保护。

2. 强力开展退塘还湖工程

结合国家农村危房改造的政策机遇,按国家湿地保护"十二五"和"十三五"的要求,大力推进退田还湿、退渔还湿工程。在保育区南部的恢复重建区拆迁32家房屋,收回66.7 hm² 鱼塘,疏浚沟渠及开挖围埝近3 000 m,有效地限制和减少了湖区人为活动,加强了对生态保育区的隔绝和保护,减少了对生态保育区生态系统的影响(图5-48)。

图5-47　河湖水系连通工程效果　　　　　图5-48　返湾湖国家湿地公园退塘还湖工程

3. 推广生态养殖方式

强力推进湖泊围网拆除工作,彻底改变湖泊养殖利用方式,积极推广"人放天养"生态养殖模式,累计投入人力500余次,拆除围杆10 000余根,围网5 000余米,地笼3 500副计40 000 m;严禁在湖区投肥养殖水产品,严格控制在湖区及周边农田鱼塘使用农药化肥等化工类生产资料,提倡和鼓励使用有机肥和有机农药,开展绿色环保水产养殖。

按科学规划合理投放各类鱼种,严格控制草食性鱼类的投放,加大滤食性鱼类的放养数量和比例,通过生态养殖促进水体净化;调整渔业生产结构,积极推广开展休闲渔业,设立垂钓娱乐区和观赏鱼区,提高休闲渔业的比重。

4. 建立植被恢复带减少面源污染

通过建立植被恢复带减少面源污染的影响。在返湾湖生态保育区沿线开展植树造林工程,采取"乔灌草"相结合的方式营造生态系统,扩大本土树种及植被优势,人工营造植被隔离带,减少环境污染和外来物种入侵(图 5-49)。

图 5-49　返湾湖生态保育区沿线植树造林工程

5. 源头控制生活和生产污水

湖北返湾湖国家湿地公园严格按照国家湿地公园建设要求,开展给排水基础设施建设,管理服务区和访客中心有限的生活、卫生用水及雨水均采用管道收集至过滤系统净化,达到水质排放标准后才排放,严禁禁止各种污水直排入湖,做到水资源循环利用。

6. 应用水体修复技术,加强水质净化

应用生态演替式水体修复技术,特别是通过建立人工湿地系统(湖岸及浅水区域清淤和调水),将生态系统结构与功能应用于水质净化,充分利用自然净化与水生植物系统中各类水生生物间功能上相辅相成的协同作用来净化水质,在水体中适当布置既有观赏价值又有净化功能的浮水植物和挺水植物,使水体不仅具有自然风貌的景观,而且增强水体的生物净化功能(图 5-50)。

图 5-50　返湾湖国家湿地公园人工湿地系统

5.9.2　注重科研监测,科学高效管理

科研监测是湿地公园的日常工作,湖北返湾湖国家湿地公园在潜江市委市政府高度重视下,始终坚持将科研监测纳入湿地公园日常工作中,从各部门选配选调高素质专业技术人员,组建业务能力强的专业科研监测队伍;积极与世界自然基金会、湖北省野生动植物保护总站、华中农业大学、湖北大学等科研机构开展协作;优先保证科研监测所需经费,购置、配备必要的科研监测设备;制订并落实巡护、监测制度,因地制宜开展各种科研监测活动并取得了丰硕的科研成果。

1. 监测活动常规化

湖北返湾湖国家湿地公园采取多种方式落实科研监测工作,每年组织开展包括鸟类(图5-51)、鱼类、植被、水质等多项监测工作,将科研监测活动融入日常工作。与潜江市环保局、水务局等部门协作,建立了湿地水环境监测长效工作机制,定期现场取样,对水质多项指标进行数据分析,实行水质监测常态化;坚持落实东北线、西南线两条巡护线路的日常巡护,并结合疫源疫病监测和日常逢八巡护监测,形成了常规化的生物多样性监测体系。

2. 监测手段科学化

湖北返湾湖国家湿地公园在开展科研监测工作中,注重运用高科技技术开展监测,不断将地理信息系统、视频监控系统和数据库等运用到监测工作中,监测方式方法更加科学精确。先后投入专项资金 200 万元安装了远程有线监控系统(图 5-52),积极争取环保、气象、水文等职能部门的支持和协助,进一步完善了包括水文和水环境监测设施、气象监测设施、鱼类监测设施、植物监测设施、鸟类监测等各种设施,充分发挥了先进设备的技术优势,节省大量的人力物力,保证了科研监测数据的准确性,收到了事半功倍的效果。

图 5-51　返湾湖国家湿地公园鸟类监测

图 5-52　返湾湖国家湿地公园远程有线监控系统

3. 监测档案系统化

湖北返湾湖国家湿地公园在开展科研监测过程中,高度重视将监测资料系统化、档案化,不断积累历年监测成果,及时将各类监测资料整理归档,建立监测数据库,完善监测档案资料和数据,并运用大数据分析和对比为科研监测提供准确的资料和信息,利用监测结果指导湿地公园保护管理工作。

综上所述,湖北返湾湖国家湿地公园管理处通过充分运用高科技手段,高标准高质量开展科研监测工作,逐步建立了较为健全的科研监测流程和覆盖湿地公园全区的监测网络,建立了全区无障碍无线对讲调度系统,有条不紊地开展较为系统的生物多样性监测监控工作,

为保障生态系统的持续性提供了有利条件。在上述措施的推动下,公园的生物多样性监测取得了扎实成果,鸟类分布记录从2011年的40种增加到2016年的114种,为湿地保护与恢复工作的开展和成绩的取得提供了基础依据。通过监测,发现被世界自然保护联盟(IUCN)列为国际极危物种的青头潜鸭(图5-53),在返湾湖有占全球种群数量10%以上较大种群在此稳定越冬,表明返湾湖湿地公园的湿地保护工作取得显著的成效。

图 5-53　返湾湖国家湿地公园的青头潜鸭

5.10　堵河水源地、鸳鸯在龙湖——竹溪龙湖国家湿地公园

湖北竹溪龙湖国家湿地公园(图5-54)位于汉江最大支流堵河的源头、国家南水北调中线工程重要水源地,公园集农田灌溉、水力发电、生态旅游于一体,游客服务中心、休闲公园、环湖自行车道等配套和休闲设施完善,是湖北最西部的一个国家湿地公园。湖北龙湖湿地公园还是竹溪县城10万居民的饮用水源,万亩良田的灌溉水源地。

图 5-54　湖北竹溪龙湖国家湿地公园

5.10.1 保护修复湿地,保障龙湖水源

为维护龙湖湿地生态系统生物多样性、功能完整性和发展可持续性,龙湖国家湿地公园管理局携手相关部门采取有效措施,不断加大保护力度。

1. 保障龙湖水源和改善库区环境

龙湖为多年调节型水库,承担着城区 10 万人供水任务。为了确保城区供水和湿地水体的稳定性,竹溪县政府决定实施引水工程,连通南北水系,调度鄂坪水库水系汇入龙湖湿水库。

在建设过程中,以水源保障和水质改善为核心,实施了一系列源头治理工程:

一是完善农村环境保护体系建设,开展控害减药工程,加大生物农药、生物制剂、推广静电喷雾等新型农药的使用推广。

二是协同龙坝镇建设红庙子、瓦楼沟等村 21 个人工湿地以及 1.9×10^4 m 的污水管网改造工程,改善进库水质。

三是垃圾处理一体化工程,建立长效机制,购置清漂船,安排专人打捞湖中漂浮物,并对湿地公园及其周边的生活垃圾实行定点收集、及时清运、集中处理,建设垃圾收运系统(图5-55)。

图 5-55 龙湖国家湿地公园垃圾处理一体化工程

四是退塘还湿工程,对瓦楼沟村二组、瓦楼沟村三组沿湖沟汊内鱼塘退塘还湿,鱼塘拆除后,栽植芦苇、香蒲、马蹄莲等水生植物。

通过几年的努力,龙湖的水质有了较大改善,根据竹溪县环保监测结果,龙湖湿地公园内的水质近几年平均达到了《地表水环境质量标准》(GB 3838—2002)中的Ⅱ类水标准。

2. 构建龙湖生态水岸和自然景观

在水岸及景观建设方面,严格按照规划要求,在满足防汛的基础上,综合运用多种生态手段,科学选用生态环保型材料,合理布局亲水活动空间,建设观景长廊,尽量维护和保留了湿地水岸原有湿地物种、生物群落,以常水位线为中线,在浅水区优先、增量选择菖蒲、芦苇等原生情况相对较好的挺水植物,最大限度还原了龙湖湿地的自然状态,恢复和扩大了鸟类栖息地(图5-56)。

图 5-56　龙湖生态水岸和自然景观

　　龙湖近几年采取了严格的保护措施,加强了生态保护和恢复,湿地生态环境得到很大提升,吸引了许多珍稀动物来安家落户。在 2017 年 11 月上旬,上百只候鸟鸳鸯现身龙湖湿地公园,它们时而成双成对跃入河水中,引颈击水,追逐嬉戏,时而又爬上岸来,抖落身上的水珠,用橘红色的嘴精心地梳理着华丽的羽毛。据了解,野生动物保护站工作人员在龙湖国家湿地公园龙湖中部偏尾处,发现多群鸟类。经武汉鸟类专家鉴定为国家 Ⅱ 级保护动物鸳鸯。经监测共有 3 个群落百余只鸳鸯。

　　3. 实施库区退耕还林和生态恢复

　　在县委县政府领导下,龙湖国家湿地公园所在的龙坝镇采取大户土地流转、全域停耕等措施,在水库流域及周边累计实施退耕还林 226.3 hm²,其中水源地一级保护区退耕旱地14.2 hm²,二级保护区退耕 212.1 hm²。主要栽植油茶、桂花、竹柳、树莓、猕猴桃、红叶石兰等树种。涉及龙湖国家湿地公园范围内的退耕还林面积 13.3 hm²,分布在瓦楼沟村 2.33 hm²、坝基以西双河口村 9.13 hm²、塞坝村 1.87 hm²,已全部实施完毕。主要栽植桂花、竹子、柳杉、红叶石兰等树种(图 5-57)。

图 5-57　龙湖国家湿地公园内退耕还林

5.10.2　挖掘湿地内涵,发展生态旅游

1. 丰富湿地文化,挖掘人文内涵

着力将龙湖湿地公园打造成主题突出、特色鲜明、内容丰富、观赏性和艺术性强的鄂西北人文湿地公园典范,进一步丰富湿地生态文化的内涵。

在人文遗产价值的保护方面,龙湖国家湿地公园所在的竹溪地处我国南北交汇区的汉水流域,是自然地理南北过渡地带,竹溪县不仅有古老的庸文化,还有地缘带来的庸巴文化。在历史演变发展过程中,庸文化发展、传承、演变为今天古老文明和现代文明交相辉映、特色鲜明的竹溪文化。龙湖湿地作为一处不可多得的美景湿地,自然野趣的原生态湿地与周边错落感有致的自然村落,构成纯真质朴的田园风光。挖掘龙湖周边深厚的文化资源加以利用。按照"一汪清水送北京"的理念提出贡水文化,结合原有的贡木、贡米、贡茶打造新的"四贡"。

2. 社区共建共管,推进协调发展

龙湖湿地公园范围涉及 2 个镇 6 个行政村和竹溪水厂。为提高全民参与湿地公园建设管理的积极性、主动性,共享湿地公园在建设与发展过程中的"红利",采取了多项措施正确处理与社区的关系:

一是与周边 8 个村签订了共建共管框架协议,在保障规范湿地公园建设管理活动的同时,积极为村争取各种扶持项目,引导周边村民实行生态搬迁,推进湿地公园与周边村的协调发展。

二是整体规划,结合美丽乡村建设,将环湖 6 个村一并纳入龙湖湿地风景区总体规划,高标准修建新农村及社区公园,提高居民生活质量,丰富社区居民业余生活。

三是开展治理工程,提高库区水质,保证水源地周边的生态环境,确保全县人民饮水安全。

四是形成定期走访制度,深入湿地公园周边村镇,走访职工群众,听取他们对湿地公园建设管理的真实想法和利益诉求,以便在湿地公园建设管理过程中更好地兼顾他们的利益,以实际成效赢得他们的支持。

随着湿地公园的建设管理日臻完善,人民群众参与热情也日益高涨,湿地公园与周边村已基本形成优势互补、资源共管、事情共商、活动共办、利益共享的和谐融洽关系。图 5-58 为 2016 年 5月举办的"龙湖源"杯首届山地自行车邀请赛。

图 5-58　鄂渝陕"龙湖源"杯首届山地自行车邀请赛

第六章

湖北国家湿地公园宣教系统建设

湿地科普宣教工作的开展是湿地保护的总体思想体现。自 2004 年我国实施第一批国家湿地公园试点申报开始,到 2017 年国家湿地公园试点制改为晋升制,全国各地 898 处(2017 年数据)国家湿地公园得到了抢救性的最大保护,也让我国的湿地保护事业赢得了国际环境保护组织的认可。湿地——这一生态系统保护理念正快速向社会、向大众渗透、蔓延,湿地科普宣教工作的推动功不可没。

6.1 湿地公园科普宣教的内涵

近几年,随着我国试点国家湿地公园验收挂牌工作的督导推进,大多数国家湿地公园也由过去的摸索前行,迈入一个以科普宣教为湿地保护先导的可持续发展期。这一发展历程中,各地公园通过一些湿地科普馆、户外解说牌、环境教育工作的开展,我们欣喜地看到了:社会公众的湿地保护意识在不断提升,涌现了一批致力于我国湿地环境科普教育工作的专业团体、国际 NGO 等社会公益组织,给湿地的当前管理运营、可持续发展营造良好氛围,带来了积极影响;也看到了一些公园在科普宣教建设中思路不清晰、设施建设不合理、解说内容过于复杂、缺乏专业团队指导等,而导致湿地保护的宣导进入误区的现象。如何培养机构专业宣教管理人员、如何与专业宣教团队进行有效合作、如何提升公众更大兴趣的湿地认知兴趣、如何激发公众自觉自发的保护行为,是我国当前各湿地公园建设与发展中科普宣教系统建设亟待解决的问题。

湿地公园科普宣教是在湿地生态保护与恢复的可持续建设、管理、科学发展过程中,通过对全社会开展湿地科普文化的"宣传"和"教育",使人们对湿地生态保护发生从认知到意识、到行为上的自觉转变。

根据湿地国际(WI)对于湿地宣教概念的阐释,湿地宣教工作包含宣传、教育、参与、意识四个层面递进式的内涵,根据其英文缩写简称为 CEPA,具体包括:

(1)宣传(communication),即传播、介绍和推广湿地保护、恢复、管理、科研等方面的相关知识、面临的问题或所取得的成效。

(2)教育(education),即以湿地保护、管理的研究为基础,通过专业设计的环境教育活动,系统传授相关知识、技术和方法。

(3)参与(participation),即通过设计和创造体验、实践和执行机会,启发深入思考,并激发进一步关注和参与湿地保护的意愿、行动。

(4)意识(awareness),即通过上述宣教工作,使参与者深入理解湿地保护的重要性,产生传播理念或参与保护等行动意愿,进而推动全社会对湿地保护意识的提高,以及广泛的行动参与。

意识的提高、价值观的改变、保护行为的宣导是湿地科普宣教工作开展的根本目标。科普宣教是保证湿地公园健康发展的重要功能。国际上先进的湿地公园建设都很注重科普宣教功能作用的发挥，以契合社会大众对自然的心理诉求，采取不同的新奇而有趣的宣教方式，引导社会大众走入湿地、体验湿地、感知湿地、保护湿地、宣传湿地。

6.2　湿地公园科普宣教的意义与协同发展关系

湿地生态系统的保护是当前生态文明建设的重要内容，事关国家与全球生态安全，事关经济社会可持续发展，事关中华民族子孙后代的生存福祉。

湿地公园的建设管理是湿地保护层级管理中的重要组成部分，湿地公园的核心工作就是保护恢复、合理利用，湿地公园的保护恢复、合理利用的协同发展是提升湿地公园生态系统功能、促进湿地可持续发展的关键，也是湿地公园科普宣教工作开展的基础。

6.2.1　湿地公园科普宣教与保护恢复的关系

我国的湿地公园管理要求必须遵循"全面保护、科学修复、合理利用、持续发展"十六字方针，这也是湿地公园科普宣教工作的指导思想。实现全面保护，意味着在空间、时间上的各要素要形成统一有利于湿地保护的意识与物质形态。如何保障这一形态在开放式的自然空间里得以形成，这就需要让此区域内活动的人，在意识与行为层面自愿建立起与湿地和谐共生的未来关系，全面保护才能得以落地。

湿地的科学修复，分自然恢复与人工恢复。自然恢复与人工恢复方案的选择，通常是根据对脆弱性湿地充分科学的调查、分析以及研判来决定的。自然恢复更大程度上依附于全面保护的氛围；而人工科学恢复，在同样的措施下时常呈现不同的效果，通常主要是因其过程受到湿地周围的活动人群影响而造成差异。让科学修复湿地获得良好的成效，还是要处理好人与自然修复的关系。

湿地公园的科普宣教遵循有人的地方就有宣教，人是湿地保护恢复的行为主体。综上所述，科普宣教是人们建立对湿地保护恢复良好秩序的前提，也是形成正确意识形态、友善行为习惯的基础。

6.2.2　湿地公园科普宣教与合理利用的关系

在我国湿地公园近些年建设发展探索进程中，我们发现湿地公园的合理利用是湿地公园能否得以保护的关键，更是湿地公园可持续发展的关键。湿地的合理利用，主要是处理好湿地与周边居民协同发展的关系，也就是良性湿地产业的构建。

不同的湿地，它的核心功能价值是不一样的，保护好湿地核心功能价值的稳定和提升是湿地生态系统健康的体征。良性湿地产业要在保障其湿地的核心功能价值不受影响，甚至能提升其功能的前提下构建，要因地、因势、因人制宜，搭建起湿地自身功能与服务人们功能协同生息的产业发展模式。如果湿地合理利用得不到良性发展，难以保证湿地的生存，如果过度开发湿地产业,必然会造成湿地水资源的污染和生态环境的破坏。

解决好湿地保护和开发利用之间的矛盾,不仅仅是专业人士要做好湿地产业设计,更重要的是当地老百姓能从本土湿地自然条件和湿地区域社会经济和政策的认知中,形成配合、支持湿地产业科学、规范、合理的调整上来,这就需要科普宣教走进社区、走进民众,将科学的合理利用渗透在生产生活的宣导中、深入浅出的启发教育中,共建共享生态红利的分享中。

我国 2010 年颁布的《国家湿地公园管理办法(试行)》要求湿地公园按五大功能区规划来进行建设管理,五大功能区之一的科普宣教区,其功能在实际的建设中,仅仅只限于这一规划区域内开展,有一定的局限性,而且科普宣教功能其服务于人的特性,更趋向在合理利用这一综合性功能区发挥价值与作用。2018 年 1 月 1 日新颁布实施的《国家湿地公园管理办法》将湿地公园的五大功能区划改为了三大功能区划(核心保育区、恢复重建区、合理利用区),科普宣教功能作用被正式纳入合理利用的区划,其灵活性、合理性、融合性与功能效应都有了更大的释放空间,有效地推动了湿地公园合理利用的科学发展,为湿地的可持续发展营造了有利环境。

6.3　湿地公园科普宣教体系建设

6.3.1　湿地公园体系构建的必要性

湿地公园的科普宣教建设是湿地行业发展的引擎,特别在近些年的公园试点建设阶段,大力推动了我国湿地保护事业的科学发展。湿地公园的科普宣教根据总规的建设目标和要求,在湿地公园核心受众群体中开展科普宣教工作,是各地湿地公园科普宣教建设的常规思路。特别是千篇一律的科普馆、标识牌建设,让有些湿地公园的科普宣教走向了同质化误区,科普宣教耗资过大、宣教效果平平等现象频现。

湿地公园的科普宣教是一个极具特性、多元立体复合的概念体系,它必须建立在尊重自然、尊重人性、可持续发展的基础上来构建,而且其系统性的科学构建对湿地公园三大功能区良性发展将起到强有力的支撑,全方位、多形式的科普宣教开展可为湿地公园造血功能、可持续发展提供源源不断原动力。

6.3.2　湿地公园科普宣教的布局

湿地科普宣教体系涉及区域地理气候环境、生态系统、水利水文、森林资源、湿地资源、生物资源、文化资源、环境教育资源、设施资源、专业资源、人力资源及周边资源等湿地公园建设的全要素概念,其宣教体系建设布局的关键就是必须对这些湿地公园建设全要素进行实际踏勘、搜集整理、分析归结,依据为点、线、面结构进行构建。布局的具体方法如下:

(1)明确湿地生态核心优势;

(2)科普宣教工作内外部资源优势分析;

(3)对湿地公园核心受众需求习惯进行定性分析;

(4)宣教主题定位;

（5）游览路线设计；

（6）宣教设施建设布局；

（7）宣教据点的互动展示形式布局；

（8）宣教、传播策略制订；

（9）科普宣教内外团队的组建及培训；

（10）宣教解说形式、内容的深化创作。

通常国家级湿地公园的面积较大，整个宣教体系不会覆盖到全区域，宣教布局的核心区会集中在人员流动较大的区域，特别是游客的主要游览路线上，公园三大功能分区中会在合理利用区较为集中，核心保育区与恢复重建区也会根据其监测需要或对人有重要保护提示要求，设置应有的宣教。

由点、线、面构建的宣教体系具有组织上的完整性、建设上的自主性、专业上的科学性、教育上的灵活性、环境上的多样性、管理上的综合性等特点，因而对公园资源要素的深度调查分析和细化提炼、整合，才能形成了整个宣教系统的有效布局。

规划布局的实例如图 6-1～图 6-3 所示。

图 6-1　湖北武汉安山国家湿地公园布局图

图 6-2　湖北江夏藏龙岛国家湿地公园导览图

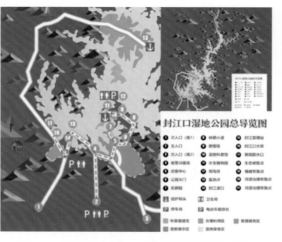

图 6-3　湖北随县封江口国家湿地公园导览图

主题定位/VI 核心元素设计的实例如图 6-4、图 6-5 所示。

图 6-4 湖北浠水策湖国家湿地公园宣教主题

图 6-5 湖北襄阳长寿岛国家湿地公园 VI 设计

设施宣教/标识牌的实例如图 6-6～图 6-8 所示。

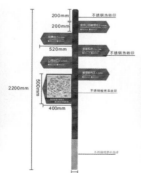

图 6-6 湖北江夏藏龙岛国家湿地公园远/近距离导向牌/导览解说牌

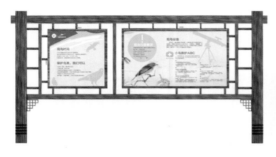 

图 6-7　湖北浠水策湖国家湿地公园远/近距离导向牌　　图 6-8　湖北江夏安山国家湿地公园解说牌

设施宣教（湿地科普馆）的实例如图 6-9～图 6-12 所示。

图 6-9　湖北随县封江口国家湿地公园科普馆（一）

图 6-10　湖北随县封江口国家湿地公园科普馆（二）

图 6-11　湖北随县封江口国家湿地公园科普馆（三）

图 6-12　湖北武汉安山国家湿地公园科普馆

设施宣教（湿地文化馆）的实例如图 6-13～图 6-15 所示。

图 6-13　湖北武汉安山国家湿地公园新窑馆（一）

图 6-14　湖北武汉安山国家湿地公园新窑馆（二）

图 6-15　湖北武汉安山国家湿地公园农耕馆

媒体宣教（印刷品）的实例如图 6-16 所示。

图 6-16 湿地公园画册、湿地环保手册

媒体宣教（影音作品）的实例如图 6-17 所示。

图 6-17 湿地公园影音宣传作品

媒体宣教（新媒体）的实例如图 6-18 所示。

（1）网站案例
（3）APP

湖北后官湖国家湿地公园官网

（2）微信、微博

后官湖国家湿地公园微信公众平台

湖北省陆水湖国家湿地公园APP

图 6-18 湿地公园新媒体宣传示例

人员宣教（环境解说及主题活动）的实例如图 6-19 所示。

图 6-19　湿地公园开展的环境解说及主题活动

6.3.3　湿地公园科普宣教的设施建设

湿地公园中的服务设施、展示设施、观测设施、体验设施等基础设施的设置,是园区宣教融合最好的依附设施。科普宣教的设施因其具有引导游客的作用,都会直接或间接地影响湿地内部的生态小环境,因而在公园基础设施上进行宣教据点选择中,更要根据不同的功能分区生态敏感性高低程度、环境特性及开放人群等综合考虑来设置。科普宣教设施和内容的设计,要遵循确保原有生态系统的完整性,以最低程度地减少对湿地自然生境的干扰为原则。

在生态保育区和恢复重建区,湿地生态系统较为完整,生物多样性丰富,生态敏感度相对较高。在这一区域的科普设施的设置,通常是为监测类专业研究设置的,设置形式有建设湿地木栈道、生物观测屋、监测站、管护站、缓冲观察区等设施,一方面满足湿地专业研究机构或专业人士对湿地动植物开展观察研究工作的需要,另一方面也可以为自然教育提供深度认知的实践课堂。

湿地公园中的珍稀物种或鸟类的栖息地、繁殖地,要设置防护设施,禁止人为干扰。特别在动物的繁殖期,可扩大繁殖地的范围,设立临时禁入区。在这些禁止区域周围的缓冲隔离带一定要设有提示类的警示标牌和说明标牌。

合理利用区是人的主要活动区域,湿地生态敏感度相对较低,此区域通常是开展科普教育的集中地,位于交通便利、旅游休闲功能明显的湿地公园,可在合理利用区对民众开放的局部区域内建设湿地科普馆,作为当地的核心科普教育场所。户外环境教育基础设施建设,可将科普体验与游乐设施、生产生活设施进行联合设计,可设置民俗文化体验、生态渔业体验、农业耕作体验、生态技术试验等项目,以尽量减少对湿地整体生境的干扰和破坏。

在公园内的园路、廊道、木栈道、桥等步道设施建设,不仅可引导游客游览,更重要的是户外宣教的联结节点,通过标识牌的导览解说,让游客在生境之美的游览中体验湿地生态的各种效应,如植物群落演替等。

6.3.4　湿地公园科普宣教团队建设

湿地公园的科普团队所开展的科普宣教工作,是以公园为窗口,面向游客及社会各阶层进行解说、宣讲活动。与设施宣教不同的是,人员宣教可根据受众的需求点灵活掌控解说的信息。在湿地公园的科普宣教工作开展中,令各试点公园最为困扰的是机构队伍缺乏专业人才,人员宣教的不足与科普宣教队伍的组建,自然成为制约当前大多数公园科普宣教工作展开的主要问题。

人是科普宣教中最具活力的资源要素,在科普宣教的建设与发展中具有基础性、战略性的核心作用。湿地科普宣教体系的规划与建设,涉及湿地专业知识、科普研究、科普管理、环境教育、科普策划、科普创作设计、科普产业经营、大众传播等多领域、多元化的专业融合,公园专职宣教人员的培养以及专业宣教团队的合作,对湿地公园科普宣教工作的开展至关重要。在外协科普合作上,除了需要高素质、多元化的人才团队的支撑外,专职的外聘人员、兼职的科普人才、志愿者也都可以组合在一起,构建湿地公园科普宣教团队。通过定向引进培养、渐进式培训、专业分工,持续强化专职人员专业能力,让公园内外部宣教人员有计划、有步骤地协同发展。

湿地科普宣教内容的多样性、科普受众的广泛性、科普形式的灵活性、科普系统的复杂性等特点,要求科普宣教要依据公园地域的实际情况组建团队,团队在明确宣教整体目标和定位后,必须制订周密的工作方案,落实成员分工,确定工作流程,千头万绪的科普宣教体系建设才能实现顺利推行。

6.4 湿地公园科普宣教与运营管理的结合

由于湿地公园资源的重要性,国家湿地公园的运营管理不同于其他公园的发展模式,在为人们提供服务的同时,还需具备良好湿地生境的维护和科研检测工作的开展,而这些条件要得以满足则更需要足够的资金支持。目前,政府投入资金极其有限,湿地公园建设之初就需要探索出适合公园自身特性的生态经营运作方式,确保公园运营阶段具有自身造血功能,满足公园的科研监测与维护良好生态的核心需要,从而达到为公众提供源源不断的优质生态产品,保证公园的可持续发展。

湿地生态具有多种综合服务功能,湿地公园的建设目标是以保护为先导,以为公众提供优质生态产品为首任,因而湿地公园科普宣教工作的开展会是湿地公园核心运营举措,运作好湿地公园生态资源优势,就是做好公园全方位的科普宣教,就是将公园优质生态向公众推介最好的行销,而这也会是每个湿地公园最具吸引力、竞争力的打造方式,是吸引社会资本、公众生态旅游的最有效措施。

如何为公众提供源源不断地优质生态产品和良性的服务,需要在构建湿地公园科普宣教系统时,挖掘出地域的生态和文化特色优势资源,为湿地公园内的生态运营提供丰富的运作题材和展示推介。

总之,湿地公园科普宣教要以未来可持续发展运营为目标来进行规划构建,并以此作为公园运营管理的主要行销方式,发挥科普宣教与生态推广双向功能作用,助推湿地公园运营管理进入良性循环。

附录1　湿地保护管理规定

2013 年 3 月 28 日国家林业局令第 32 号公布
2017 年 12 月 5 日国家林业局令第 48 号修改

第一条　为了加强湿地保护管理,履行《关于特别是作为水禽栖息地的国际重要湿地公约》(以下简称"国际湿地公约"),根据法律法规和有关规定,制定本规定。

第二条　本规定所称湿地,是指常年或者季节性积水地带、水域和低潮时水深不超过 6 m 的海域,包括沼泽湿地、湖泊湿地、河流湿地、滨海湿地等自然湿地,以及重点保护野生动物栖息地或者重点保护野生植物原生地等人工湿地。

第三条　国家对湿地实行全面保护、科学修复、合理利用、持续发展的方针。

第四条　国家林业局负责全国湿地保护工作的组织、协调、指导和监督,并组织、协调有关国际湿地公约的履约工作。

县级以上地方人民政府林业主管部门按照有关规定负责本行政区域内的湿地保护管理工作。

第五条　县级以上人民政府林业主管部门及有关湿地保护管理机构应当加强湿地保护宣传教育和培训,结合世界湿地日、世界野生动植物日、爱鸟周和保护野生动物宣传月等开展宣传教育活动,提高公众湿地保护意识。

县级以上人民政府林业主管部门应当组织开展湿地保护管理的科学研究,应用推广研究成果,提高湿地保护管理水平。

第六条　县级以上人民政府林业主管部门应当鼓励和支持公民、法人以及其他组织,以志愿服务、捐赠等形式参与湿地保护。

第七条　国家林业局会同国务院有关部门编制全国和区域性湿地保护规划,报国务院或者其授权的部门批准。

县级以上地方人民政府林业主管部门会同同级人民政府有关部门,按照有关规定编制本行政区域内的湿地保护规划,报同级人民政府或者其授权的部门批准。

第八条　湿地保护规划应当包括下列内容:

(一)湿地资源分布情况、类型及特点、水资源、野生生物资源状况;

(二)保护和合理利用的指导思想、原则、目标和任务;

(三)湿地生态保护重点建设项目与建设布局;

(四)投资估算和效益分析;

（五）保障措施。

第九条 经批准的湿地保护规划必须严格执行；未经原批准机关批准，不得调整或者修改。

第十条 国家林业局定期组织开展全国湿地资源调查、监测和评估，按照有关规定向社会公布相关情况。

湿地资源调查、监测、评估等技术规程，由国家林业局在征求有关部门和单位意见的基础上制定。

县级以上地方人民政府林业主管部门及有关湿地保护管理机构应当组织开展本行政区域内的湿地资源调查、监测和评估工作，按照有关规定向社会公布相关情况。

第十一条 县级以上人民政府林业主管部门可以采取湿地自然保护区、湿地公园、湿地保护小区等方式保护湿地，健全湿地保护管理机构和管理制度，完善湿地保护体系，加强湿地保护。

第十二条 湿地按照其生态区位、生态系统功能和生物多样性等重要程度，分为国家重要湿地、地方重要湿地和一般湿地。

第十三条 国家林业局会同国务院有关部门制定国家重要湿地认定标准和管理办法，明确相关管理规则和程序，发布国家重要湿地名录。

第十四条 省、自治区、直辖市人民政府林业主管部门应当在同级人民政府指导下，会同有关部门制定地方重要湿地和一般湿地认定标准和管理办法，发布地方重要湿地和一般湿地名录。

第十五条 符合国际湿地公约国际重要湿地标准的，可以申请指定为国际重要湿地。

申请指定国际重要湿地的，由国务院有关部门或者湿地所在地省、自治区、直辖市人民政府林业主管部门向国家林业局提出。国家林业局应当组织论证、审核，对符合国际重要湿地条件的，在征得湿地所在地省、自治区、直辖市人民政府和国务院有关部门同意后，报国际湿地公约秘书处核准列入《国际重要湿地名录》。

第十六条 国家林业局对国际重要湿地的保护管理工作进行指导和监督，定期对国际重要湿地的生态状况开展检查和评估，并向社会公布结果。

国际重要湿地所在地的县级以上地方人民政府林业主管部门应当会同同级人民政府有关部门对国际重要湿地保护管理状况进行检查，指导国际重要湿地保护管理机构维持国际重要湿地的生态特征。

第十七条 国际重要湿地保护管理机构应当建立湿地生态预警机制，制定实施管理计划，开展动态监测，建立数据档案。

第十八条 因气候变化、自然灾害等造成国际重要湿地生态特征退化的，省、自治区、直辖市人民政府林业主管部门应当会同同级人民政府有关部门进行调查，指导国际重要湿地保护管理机构制定实施补救方案，并向同级人民政府和国家林业局报告。

因工程建设等造成国际重要湿地生态特征退化甚至消失的，省、自治区、直辖市人民政府林业主管部门应当会同同级人民政府有关部门督促、指导项目建设单位限期恢复，并向同级人民政府和国家林业局报告；对逾期不予恢复或者确实无法恢复的，由国家林业局会商所在地省、自治区、直辖市人民政府和国务院有关部门后，按照有关规定处理。

第十九条 具备自然保护区建立条件的湿地，应当依法建立自然保护区。

自然保护区的建立和管理按照自然保护区管理的有关规定执行。

第二十条 以保护湿地生态系统、合理利用湿地资源、开展湿地宣传教育和科学研究为目的,并可供开展生态旅游等活动的湿地,可以设立湿地公园。

湿地公园分为国家湿地公园和地方湿地公园。

第二十一条 国家湿地公园实行晋升制。符合下列条件的,可以申请晋升为国家湿地公园:

(一)湿地生态系统在全国或者区域范围内具有典型性,或者湿地区域生态地位重要,或者湿地主体生态功能具有典型示范性,或者湿地生物多样性丰富,或者集中分布有珍贵、濒危的野生生物物种;

(二)具有重要或者特殊科学研究、宣传教育和文化价值;

(三)成为省级湿地公园 2 年以上(含 2 年);

(四)保护管理机构和制度健全;

(五)省级湿地公园总体规划实施良好;

(六)土地权属清晰,相关权利主体同意作为国家湿地公园;

(七)湿地保护、科研监测、科普宣传教育等工作取得显著成效。

第二十二条 申请晋升为国家湿地公园的,由省、自治区、直辖市人民政府林业主管部门向国家林业局提出申请。

国家林业局在收到申请后,组织论证审核,对符合条件的,晋升为国家湿地公园。

第二十三条 省级以上人民政府林业主管部门应当对国家湿地公园的建设和管理进行监督检查和评估。

因自然因素或者管理不善导致国家湿地公园条件丧失的,或者对存在问题拒不整改或者整改不符合要求的,国家林业局应当撤销国家湿地公园的命名,并向社会公布。

第二十四条 地方湿地公园的设立和管理,按照地方有关规定办理。

第二十五条 因保护湿地给湿地所有者或者经营者合法权益造成损失的,应当按照有关规定予以补偿。

第二十六条 县级以上人民政府林业主管部门及有关湿地保护管理机构应当组织开展退化湿地修复工作,恢复湿地功能或者扩大湿地面积。

第二十七条 县级以上人民政府林业主管部门及有关湿地保护管理机构应当开展湿地动态监测,并在湿地资源调查和监测的基础上,建立和更新湿地资源档案。

第二十八条 县级以上人民政府林业主管部门应当对开展生态旅游等利用湿地资源的活动进行指导和监督。

第二十九条 除法律法规有特别规定的以外,在湿地内禁止从事下列活动:

(一)开(围)垦、填埋或者排干湿地;

(二)永久性截断湿地水源;

(三)挖沙、采矿;

(四)倾倒有毒有害物质、废弃物、垃圾;

(五)破坏野生动物栖息地和迁徙通道、鱼类洄游通道,滥采滥捕野生动植物;

(六)引进外来物种;

(七)擅自放牧、捕捞、取土、取水、排污、放生;

（八）其他破坏湿地及其生态功能的活动。

第三十条　建设项目应当不占或者少占湿地，经批准确需征收、占用湿地并转为其他用途的，用地单位应当按照"先补后占、占补平衡"的原则，依法办理相关手续。

临时占用湿地的，期限不得超过 2 年；临时占用期限届满，占用单位应当对所占湿地限期进行生态修复。

第三十一条　县级以上地方人民政府林业主管部门应当会同同级人民政府有关部门，在同级人民政府的组织下建立湿地生态补水协调机制，保障湿地生态用水需求。

第三十二条　县级以上人民政府林业主管部门应当按照有关规定开展湿地防火工作，加强防火基础设施和队伍建设。

第三十三条　县级以上人民政府林业主管部门应当会同同级人民政府有关部门协调、组织、开展湿地有害生物防治工作；湿地保护管理机构应当按照有关规定承担湿地有害生物防治的具体工作。

第三十四条　县级以上人民政府林业主管部门应当会同同级人民政府有关部门开展湿地保护执法活动，对破坏湿地的违法行为依法予以处理。

第三十五条　本规定自 2013 年 5 月 1 日起施行。

附录 2   国家湿地公园管理办法

第一条   为加强国家湿地公园建设和管理,促进国家湿地公园健康发展,有效保护湿地资源,根据《湿地保护管理规定》及国家有关政策,制定本办法。

国家湿地公园的设立、建设、管理和撤销应遵守本办法。

第二条   国家湿地公园是指以保护湿地生态系统、合理利用湿地资源、开展湿地宣传教育和科学研究为目的,经国家林业局批准设立,按照有关规定予以保护和管理的特定区域。

国家湿地公园是自然保护体系的重要组成部分,属社会公益事业。国家鼓励公民、法人和其他组织捐资或者志愿参与国家湿地公园保护和建设工作。

第三条   县级以上林业主管部门负责国家湿地公园的指导、监督和管理。

第四条   国家湿地公园的建设和管理,应当遵循"全面保护、科学修复、合理利用、持续发展"的方针。

第五条   具备下列条件的,可申请设立国家湿地公园:

(一)湿地生态系统在全国或者区域范围内具有典型性;或者湿地区域生态地位重要;或者湿地主体生态功能具有典型示范性;或者湿地生物多样性丰富;或者集中分布有珍贵、濒危的野生生物物种。

(二)具有重要或者特殊科学研究、宣传教育和文化价值。

(三)成为省级湿地公园 2 年以上(含 2 年)。

(四)保护管理机构和制度健全。

(五)省级湿地公园总体规划实施良好。

(六)土地权属清晰,相关权利主体同意作为国家湿地公园。

(七)湿地保护、科研监测、科普宣传教育等工作取得显著成效。

第六条   申请晋升为国家湿地公园的,可由省级林业主管部门向国家林业局提出申请。

国家林业局对申请材料进行审查,组织专家实地考察,召开专家评审会,并在所在地进行公示,经审核后符合晋升条件的设立为国家湿地公园。

第七条   申请设立国家湿地公园的,应当提交如下材料:

(一)所在地省级林业主管部门提交的申请文件、申报书。

(二)设立省级湿地公园的批复文件。

(三)所在地县级以上地方人民政府同意晋升国家湿地公园的文件;跨行政区域的,需提交其共同上级地方人民政府同意晋升国家湿地公园的文件。

(四)县级以上机构编制管理部门设立湿地公园管理机构的文件;法人证书;近 2 年保护管理经费的证明材料。

(五)县级以上地方人民政府出具的湿地公园土地权属清晰和相关权利主体同意纳入湿地公园管理的证明文件。

(六)湿地公园总体规划及其范围、功能区边界矢量图。

(七)反映湿地公园资源现状和建设管理情况的报告及影像资料。

第八条 国家湿地公园的湿地面积原则上不低于 100 hm²,湿地率不低于 30％。

国家湿地公园范围与自然保护区、森林公园不得重叠或者交叉。

第九条 国家湿地公园采取下列命名方式:

省级名称＋地市级或县级名称＋湿地名＋国家湿地公园。

第十条 国家湿地公园应当按照总体规划确定的范围进行标桩定界,任何单位和个人不得擅自改变和挪动界标。

第十一条 国家湿地公园应划定保育区。根据自然条件和管理需要,可划分恢复重建区、合理利用区,实行分区管理。

保育区除开展保护、监测、科学研究等必需的保护管理活动外,不得进行任何与湿地生态系统保护和管理无关的其他活动。恢复重建区应当开展培育和恢复湿地的相关活动。合理利用区应当开展以生态展示、科普教育为主的宣教活动,可开展不损害湿地生态系统功能的生态体验及管理服务等活动。

保育区、恢复重建区的面积之和及其湿地面积之和应分别大于湿地公园总面积、湿地公园湿地总面积的 60％。

第十二条 国家湿地公园的撤销、更名、范围和功能区调整,须经国家林业局同意。

第十三条 国家湿地公园管理机构应当具体负责国家湿地公园的保护管理工作,制定并实施湿地公园总体规划和管理计划,完善保护管理制度。

第十四条 国家湿地公园应当设置宣教设施,建立和完善解说系统,宣传湿地功能和价值,普及湿地知识,提高公众湿地保护意识。

第十五条 国家湿地公园管理机构应当定期组织开展湿地资源调查和动态监测,建立档案,并根据监测情况采取相应的保护管理措施。

第十六条 国家湿地公园管理机构应当建立和谐的社区共管机制,优先吸收当地居民从事湿地资源管护和服务等活动。

第十七条 省级林业主管部门应当每年向国家林业局报送所在地国家湿地公园建设管理情况,并通过"中国湿地公园"信息管理系统报送湿地公园年度数据。

第十八条 禁止擅自征收、占用国家湿地公园的土地。确需征收、占用的,用地单位应当征求省级林业主管部门的意见后,方可依法办理相关手续。由省级林业主管部门报国家林业局备案。

第十九条 除国家另有规定外,国家湿地公园内禁止下列行为:

(一)开(围)垦、填埋或者排干湿地。

(二)截断湿地水源。

(三)挖沙、采矿。

(四)倾倒有毒有害物质、废弃物、垃圾。

(五)从事房地产、度假村、高尔夫球场、风力发电、光伏发电等任何不符合主体功能定位的建设项目和开发活动。

(六)破坏野生动物栖息地和迁徙通道、鱼类洄游通道,滥采滥捕野生动植物。

(七)引入外来物种。

(八)擅自放牧、捕捞、取土、取水、排污、放生。

(九)其他破坏湿地及其生态功能的活动。

第二十条 省级以上林业主管部门组织对国家湿地公园的建设和管理状况开展监督检查和评估工作,并根据评估结果提出整改意见。

监督评估的主要内容包括:

(一)准予设立国家湿地公园的本底条件是否发生变化。

(二)机构能力建设、规章制度的制定及执行等情况。

(三)总体规划实施情况。

(四)湿地资源的保护管理和合理利用等情况。

(五)宣传教育、科研监测和档案管理等情况。

(六)其他应当检查的内容。

第二十一条 因自然因素造成国家湿地公园生态特征退化的,省级林业主管部门应当进行调查,指导国家湿地公园管理机构制定实施补救方案,并向国家林业局报告。

经监督评估发现存在问题的国家湿地公园,省级以上林业主管部门通知其限期整改。限期整改的国家湿地公园应当在整改期满后 15 日内向下达整改通知的林业主管部门报送书面整改报告。

第二十二条 因管理不善导致国家湿地公园条件丧失的,或者对存在重大问题拒不整改或者整改不符合要求的,国家林业局撤销其国家湿地公园的命名,并向社会公布。

撤销国家湿地公园命名的县级行政区内,自撤销之日起两年内不得申请设立国家湿地公园。

第二十三条 本办法自 2018 年 1 月 1 日起实施,有效期至 2022 年 12 月 31 日,《国家湿地公园管理办法(试行)》(林湿发〔2010〕1 号)同时废止。

国家林业局

2017 年 12 月 27 日

附录3　国家林业局湿地保护管理中心文件

国家林业局湿地保护管理中心文件

林湿综字〔2018〕2号

国家林业局湿地保护管理中心关于印发《国家湿地公园评估评分标准》的通知

各省、自治区、直辖市林业厅（局），内蒙古、吉林、龙江、大兴安岭森工（林业）集团公司，新疆生产建设兵团林业局：

为配合《国家林业局关于印发〈国家湿地公园管理办法〉的通知》（林湿发〔2017〕150号）的实施，规范国家湿地公园的设立、管理和评估等工作，我中心制定了《国家湿地公园评估评分标准》，现予印发。

附件：国家湿地公园评估评分标准

2018年1月9日

附录 4　国家湿地公园评估评分标准

编号	大项	大项权重	分项	评分等级与评分标准			分项权重	专家评分
				优良（≥80 分）	中（<80 分；≥60 分）	差（<60 分）		
1	资源本底条件	0.15	生态系统	湿地生态系统类型在全国具有典型性、独特性，湿地生态系统多样性丰富，生态系统功能表现非常突出	湿地生态系统类型在省级行政区内具有典型性、独特性，湿地生态系统多样性较丰富，生态系统功能表现比较突出	湿地生态系统类型典型性、独特性、湿地生态系统多样性或生态系统功能表现一般	0.15	
			物种多样性	野生生物物种：物种数占其所在省级行政区内湿地物种总数的比例大于10%，或维管束植物物种数大于150种，或脊椎动物物种数大于100种。或定期栖息的水鸟大于10 000只，或更多	野生生物物种：物种数占其所在省级行政区内湿地物种总数的比例大于3%～10%，或维管束植物物种数达50～100～150种，或脊椎动物物种数达50～100种，或定期栖息的水鸟5 000～10 000只	野生生物物种：物种数占其所在省级行政区内湿地物种总数的比例3%以下，或维管束植物物种数50～100种以下，或脊椎动物物种数50种以下。或定期栖息的水鸟5 000只以下	0.15	
			物种稀有性或独特性	有国家Ⅰ级保护、极危或中国特有物种，或成为区域性特有物种主要生活地	有国家Ⅱ级保护、濒危或易危物种，或区域性特有物种	无国家Ⅰ、Ⅱ级保护、极危、濒危或易危物种，无特有物种	0.15	
			生态区位重要性	位于《全国主体功能区规划》中的禁止开发区或限制开发区中省级重点开发的重点区，且湿地面积300 hm²以上	与《全国主体功能区规划》中禁止开发区相邻，或位于省级主体功能区规划中的禁止开发区域或限制开发区中的重点生态功能区，且湿地面积100～300 hm²	其他区域	0.15	
			科普教育价值	在湿地知识科学普及和环境保护教育方面具有很高的价值	在湿地知识科普及和环境保护教育方面具有较高的价值	在湿地知识科普及和环境保护教育方面的价值一般	0.15	
			文化价值	有较高的湿地文化价值，保留有与湿地相关的历史形成、生产生活方式、历史遗迹、风俗习惯等	文献记录中有一定的湿地文化价值，产生过与湿地有关的历史事件或历史人物等	湿地文化价值较低，且无法考证	0.15	

续表

编号	大项	大项权重	分项	评分等级与评分标准			分项权重	专家评分
				优良(≥80分)	中(<80分,≥60分)	差(<60分)		
2	湿地健康状况	0.15	自然状况	整体保持自然状态,湿地生境基本不受人类活动干扰	基本保持自然状态,湿地生境受人类活动干扰较少	自然状态遭到破坏,湿地生境受人类活动干扰频繁	0.04	
			水量	自然水源补给能全保障湿地生态用水	以自然降水或者自然径流补给为主,水量基本能够保障湿地生态用水,或者需要少量的人工补给	自然降水或者自然径流补给不能满足湿地生态用水需求,用水问题比较突出,或季节性生态用水问题突出	0.04	
			水质	主要水域水质符合湿地水生态功能要求,达到地表水Ⅲ类水质标准	主要水域水质基本符合湿地水生态功能要求,能达到地表水Ⅳ类水质标准	主要水域水质不符合湿地生态功能要求,或达不到地表水Ⅳ类标准,或呈恶化趋势	0.04	
			外来物种入侵状况	无外来物种入侵	外来物种入侵面积在5%以内	外来物种入侵面积超过5%	0.03	
3	总体规划	0.15	目标定位	规划定位准确,目标明确,能结合湿地资源特色,全面保护湿地的自然属性	规划定位基本准确,目标基本明确,基本结合湿地资源特色,能够保护湿地的自然属性	规划定位不准确,目标不明确,不能有效结合湿地生态系统,难以保持湿地的自然属性	0.03	
			规划范围	范围科学合理,充分体现生态系统的完整性	范围基本合理,能够体现生态系统的完整性	范围不合理,未能体现生态系统的完整性	0.04	
			功能分区	功能分区合理,完全符合建设目标,充分满足湿地保护与管理的需要	功能分区基本合理,基本符合建设目标,基本满足湿地保护与管理的需要	功能分区明显不合理	0.04	
			规划措施	规划措施科学合理,可操作性强,能够全面指导湿地公园开展保护与管理活动	规划措施基本合理,有一定的操作性,基本满足湿地公园开展保护与管理活动的需要	规划措施不够科学合理,操作性不强,不能全面科学指导湿地公园建设	0.04	

续表

编号	大项	大项权重	分项	评分等级与评分标准			分项权重	专家评分
				优良（≥80分）	中（<80分，≥60分）	差（<60分）		
4	管理状况	0.15	管理机构	设置处级管理机构，人员配置15人以上，专业人员5人以上，各部门分工明确	设置科级管理机构，人员配置8～14人，专业人员不足5人，各部门分工明确	设置科级以下管理机构，人员配置8人以下	0.03	
			规划落实	严格按照总体规划实施，已完成总体规划主要建设内容的80%以上的建设目标实现	按照总体规划实施，已完成总体规划主要建设内容的50%～80%，建设目标实现50%～80%	完成总体规划主要建设内容不足50%，建设目标实现不足50%	0.02	
			经费情况	保护管理经费纳入地方财政预算，或保护管理经费满足湿地保护管理需要	保护管理经费纳入地方财政预算但已以满足湿地保护管理需要	缺少保护管理经费或保护管理经费不到位，不能满足湿地保护管理的需要	0.02	
			制度建设	经地方人大或政府颁布了湿地公园管理条例或办法，并有效实施；有健全的内部管理制度	制定了管理办法，尚未经地方人大或政府颁布，或已经颁布但没有效实施；有内部管理制度	未制定管理办法，内部管理制度不健全	0.02	
			管理计划	制定科学合理的湿地公园管理计划，并按计划有序开展工作	制定湿地公园管理计划，并按计划开展一定工作	未制定管理计划	0.01	
			保护设施	界碑、界桩等保护管理设施布局合理，符合总体规划，能够满足保护管理工作要求	界碑、界桩等保护管理设施布局基本合理，基本符合总体规划，基本满足保护管理工作要求	无界碑、界桩、保护管理设施建设违背总体规划，或不能满足保护管理工作要求	0.02	
			巡护情况	定期开展巡护工作，巡护路线科学合理，有连续记录可查	不定期开展巡护，记录不全	未开展巡护或巡护无记录	0.01	
			保护修复成效	湿地修复科学合理，生态系统得到有效保护或明显改善，或野生动植物种类或数量明显增加，重点有毒物和外来有毒物种已得到有效治理	湿地修复为基本合理，生态系统得到改善，或野生动植物种类或数量有所增加，重点有害物种人侵已基本得到治理	湿地修复为有开展或开展方案不合理，生态系统未得到有效保护或继续退化，或野生动植物种类、数量减少，或外来物种人侵严重	0.02	

续表

编号	大项	大项权重	分项	评分等级与评分标准			分项权重	专家评分
				优良(≥80分)	中(<80分,≥60分)	差(<60分)		
5	科普宣教	0.15	队伍建设	有专职宣教人员3人以上,宣教人员具有湿地保护和自然教育背景,并能够提供日常解说服务,以及有计划的组织换届宣教等宣传活动	有专职宣教人员1~3人,部分宣教人员具有湿地保护或自然教育背景,能够提供日常解说服务,并在特定节日开展环境教育等宣传活动	没有专职宣教人员,也没有相关的宣教服务或活动	0.03	
			设施宣教	设有综合性、主题性宣教场所,场馆设施简朴实用,与湿地环境高度融合,户外标识标牌系统布局合理,内容科学,特色突出,可满足不同受众宣教需要	设有综合性或主题性宣教场所,辅助性宣教场所;户外标识标牌布局基本合理,内容有一定特色,能满足一定群体的宣教需要	缺少科普宣教设施,无标识标牌或有标识标牌但内容存在科学性问题,缺乏特色,布局不合理;有宣教场所但与湿地公园保护及管理相关内容,达不到科普宣教目的	0.04	
			环境解说	具有系统的环境解说方案,解说主题特色鲜明,内容科学严谨,表述形式生动活泼。解说资源梳理清晰,解说内容全面科学,能针对不同目标人群,不同季节、不同功能分区的具体情况开展针对性解说	解说方案相对完整,解说主题和资源有一定的梳理,解说内容基本科学,能开展基本的解说服务	无解说方案,或解说方案设计不符合要求,解说内容无法完整展示所在地湿地公园的核心价值,或不切合湿地保护相关主题,内容缺失或错误明显	0.03	
			媒体宣教	与主流媒体有积极的宣传互动,将湿地公园的保护意义、管理成就对公众开展有效宣传。建有网站、微信公众号等多种新媒体宣传平台,内容科学、趣味性强,更新及时,宣教效果良好	与主流媒体有一定宣传互动,建有新媒体宣传途径,但内容不够完善,更新不及时	无任何媒体宣传活动,未建立新媒体宣传途径	0.02	
			宣教活动	有年度宣教活动计划,组织不同主题,内容和针对不同目标受众的宣教活动10次/年以上,或受众人数30 000人/年以上;宣教效果良好	围绕湿地日、爱鸟周等节日开展宣教活动。开展宣教活动5~10次/年,或受众人数不少于10 000人/年	开展宣教少于5次/年,或受众人数低于10 000人/年	0.03	

续表

编号	大项	大项权重	分项	评分等级与评分标准			分项权重	专家评分
				优良（≥80分）	中（<80分,≥60分）	差（<60分）		
6	科研监测	0.1	队伍建设	已建立科研监测队伍,人员结构合理,人数、科室、专业满足工作需要,并已经过专业培训,能满足工作需要	已建科研监测队伍,但结构不合理,培训不到位	未建监测队伍	0.02	
			站点建设	建立了布局合理的监测站点	建立监测站点,但布局不够合理	未设监测站点	0.02	
			设备配备	配备必要的监测设备,并有效使用	配备基本监测设备,基本满足监测活动需要	监测设备不健全,或配备了必要的监测设备,但未有效使用	0.02	
			监测活动	监测工作有序展开,全面掌握本底资源情况;已制定科学的监测方案并按照监测方案执行;有系统完整的监测年度报告;监测内容针对性强;档案管理科学;为湿地管护工作提供了有力支持	已开展一定的监测工作,基本掌握本底资源主要情况;监测方案基本合理或基本执行;有年度监测报告;具有部分监测内容针对性一般;有监测档案;对湿地管护工作具有一定的支持	尚未有效开展调查监测,对本底资源情况了解不清;无监测方案;监测成果尚未形成,监测档案缺少数据全,湿地保护管理工作缺少科学数据支撑	0.03	
			科学研究	已开展针对性较强的湿地保护管理科研项目,并为湿地保护管理工作提供有力支持	已开展部分湿地保护或管理科研项目,但因项目针对性或成情况等原因,对湿地保护管理工作的支持有限	对开展湿地保护管理科学研究无计划,无实施,湿地保护管理工作缺少科研数据支撑	0.01	
7	合理利用	0.1	利用方式与效果	湿地利用方式完全符合湿地保护及可持续利用原则,能综合考虑湿地生态、经济、社会等多种功能的有效发挥	湿地利用方式基本符合湿地保护及可持续利用原则,利用行为对湿地保护及湿地生态、经济、社会等多种功能的发挥无负面影响	湿地利用方式不符合湿地保护及可持续利用原则,利用行为对湿地保护及生态、经济、社会等多种功能构成破坏或存在潜在威胁	0.04	
			社区协调	与社区相关利益群众关系协调;社区积极参与湿地公园建设,并从中获得相应利益	社区为湿地公园建设,同时湿地公园与社区相关利益群体也无利益冲突	湿地公园未能妥善处理社区利益关系,与相关利益群体存在一定利益冲突	0.04	
			湿地文化	湿地利用方式充分考虑了湿地美学价值和人文值和人文遗产价值的保护、挖掘与利用	湿地利用方式考虑了湿地美学价值和人文遗产价值,但不够充分;对湿地美学价值或人文遗产价值不违背保护要求	湿地利用方式忽视湿地美学价值及人文遗产价值,对湿地景观或人文景观造成破坏	0.02	

续表

编号	大项	大项权重	分项	分项权重	评分等级与评分标准			专家评分
					优良(≥80分)	中(<80分,≥60分)	差(<60分)	
8	建设水平与示范作用	0.05	建设水平	0.02	整体建设符合总体规划,访客中心等的服务设施,基础设施体现节能环保的理念,符合湿地生态保护的要求	整体建设与规划无明显冲突,服务、基础设施对湿地生态保护无明显干扰	整体建设距规划有较大差距,服务或基础设施对湿地保护生态保护存在较大干扰	
			风格特色	0.01	建设风格突出个性特征,与湿地景观或当地特色人文景观较好协调	建设风格具有一定个性特征,与湿地景观或当地特色人文景观无明显冲突	建设风格缺少个性特征,或与湿地景观或当地特色人文景观存在明显冲突	
			示范作用	0.02	在湿地保护、合理利用,功能展示或发挥及科普宣教方面有较好示范作用	在湿地保护、合理利用,功能展示或发挥及科普宣教方面有一定示范作用	在湿地保护、合理利用,功能展示或发挥及科普宣教方面无明显示范作用	

说明:

(1)《国家湿地公园评估评分标准》中各指标分值之和为100分,分3级;≥80分;<80分,≥60分;<60分。

(2)分项指标满足指标要求的分值≥80分;基本满足指标要求的分值<80分,≥60分;不满足指标要求的分值<60分。

(3)资源本底条件(第1大项)满足分项指标要求之一即可,取其最高分。

(4)各分项指标最终分值按专家评分平均值乘以该指标权重的方法计算。

(5)各大项指标之和大于或等于80分,且无大项指标低于60分的,通过专家审。

附录5　湖北省湿地公园管理办法

湖北省人民政府令　第 370 号

《湖北省湿地公园管理办法》已经 2014 年 2 月 24 日省人民政府常务会议审议通过,现予公布,自 2014 年 5 月 1 日起施行。

2014 年 3 月 3 日

第一章　总　　则

第一条　为了规范湿地公园建设和管理,维护湿地生态功能和生物多样性,改善生态环境,推进生态文明建设,根据国家有关法律法规,结合我省实际,制定本办法。

第二条　本省行政区域内湿地公园的规划、建设和管理适用本办法。

本办法所称湿地公园,是指以保护湿地生态系统、合理利用湿地资源为目的,可供开展湿地保护、恢复、宣传、教育、科研、监测、生态旅游等活动的特定区域。

第三条　湿地公园的建设和管理应当遵循保护优先、科学修复、合理利用、持续发展的基本原则。

第四条　湿地公园建设是生态文明建设的重要组成部分,属于社会公益事业,应当突出湿地保护和恢复、宣传教育与监测,并兼顾合理利用,实现经济社会协调发展。

第五条　县级以上人民政府应当将湿地公园建设纳入国民经济和社会发展规划,建立湿地公园建设和管理的激励机制,鼓励公民、法人和其他组织以捐赠、志愿服务等形式参与湿地保护、恢复、科普、生态旅游等工作。

县级以上人民政府及其有关部门应当实行湿地公园管理目标责任制和责任追究制。

第六条　省人民政府林业行政主管部门负责协调、管理和监督全省湿地公园建设工作。

湿地公园所在地县级以上人民政府林业行政主管部门负责对本行政区域内的湿地公园建设进行指导、监督和管理。农(渔)业、水、国土资源、环境保护、住房与城乡建设、旅游等行政主管部门按照各自职责,共同做好湿地公园的管理工作。

湿地公园管理机构在林业行政主管部门的指导下具体负责湿地公园的管理工作。

第二章　规划与建设

第七条　省人民政府林业行政主管部门会同有关部门编制全省湿地公园发展规划,经省人民政府批准后组织实施。

第八条　湿地公园发展规划应当根据湿地类型、保护范围、生态功能和水资源、野生动植物资源状况等情况进行科学编制;应当符合国家主体功能区划要求,纳入城乡总体规划和土地利用总体规划,并与水资源规划、湖泊保护规划、环境保护规划、旅游规划、城市绿化规划等相衔接。

第九条 经批准的湿地公园发展规划应当向社会公布,任何单位和个人不得擅自变更。确需变更的,应当按照原编制和批准程序办理。

第十条 国家湿地公园的设立,依照国家有关规定执行。

具备下列条件但不符合建设湿地自然保护区要求的,省人民政府可以设立省级湿地公园:

(一)湿地生态系统在全省或者区域范围内具有典型性,或者湿地生态地位重要,湿地主体功能具有示范性;

(二)湿地生物多样性丰富或者生物物种独特,是珍稀、濒危野生物种的集中分布地,国家和省级重点保护鸟类的主要繁殖地、栖息地;

(三)湿地自然景观优美或者具有重要的生态保护、科学研究、历史文化和宣传教育价值;

(四)规划面积在 100 公顷以上,其中湿地面积占总面积的 50%以上,能保护湿地生态完整性和周围风貌,且规划区内土地权属明晰。

第十一条 申请设立省级湿地公园的,应当委托具有相应资质的单位编制省级湿地公园总体规划。编制湿地公园总体规划应当征求有关部门、公众和专家的意见;必要时,应当进行听证。

省级湿地公园总体规划导则由省人民政府林业行政主管部门编制并公布。

第十二条 设立省级湿地公园,由县级以上人民政府向省人民政府林业行政主管部门提出申请,并提交湿地公园总体规划、影像资料、土地权属证明、相关利益者无争议证明等相关材料。

省人民政府林业行政主管部门在收到申请后,应当组织林业、国土资源、水、农(渔)业、环境保护、交通运输、住房与城乡建设、旅游等相关部门和科研院校的湿地保护专家对提交的有关材料进行论证审核。符合条件的,报请省人民政府命名为省级湿地公园。

第十三条 湿地公园应当按照总体规划确定的范围进行标桩定界,任何单位和个人不得擅自改变和挪动。

第十四条 湿地公园建设应当按照总体规划进行,并与周围景观相协调,不得兴建破坏或影响野生动植物栖息环境、自然景观、地质遗址和污染环境的工程设施,以保持湿地生物多样性、湿地生态系统结构与功能的完整性与自然性。

第三章 保护与管理

第十五条 省人民政府林业行政主管部门应当按照国家规定组织申报中央财政湿地保护补助资金和湿地保护工程(林业系统)中央预算内投资计划,争取的资金主要用于湿地公园开展湿地保护、恢复、生物多样性监测、科普宣传教育等工作。

第十六条 湿地公园所在地县级以上人民政府应当完善湿地生态补偿机制,并组织有关部门及湿地公园管理机构采取下列措施维护和修复湿地生态功能:

(一)分析湿地公园与界外水源的联系,提出确保湿地公园合理水量的保护性措施。因缺水导致湿地功能退化的,应当通过工程和技术措施补水;

(二)合理确定湿地公园养殖密度。因过度养殖导致湿地功能退化的,应当逐步退渔还湿;因过度捕捞导致水生动物种群数量减少的,应当实行禁渔措施;

（三）因开垦导致湿地功能退化的，应当限期退耕；

（四）通过野生动植物栖息地的恢复与改造，保护生物多样性。候鸟栖息地所在区域应当划为保护范围，在繁殖季节实施专门保护；

（五）在湿地公园内规划建设必要的人工湿地。

第十七条 禁止擅自占用、征用湿地公园的湿地。因国家重点工程建设需要征用、占用湿地公园湿地的，应当依法进行环境影响评价并办理相关手续。

第十八条 需要临时占用湿地公园湿地的，占用单位应当提出可行的湿地恢复方案，并征求县级以上人民政府林业行政主管部门的意见。

经批准临时占用湿地的，不得修筑永久性建筑物或者构筑物，不得改变湿地生态系统的基本功能。

第十九条 湿地公园实行分区管理，分为湿地保育区、恢复重建区、宣传教育展示区、合理利用区和管理服务区。

湿地保育区除开展保护、监测等必需的保护管理活动外，不得进行任何与湿地生态系统保护和管理无关的其他活动。

恢复重建区仅限于开展培育和恢复湿地的相关活动。

宣传教育展示区在环境承载能力范围内，可适当开展以生态展示、科普教育等为主的活动。

合理利用区可开展不损害湿地生态系统功能的湿地旅游等活动。

管理服务区可开展管理、接待和服务等活动。

第二十条 湿地公园应当设置科普、宣传教育设施，建立和完善解说系统，向社会公众宣传湿地功能价值、普及湿地科学知识，提高全社会湿地保护意识。

湿地公园的门票及其相关服务价格按照国家和省的相关规定执行。

湿地公园应当向中小学生免费开放。

第二十一条 除国家另有规定外，湿地公园内禁止下列行为：

（一）开（围）垦湿地、开矿、采石、取土、修坟、烧荒等；

（二）从事房地产、度假村、高尔夫球场等任何不符合主体功能定位的建设项目和开发活动；

（三）商品性采伐林木；

（四）猎捕野生动物和捡拾鸟卵等行为；

（五）排放湿地水资源或者截断湿地水系与外围水系的联系；

（六）向湿地排放污水、有毒有害物质、施放违禁药物或者乱倒固体废弃物；

（七）其他破坏湿地资源的行为。

第二十二条 凡需在湿地公园引进外来动植物物种，应当按照国家有关规定办理审批手续，并按照有关技术规范进行引种试验。

第二十三条 湿地公园管理机构应当定期组织开展湿地资源调查和动态监测，建立风险预警机制，并根据监测情况采取相应的保护管理措施。

第二十四条 省人民政府林业行政主管部门应当会同有关部门组织开展省级湿地公园的检查和评估工作。对评估不合格的责令其限期整改。拒不整改或者整改后仍不符合要求的，报请省人民政府撤销省级湿地公园，并向社会公布。

第四章　法律责任

第二十五条　违反本办法规定的行为,法律、法规已有行政处罚规定的,从其规定。

第二十六条　违反本办法规定,有下列行为之一的,由县级以上人民政府林业行政主管部门给予警告,并处 3000 元以上 1 万元以下的罚款;情节严重的,处 1 万元以上 5 万元以下的罚款:

(一)擅自排放湿地蓄水、截断湿地公园与外围水系联系的;

(二)擅自引进外来物种进入湿地公园的;

(三)在湿地公园范围内施放违禁药物的。

第二十七条　违反本办法规定,在湿地公园内烧荒的,由县级以上人民政府林业行政主管部门责令改正。拒不改正的,处 500 元以上 3000 元以下的罚款。

第二十八条　擅自移动、破坏湿地公园保护界桩、标志或者设施的,由县级以上人民政府林业行政主管部门责令恢复原状,并处 1000 元以上 5000 元以下的罚款。

第二十九条　县级以上人民政府林业行政主管部门及湿地公园管理机构违反本办法规定,有下列行为之一的,对直接负责的主管人员和其他直接责任人员,由有权机关依法给予处分;构成犯罪的,依法追究刑事责任:

(一)未依法采取湿地公园保护管理措施的;

(二)发现违反本办法规定的行为不依法查处的;

(三)对违法造成湿地公园生态功能退化制止不力的;

(四)其他滥用职权、玩忽职守、徇私舞弊的行为。

第五章　附　　则

第三十条　本办法自 2014 年 5 月 1 日起施行。

附录6   湖北省湖泊保护条例

（2012年5月30日湖北省第十一届人民代表大会常务委员会第三十次会议通过）

第一章   总   则

第一条   为了加强湖泊保护，防止湖泊面积减少和水质污染，保障湖泊功能，保护和改善湖泊生态环境，促进经济社会可持续发展，根据有关法律、行政法规，结合本省实际，制定本条例。

第二条   本省行政区域内的湖泊保护、利用和管理活动适用本条例。

湖泊渔业生产活动和水生野生动植物的保护按照有关法律、法规的规定执行。

法律、法规对湿地和风景名胜区、自然保护区内湖泊的保护另有规定的，从其规定。

重要湖泊可根据其功能和实际需要，另行制定地方性法规或者政府规章，以加强保护。

水库的水污染防治适用本条例。

第三条   湖泊保护工作应当遵循保护优先、科学规划、综合治理、永续利用的原则，达到保面（容）积、保水质、保功能、保生态、保可持续利用的目标。

第四条   湖泊保护实行名录制度。本省行政区域内湖泊保护名录，经省人民政府水行政主管部门会同发展改革、环境保护、国土资源、农（渔）业、林业、建设（规划）、交通运输、旅游等有关行政主管部门根据湖泊的功能、面积，以及应保必保原则拟定和调整，由省人民政府确定和公布，并报省人大常委会备案。

第二章   政府职责

第五条   县级以上人民政府应当加强对湖泊保护工作的领导，将湖泊保护工作纳入国民经济和社会发展规划，协调解决湖泊保护工作中的重大问题。跨行政区域的湖泊保护工作，由其共同的上一级人民政府和区域内的人民政府负责。

跨行政区域湖泊的保护机构及其职责由省人民政府确定。

跨行政区域湖泊的保护机构应当切实履行湖泊保护职责，协助本级人民政府及其有关部门做好湖泊保护工作。

第六条   湖泊保护实行政府行政首长负责制。

上级人民政府对下级人民政府湖泊保护工作实行年度目标考核，考核目标包括湖泊数量、面（容）积、水质、功能、水污染防治、生态等内容。具体考核办法由省人民政府制定。

湖泊保护年度目标考核结果，应当作为当地人民政府主要负责人、分管负责人和部门负责人任职、奖惩的重要依据。

第七条   县级以上人民政府水行政主管部门主管本行政区域内的湖泊保护工作，具体履行以下职责：

（一）湖泊状况普查和信息发布；

（二）拟定湖泊保护规划及湖泊保护范围；

（三）编制与调整湖泊水功能区划；

（四）湖泊水质监测和水资源统一管理；

（五）防汛抗旱水利设施建设；

（六）涉湖工程建设项目的管理与监督；

（七）湖泊水生态修复；

（八）法律、法规等规定的其他职责。

县级以上人民政府水行政主管部门应当明确相应的管理机构负责湖泊的日常保护工作。

第八条 县级以上人民政府环境保护行政主管部门在湖泊保护工作中具体履行以下职责：

（一）编制湖泊水污染防治规划；

（二）水污染源的监督管理；

（三）湖泊水环境质量监测和信息发布；

（四）水污染综合治理和监督；

（五）审批涉湖建设项目环境影响评价文件；

（六）组织指导湖泊流域内城镇和农村环境综合整治工作；

（七）法律、法规等规定的其他职责。

县级以上人民政府农（渔）业行政主管部门在湖泊保护工作中具体履行以下职责：

（一）设定禁渔区和确定禁渔期；

（二）渔业种质资源保护；

（三）渔业养殖的监管；

（四）农业面源污染防治；

（五）组织制定和实施渔业开发利用保护规划；

（六）法律、法规等规定的其他职责。

县级以上人民政府林业行政主管部门在湖泊保护工作中具体履行以下职责：

（一）湿地自然保护区和湿地公园的建设、管理；

（二）环湖生态防护林、水源涵养林工程建设；

（三）湖泊湿地生态修复；

（四）湖泊生物多样性的保护；

（五）法律、法规等规定的其他职责。

县级以上人民政府发展改革、财政、建设（规划）、国土资源、公安、交通运输、旅游等其他行政主管部门按照各自职责做好湖泊保护工作。

第九条 县级以上人民政府应当建立和完善湖泊保护的部门联动机制，实行由政府负责人召集，相关部门参加的湖泊保护联席会议制度。

联席会议由政府负责人主持，日常工作由水行政主管部门承担。

第十条 各级人民政府应当建立和完善湖泊保护投入机制，将湖泊保护所需经费列入财政预算。

第十一条 县级以上人民政府应当通过财政、税收、金融、土地使用、能源供应、政府采购等措施,鼓励和扶持企业为减少湖泊污染进行技术改造或者转产、搬迁、关闭。

第十二条　县级以上人民政府应当根据湖泊保护规划的要求和恢复湖泊生态功能的需要,对居住在湖上、岸上无房屋、无耕地的渔民和居住在湖泊保护区内的其他农(渔)民实施生态移民,采取资金支持、技能培训、转移就业、社会保障等方式予以扶持。

第十三条　对重要湖泊的保护,省人民政府应当建立生态补偿机制,在资金投入、基础设施建设等方面给予支持。

第十四条　县级以上人民政府应当鼓励和支持湖泊保护的科学研究和技术创新,运用科技手段加强湖泊的监测、污染防治和生态修复。

第三章　湖泊保护规划与保护范围

第十五条　县级以上人民政府应当编制湖泊保护总体规划,并报上一级人民政府批准。土地利用总体规划、城乡规划、水污染防治规划、湿地保护规划和湖泊保护总体规划应当相互衔接。

第十六条　县级以上人民政府水行政主管部门应当根据湖泊保护总体规划,按照管理权限,组织对列入湖泊保护名录的湖泊分别拟定湖泊保护详细规划,征求相关部门和公众意见,报本级人民政府批准后公布实施,并报本级人民代表大会常务委员会和上级水行政主管部门备案。

湖泊保护详细规划应当包括湖泊保护范围,湖泊水功能区划分和水质保护目标,水域纳污能力和限制排污总量意见,防洪、除涝和水土流失防治目标,种植、养殖控制目标,退田(池)还湖,生态修复等内容。

第十七条　湖泊保护规划不得随意变更,确需修改的应当按照法定程序进行。

各级人民政府及其有关部门不得违反湖泊保护规划批准开发利用湖泊资源,任何单位和个人不得违反湖泊保护规划开发利用湖泊资源。

第十八条　实行湖泊普查制度。

县级以上人民政府水行政主管部门应当定期组织实施湖泊状况普查,建立包括名称、位置、面(容)积、调蓄能力、主要功能等内容的湖泊档案。

第十九条　县级以上人民政府应当依据湖泊保护规划,对湖泊进行勘界,划定湖泊保护范围,设立保护标志,确定保护责任单位和责任人,并向社会公示。

第二十条　湖泊保护范围包括湖泊保护区和湖泊控制区。

湖泊保护区按照湖泊设计洪水位划定,包括湖堤、湖泊水体、湖盆、湖洲、湖滩、湖心岛屿等。湖泊设计洪水位以外区域对湖泊保护有重要作用的,划为湖泊保护区。城市规划区内的湖泊,湖泊设计洪水位以外不少于 50 m 的区域划为湖泊保护区。

湖泊控制区在湖泊保护区外围根据湖泊保护的需要划定,原则上不少于保护区外围 500 m 的范围。

第二十一条　在湖泊保护区内,禁止建设与防洪、改善水环境、生态保护、航运和道路等公共设施无关的建筑物、构筑物。

在湖泊保护区内建设防洪、改善水环境、生态保护、航运和道路等公共设施的,应当进行环境影响评价。

建设单位经依法批准在湖泊保护区内从事建设的,应当做到工完场清;对影响湖泊保护的施工便道、施工围堰、建筑垃圾应当及时清除。

第二十二条　禁止填湖建房、填湖建造公园、填湖造地、围湖造田、筑坝拦汊以及其他侵占和分割水面的行为。

湖泊已经被围垦或者筑坝拦汊的,应当按照湖泊保护规划,逐步退田(圩)还湖。

第二十三条　在湖泊保护范围内新建、改建排污口的,应当经过有管辖权的水行政主管部门同意,由环境保护行政主管部门负责对该建设项目的环境影响评价文件进行审批;涉及通航、渔业水域的,应当征求交通运输、农(渔)业行政主管部门的意见。

第二十四条　湖泊控制区内的土地开发利用应当与湖泊的公共使用功能相协调,预留公共进出通道和视线通廊。

禁止在湖泊控制区内从事可能对湖泊产生污染的项目建设和其他危害湖泊生态环境的活动。

第四章　湖泊水资源保护

第二十五条　实行最严格的湖泊水资源保护制度。湖泊水资源配置实行统一调度、分级负责,优先满足城乡居民生活用水,兼顾农业、工业、生态用水以及航运等需要,维持湖泊合理水位。

第二十六条　县级以上人民政府水行政主管部门应当会同发展改革、环境保护、农(渔)业、林业、建设(规划)、交通运输、旅游等有关部门,按照流域综合规划、湖泊保护总体规划和经济社会发展需要,拟定和调整湖泊的水功能区划,报本级人民政府批准后向社会公布。

在湖泊内进行养殖、航运、旅游等活动,应当符合该湖泊的水功能区划要求。

第二十七条　加强对湖泊饮用水水源地的保护。对具有饮用水水源地功能的湖泊,县级以上人民政府应当按照规定划定饮用水水源保护区,设立相关保护标志。水行政主管部门应当科学调度,防止水源枯竭;环境保护部门应当开展日常巡查和监测,防止水体污染。

第二十八条　县级以上人民政府水行政主管部门应当会同环境保护、农(渔)业行政主管部门根据湖泊生态保护需要确定湖泊的最低水位线,设置最低水位线标志。

湖泊水位接近最低水位线的,应当采取补水、限制取水等措施。

第二十九条　省人民政府应当按照统一规划布局、统一标准方法、统一信息发布的要求,建立湖泊监测体系和监测信息协商共享机制。

县级以上人民政府环境保护行政主管部门应当定期向社会公布本行政区域湖泊水环境质量监测信息;水文水资源信息由水行政主管部门统一发布;发布水文水资源信息涉及水环境质量的内容,应当与环境保护行政主管部门协商一致。

第五章　湖泊水污染防治

第三十条　省人民政府应当拟订湖泊重点水污染物排放总量削减和控制计划,逐级分解至县(市、区)人民政府,并落实到排污单位。

第三十一条　县级以上人民政府水行政主管部门应当按照水功能区对水质的要求和水体的自然净化能力,核定湖泊水域纳污能力,向环境保护行政主管部门提出湖泊的限制排污总量意见,并予以公告,同时抄报上一级人民政府水行政主管部门和环境保护行政主管部门。

县级以上人民政府水行政主管部门应当对湖泊水质状况进行监测,发现重点水污染物排放总量超过控制指标的,或者湖泊水质未达到该水功能区对水质要求的,应当及时报告有关人民政府采取治理措施,并向环境保护行政主管部门通报。

第三十二条 省人民政府环境保护行政主管部门根据湖泊水污染防治、产业结构优化和产业布局调整的需要,拟定湖泊重点水污染物排放限值适用的具体地域范围和期限,经省人民政府批准后执行。

第三十三条 对湖泊水环境质量不能满足水功能区要求的区域,环境保护行政主管部门应当停止审批新增污染物排放的建设项目的环境影响评价文件。

第三十四条 县级以上人民政府应当加强对湖泊流域内各类工业园区、工业集中区的统一规划布局,依法进行规划环境影响评价,配套建设污水集中处理设施。

湖泊流域内建设项目应当符合国家和省产业政策;禁止新建造纸、印染、制革、电镀、化工、制药等排放含磷、氮、重金属等污染物的企业和项目;对已有的污染企业,县级以上人民政府及其有关部门应当依法责令其限期整改、转产或者关闭。

第三十五条 县级以上人民政府农业行政主管部门和其他有关部门,应当采取措施指导湖泊流域内农业生产者科学、合理使用化肥、农药等农业投入品,控制过量和不当使用,防止造成水污染。

县级以上人民政府农业行政主管部门应当科学规划湖泊流域内畜禽饲养区域,鼓励建设生态养殖场和养殖小区,通过发展沼气、生产有机肥和无害化畜禽粪便还田等方式实现畜禽粪污综合利用,减少畜禽养殖污染。

第三十六条 禁止向湖泊排放未经处理或者处理未达标的工业废水、生活污水。

禁止向湖泊倾倒建筑垃圾、生活垃圾、工业废渣和其他废弃物。

禁止在属于饮用水水源保护区的湖泊水域设置排污口和从事可能污染饮用水水体的活动。

第三十七条 县级以上人民政府应当统筹安排建设湖泊流域内城镇污水集中处理设施及配套管网,合理规划建设雨水、污水单独收集设施,提高城镇污水收集率和处理率。新建、在建城镇污水处理厂,应当同步配套建设脱氮除磷设施;已建的城镇污水处理厂没有脱氮除磷设施的,应当增设脱氮除磷设施。

污水处理厂出水应当符合国家对回用水的要求。

第三十八条 各级人民政府应当加强湖泊流域内农村生活污水处理设施建设,结合生态乡、镇、村创建和农村环境综合整治活动,实施河塘清淤,改造和完善水利设施,利用河塘沟渠的自净能力处理生活污水。鼓励有条件的地方建设污水人工湿地处理设施、生物滤池设施和接触氧化池等集中或者分散污水处理设施。

第三十九条 县(市、区)、乡镇人民政府应当统筹安排建设湖泊流域内城乡垃圾收集、运输、处置设施,在村庄设置垃圾收集点,对垃圾分类收集,对化肥、农药、除草剂等包装物分类处理,提高垃圾处理的减量化、无害化和资源化水平。

第四十条 县级以上人民政府农(渔)业行政主管部门应当会同水行政、环境保护等部门,按照湖泊的水功能区划、水环境容量和防洪要求编制渔业养殖规划,确定具体的养殖水域、面积、种类和密度等,报本级人民政府批准。

禁止在湖泊水域围网、围栏养殖;本条例实施前已经围网、围栏的,由县级以上人民政府限期拆除。

禁止在湖泊水域养殖珍珠和投化肥养殖。

第四十一条 在湖泊保护范围内,县级以上人民政府应当科学规划旅游业,防止超环境能力过度发展;从事旅游开发应当符合湖泊保护规划的要求,并依法报经批准;有关部门在审批过程中,应当召开听证会听取公众意见。

经批准设置的各类旅游观光、水上运动、休闲娱乐等设施不得影响水生态环境,应当与自然景观相协调,并配备污水集中处理设施,确保达标排放。

第四十二条 湖泊内的船舶应当按照要求配备污水、废油、垃圾、粪便等污染物、废弃物收集设施。港口、码头等场所应当配备船舶污染物接收设施,并转移至其他场所进行无害化处理。

在城区湖泊和具有饮用水水源功能的湖泊从事经营的船舶,不得使用汽油、柴油等污染水体的燃料。

第四十三条 县级以上人民政府应当组织环境保护、水行政等主管部门编制湖泊水污染突发事件应急预案,定期开展应急演练,做好应急准备、应急处置和事后恢复等工作。

第六章 湖泊生态保护和修复

第四十四条 县级以上人民政府应当加强湖泊生态保护和修复工作,保护和改善湖泊生态系统。

县级以上人民政府水行政主管部门应当会同环境保护、国土资源、农(渔)业、林业等部门开展湖泊生态环境调查,制定修复方案,报本级人民政府批准后实施。

第四十五条 县级以上人民政府应当组织水行政、环境保护、林业、建设等部门,运用种植林木、截污治污、底泥清淤、打捞蓝藻、调水引流、河湖连通等措施,对湖泊水生态系统以及主要入湖河道进行综合治理,逐步恢复湖泊水生态。

第四十六条 县级以上人民政府林业行政主管部门应当依据湖泊保护详细规划,会同相关部门修复湖滨湿地,建设湿地恢复示范区,有计划、分步骤地组织实施环湖生态防护林、水源涵养林工程建设。

第四十七条 维护湖泊生物多样性,保护湖泊生态系统,禁止猎取、捕杀和非法交易野生鸟类及其他湖泊珍稀动物;禁止采集和非法交易珍稀、濒危野生植物。

在水生动物繁殖及其幼苗生长季节的重要湖区和洄游通道,农(渔)业行政主管部门应当设立禁渔区,确定禁渔期。在禁渔区内和禁渔期间,任何单位和个人不得进行捕捞和爆破、采砂等水下作业。

县级以上人民政府应当组织农(渔)业等有关部门在科学论证的基础上,采取适量投放水生物、放养滤食性鱼类、底栖生物移植等措施修复水域生态系统,并对各类水生植物的残体以及有害水生植物进行清除。

第七章 湖泊保护监督和公众参与

第四十八条 省人民政府应当定期公布湖泊保护情况白皮书,对保护湖泊不力的市、县、区人民政府主要负责人实行约谈,督促其湖泊保护工作。

第四十九条 县级以上人民政府水行政、环境保护、农(渔)业、林业等行政主管部门应当依照本条例和相关法律法规的规定,加强对湖泊保护、利用、管理的监督检查,发现违法行为及时查处;对不属于职责范围的,应当移交有管辖权的部门及时查处。

第五十条 县级以上人民代表大会常务委员会应当通过听取和审议本级人民政府湖泊保护情况的专项工作报告、对本条例实施情况组织执法检查、开展专题询问、质询等方式,依法履行监督职责;必要时可以依法组织关于特定问题的调查。

第五十一条 县级以上人民政府及其相关部门应当加强湖泊保护的宣传和教育工作,增强公众湖泊保护意识,建立公众参与的湖泊保护、管理和监督机制。

第五十二条 县级以上人民政府及其相关部门应当定期发布湖泊保护的相关信息,保障公众知情权。

编制湖泊保护规划、湖泊水污染防治规划、湖泊生态修复方案和审批沿湖周边建设项目环境影响评价文件,应当采取多种形式征求公众的意见和建议,接受公众监督。

第五十三条 广播、电视、报刊、网络等媒体应当开展湖泊保护公益性宣传,倡导促进环境友好的生活方式,发挥舆论引导和监督作用。

第五十四条 鼓励社会各界、非政府组织、湖泊保护志愿者参与湖泊保护、管理和监督工作。

鼓励社会力量投资或者以其他方式投入湖泊保护。

社区、村(居)民委员会应当协助当地人民政府开展湖泊保护工作,督促、引导村(居)民依法履行保护湖泊义务。

第五十五条 在湖泊保护范围内从事生产、经营活动的单位和个人,应当严格遵守湖泊保护法律、法规的规定和湖泊保护规划的规定,自觉接受相关部门和公众的监督,依法、合理、有序利用湖泊。

第五十六条 县级以上人民政府及相关部门应当建立、完善湖泊保护的举报和奖励制度。

任何单位和个人有权对危害湖泊的行为进行举报;有处理权限的部门接到检举和举报后,应当及时核查、处理。

对保护湖泊成绩显著的单位和个人,应当给予表彰和奖励。

第八章　法律责任

第五十七条 违反本条例规定,法律、行政法规已有处罚规定的,从其规定。

第五十八条 县级以上人民政府、有关主管部门及其工作人员违反本条例规定,有下列行为之一的,由上级人民政府或者有关主管机关依据职权责令改正,通报批评;对直接负责的主管人员和其他直接责任人员依法给予行政处分;构成犯罪的,依法追究刑事责任:

(一)保护湖泊不力造成严重社会影响的;

(二)未依法对湖泊进行勘界,划定保护范围,设立保护标志的;

(三)未依法组织编制湖泊保护规划、湖泊水功能区划、湖泊水污染防治规划的;

(四)违反湖泊保护规划批准开发利用湖泊资源的;

(五)未依法履行有关公示、公布程序的;

(六)有其他玩忽职守、滥用职权、徇私舞弊行为的。

第五十九条 违反本条例第二十一条第一款、第二十二条第一款的规定,在湖泊保护区内建设与改善水环境、生态保护、航运和道路等公共设施无关的建筑物、构筑物的,或者填湖建房、填湖建造公园的,由县级以上人民政府水行政主管部门责令停止违法行为,限期恢复原状,处 5 万元以上 50 万元以下罚款;有违法所得的,没收违法所得。

违反本条例第二十一条第三款规定,由县级以上人民政府水行政主管部门责令限期恢复原状,处 5 万元以上 10 万元以下罚款;逾期不清除的,由水行政主管部门指定有关单位代为清除,所需费用由违法行为人承担。

第六十条 违反本条例第二十二条第一款的规定,在湖泊保护区内从事填湖造地、围湖造田、筑坝拦汊及其他侵占和分割水面行为的,由县级以上人民政府水行政主管部门责令停止违法行为,限期恢复原状;逾期未恢复原状的,由水行政主管部门指定有关单位代为恢复原状,所需费用由违法行为人承担,处 1 万元以上 5 万元以下罚款。

第六十一条 违反本条例第四十条第二款规定,围网、围栏养殖的,由县级以上人民政府农(渔)业行政主管部门责令限期拆除,没收违法所得;逾期不拆除的,由农(渔)业行政主管部门指定有关单位代为清除,所需费用由违法行为人承担,处 1 万元以上 5 万元以下罚款。

违反本条例第四十条第三款在湖泊水域养殖珍珠的,由县级以上人民政府农(渔)业行政主管部门责令停止违法行为,没收违法所得,并处 5 万元以上 10 万元以下罚款。

违反本条例第四十条第三款在湖泊水域投化肥养殖的,由县级以上人民政府农(渔)业行政主管部门责令停止违法行为,采取补救措施,处 500 元以上 1 万元以下罚款;污染水体的,由县级以上人民政府环境保护行政主管部门责令停止违法行为,没收违法所得,并处 5 万元以上 10 万元以下罚款。

第九章 附 则

第六十二条 本条例自 2012 年 10 月 1 日起施行。

附录 7　湖北省国家湿地公园分布分区图

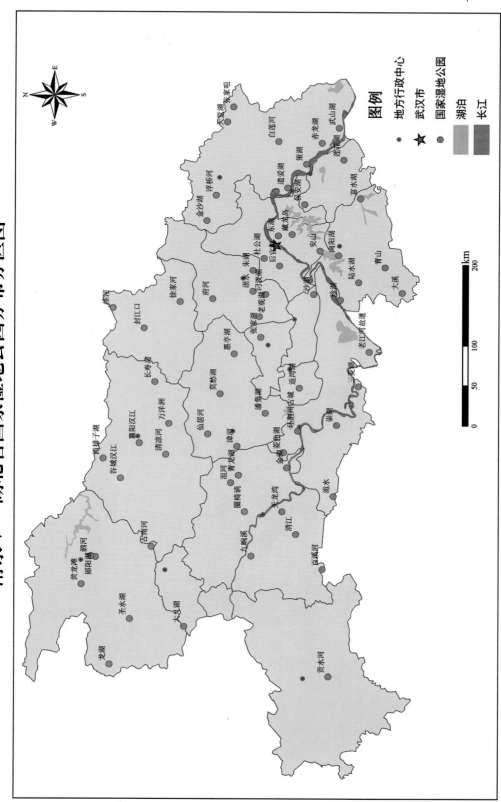

附图 1　湖北省国家湿地公园分布图

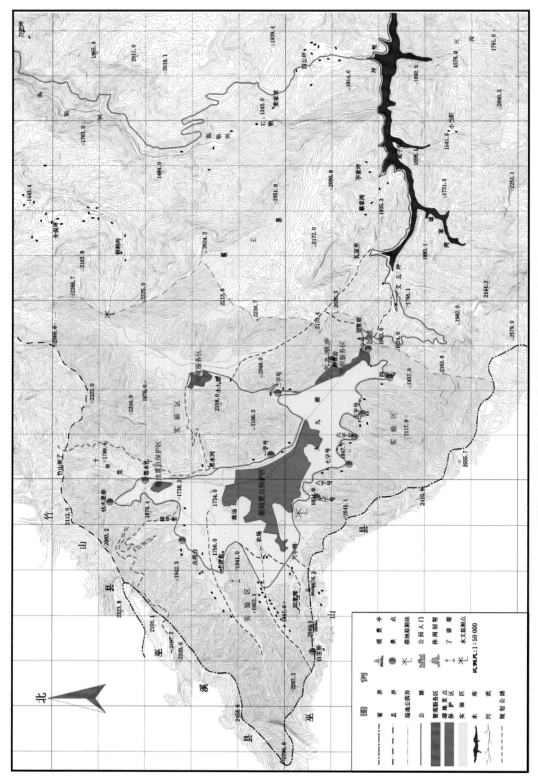

附图 2　湖北神农架大九湖国家湿地公园功能分区图

附图 3　湖北武汉东湖国家湿地公园功能分区图

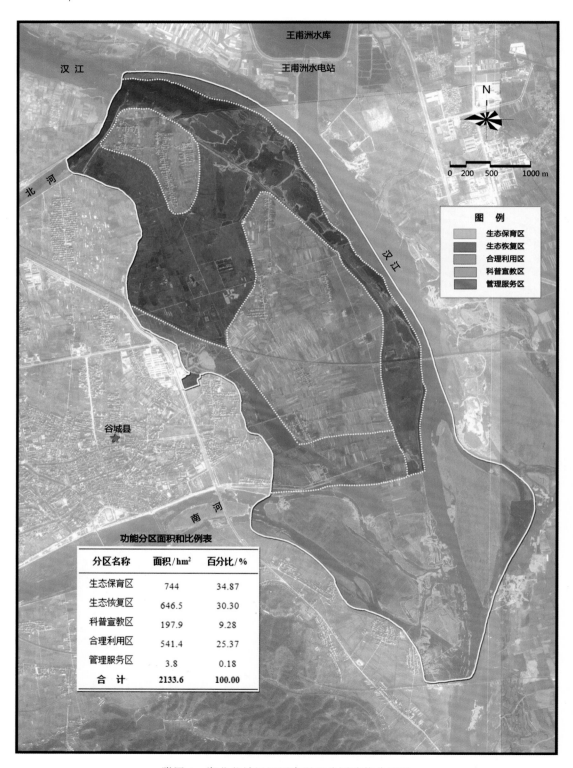

功能分区面积和比例表

分区名称	面积/hm²	百分比/%
生态保育区	744	34.87
生态恢复区	646.5	30.30
科普宣教区	197.9	9.28
合理利用区	541.4	25.37
管理服务区	3.8	0.18
合　计	2133.6	100.00

附图 4　湖北谷城汉江国家湿地公园功能分区图

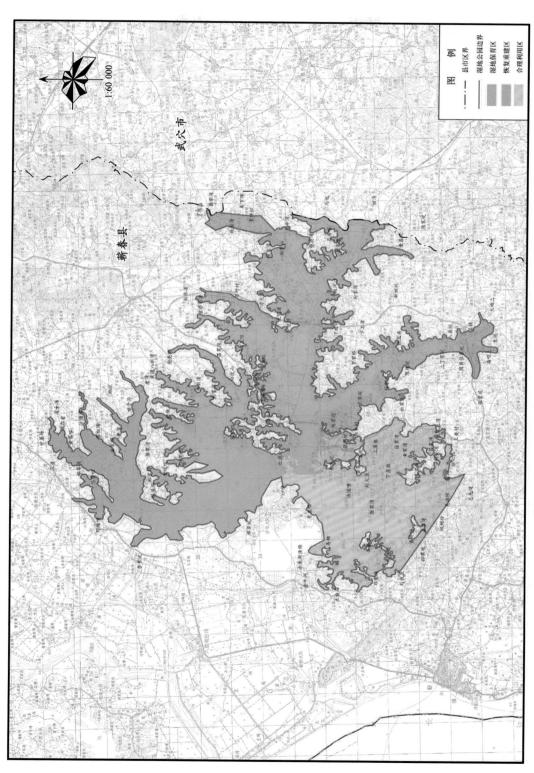

附图 5 湖北蕲春赤龙湖国家湿地公园功能分区图

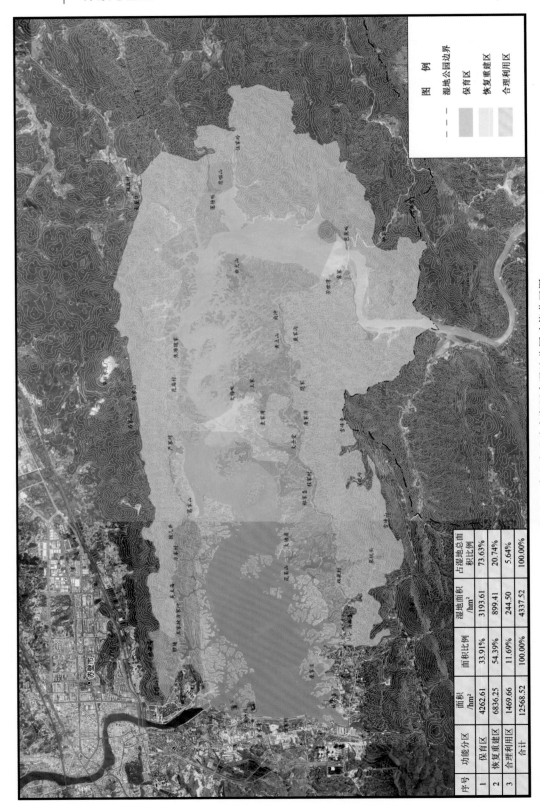

序号	功能分区	面积 /hm²	面积比例	湿地面积 /hm²	占湿地总面 积比例
1	保育区	4262.61	33.91%	3193.61	73.63%
2	恢复重建区	6836.25	54.39%	899.41	20.74%
3	合理利用区	1469.66	11.69%	244.50	5.64%
	合计	12568.52	100.00%	4337.52	100.00%

附图 6　湖北赤壁陆水湖国家湿地公园功能分区图

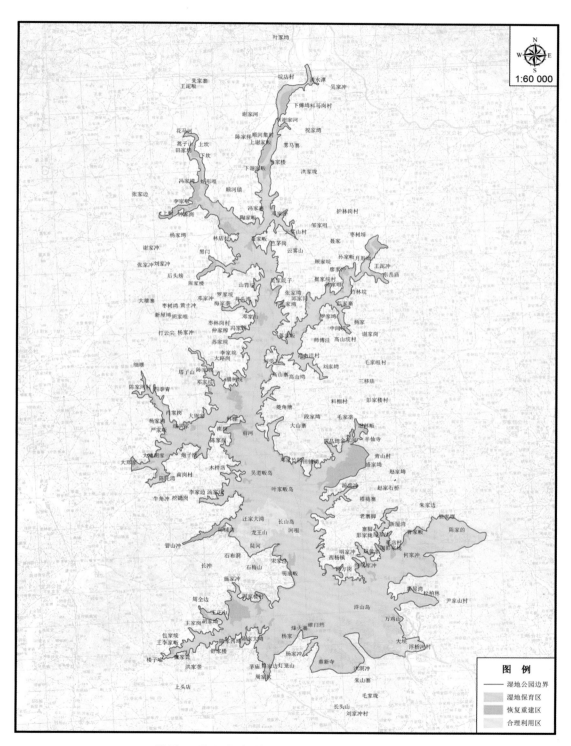

附图 9　湖北麻城浮桥河国家湿地公园功能分区图

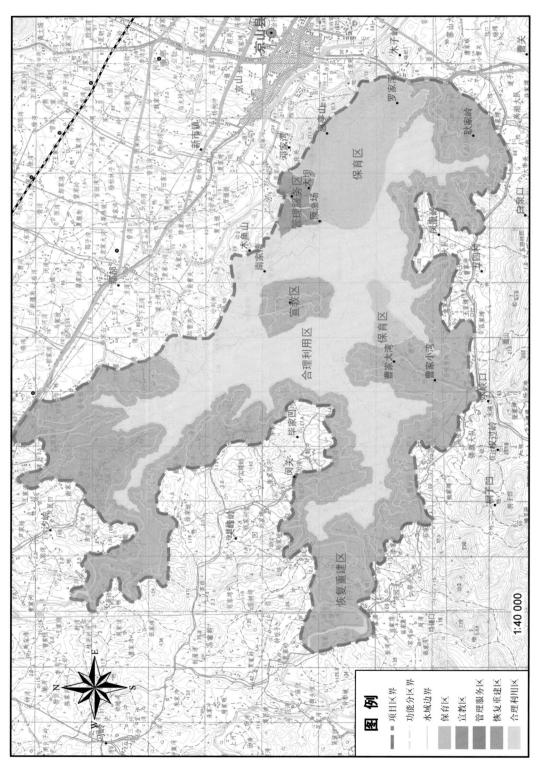

附图 10　湖北京山惠亭湖国家湿地公园功能分区图

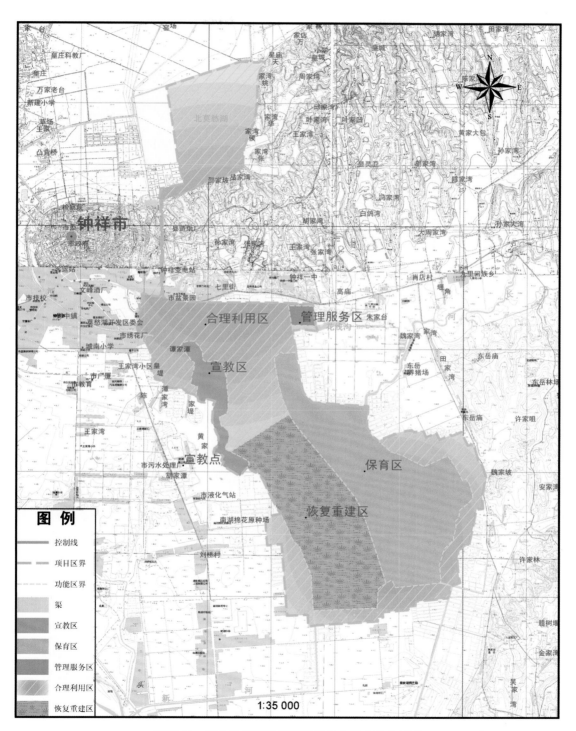

附图 11　湖北钟祥莫愁湖国家湿地公园功能分区图

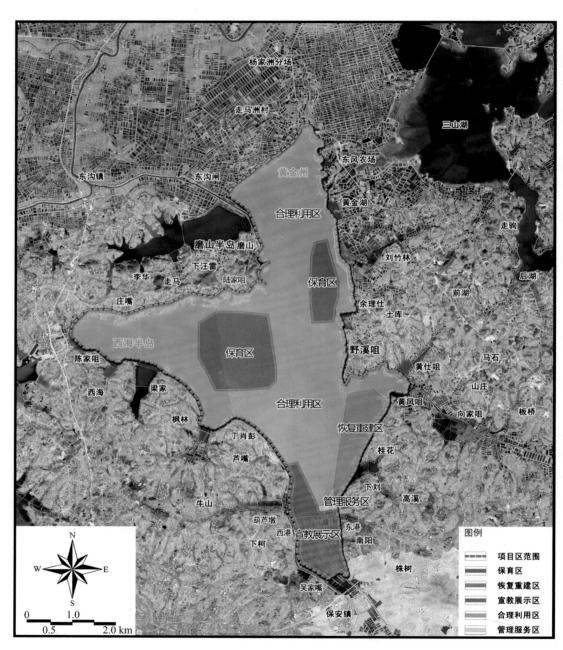

附图 12　湖北大冶保安湖国家湿地公园功能分区图

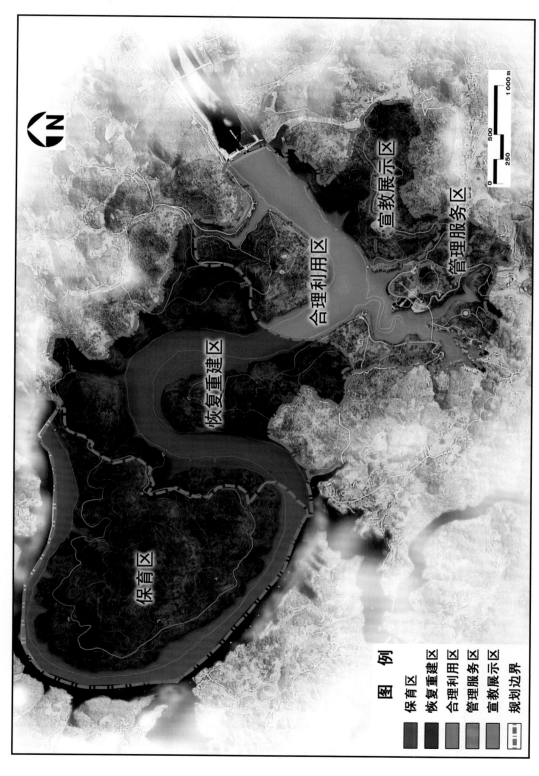

图　例

保育区
恢复重建区
合理利用区
管理服务区
宣教展示区
规划边界

附图 13　湖北宜都天龙湾国家湿地公园功能分区图

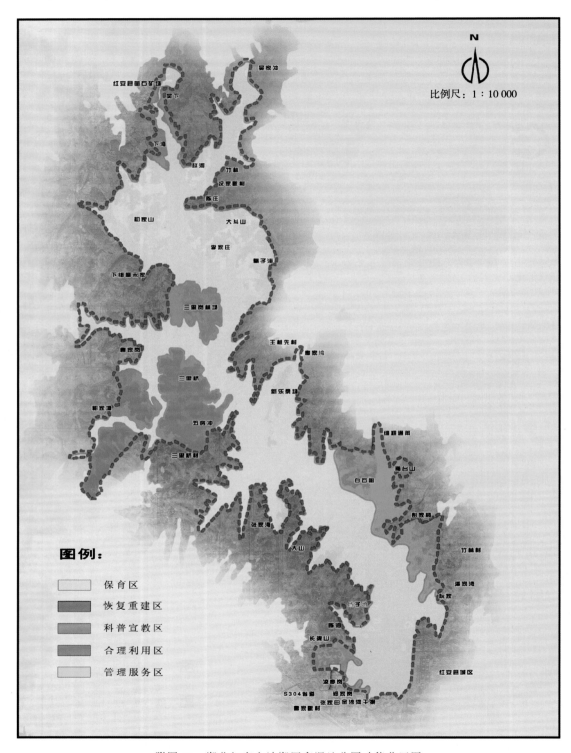

附图 14　湖北红安金沙湖国家湿地公园功能分区图

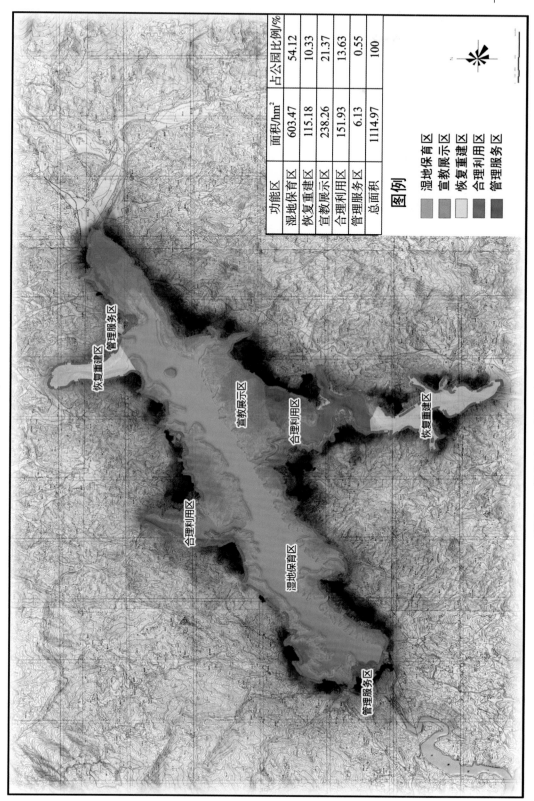

功能区	面积/hm²	占公园比例/%
湿地保育区	603.47	54.12
恢复重建区	115.18	10.33
宣教展示区	238.26	21.37
合理利用区	151.93	13.63
管理服务区	6.13	0.55
总面积	1114.97	100

图例

湿地保育区
宣教展示区
恢复重建区
合理利用区
管理服务区

附图 15　湖北罗田天堂湖国家湿地公园功能分区图

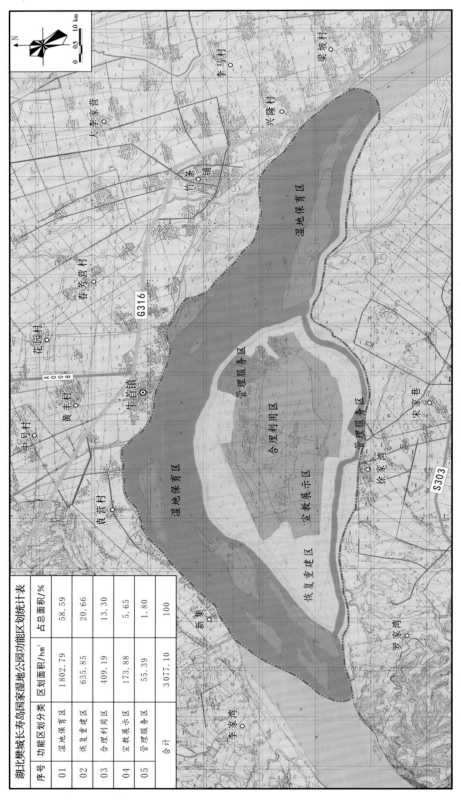

附图16 湖北樊城长寿岛国家湿地公园功能分区图

湖北樊城长寿岛国家湿地公园功能区划统计表			
序号	功能区划分类	区划面积/hm²	占总面积/%
01	湿地保育区	1802.79	58.59
02	恢复重建区	635.85	20.66
03	合理利用区	409.19	13.30
04	宣教展示区	173.88	5.65
05	管理服务区	55.39	1.80
	合计	3077.10	100

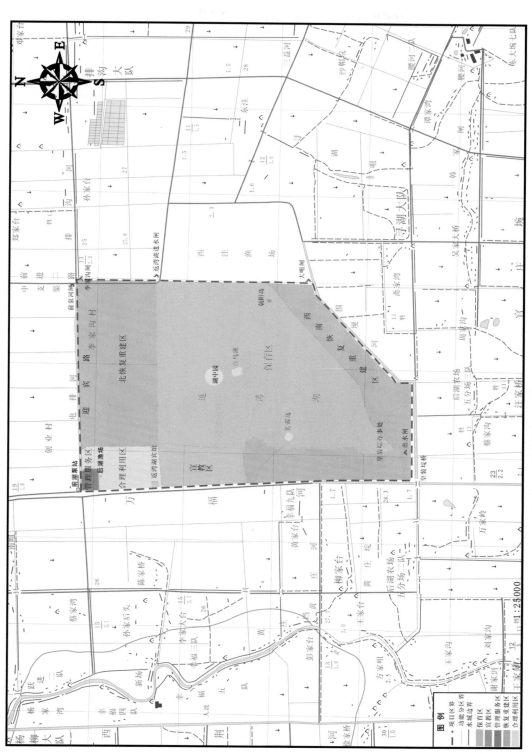

附图 17　湖北潜江返湾湖国家湿地公园功能分区图

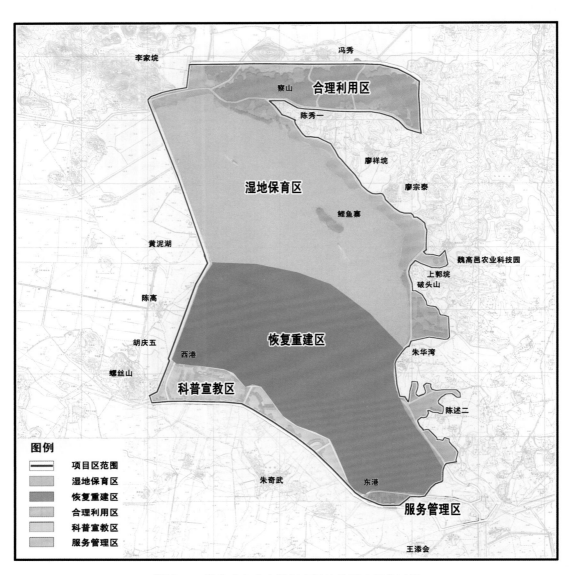

附图 18　湖北武穴武山湖国家湿地公园功能分区图

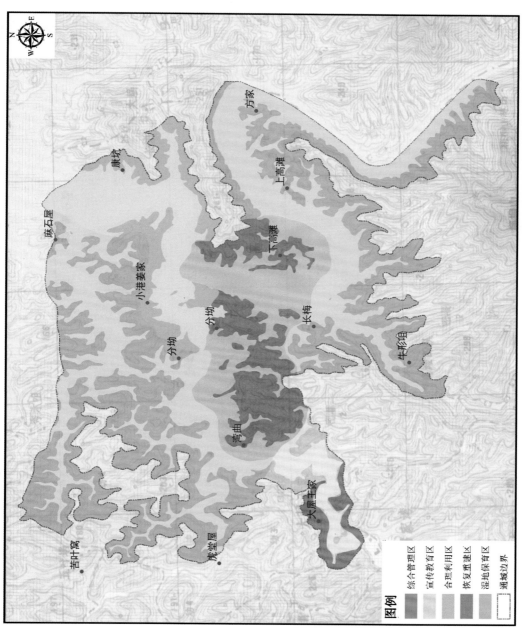

附图 19　湖北通城大溪国家湿地公园功能分区图

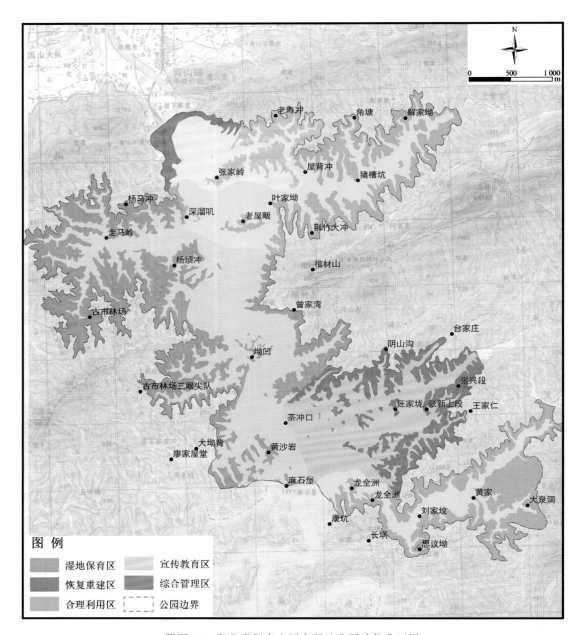

附图20 湖北崇阳青山国家湿地公园功能分区图

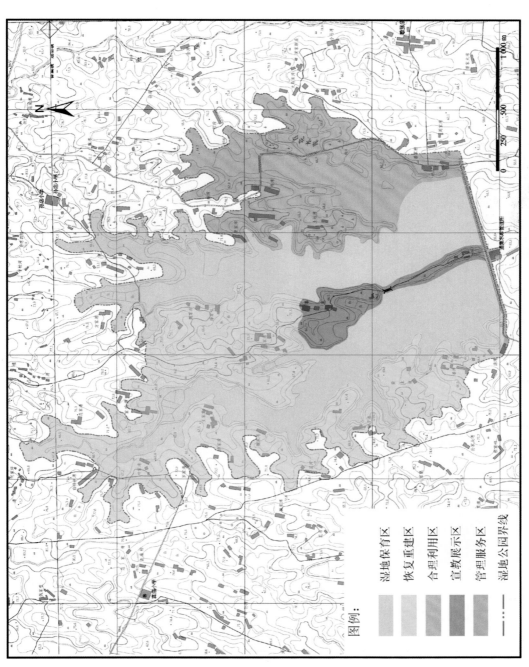

图例：

湿地保育区

恢复重建区

合理利用区

宣教展示区

管理服务区

湿地公园界线

附图 21 湖北沙洋潘集湖国家湿地公园功能分区图

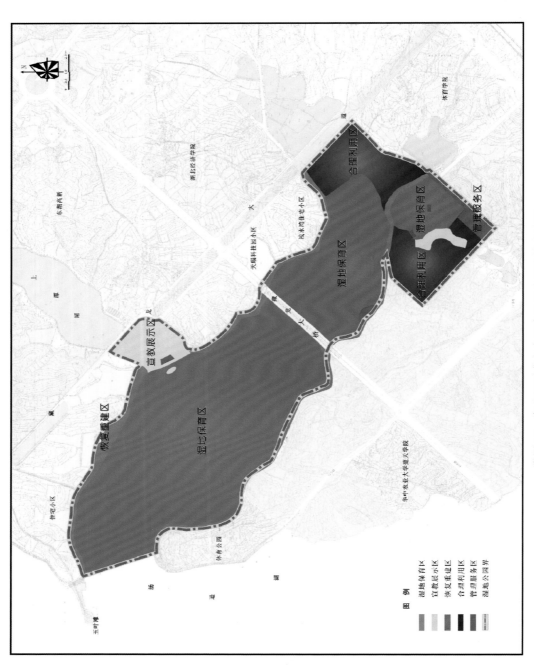

附图 22　湖北江夏藏龙岛国家湿地公园功能分区图

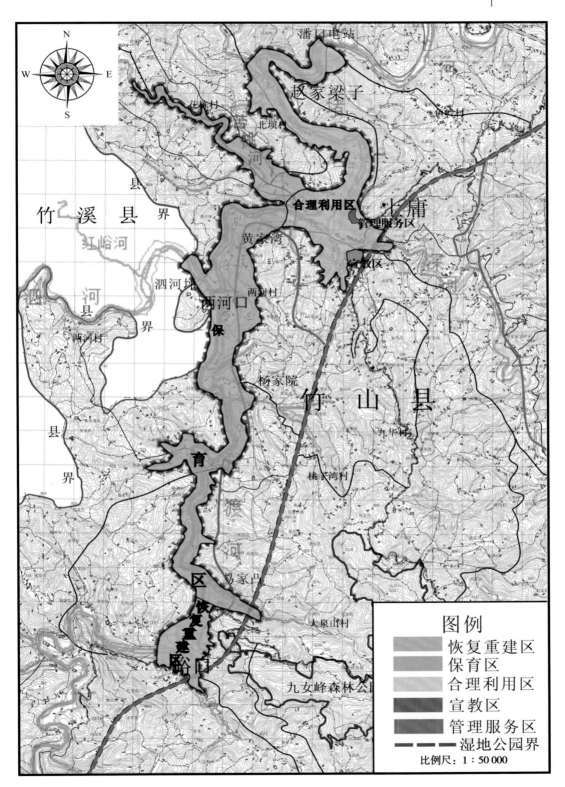

附图 23　湖北竹山圣水湖国家湿地公园功能分区图

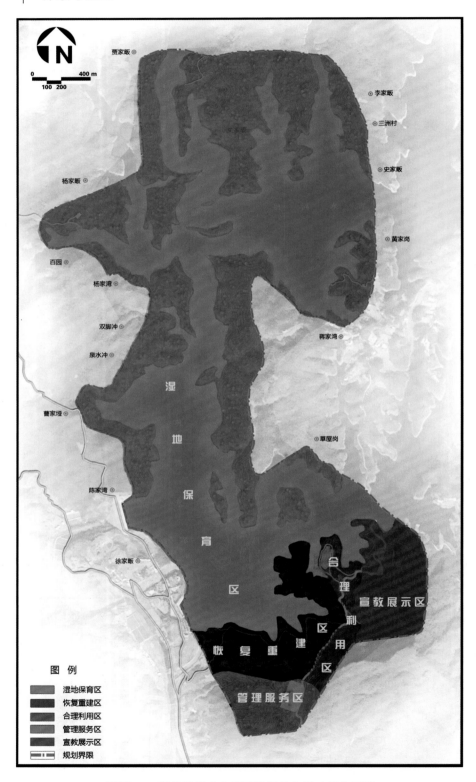

附图 24 湖北当阳青龙湖国家湿地公园功能分区图

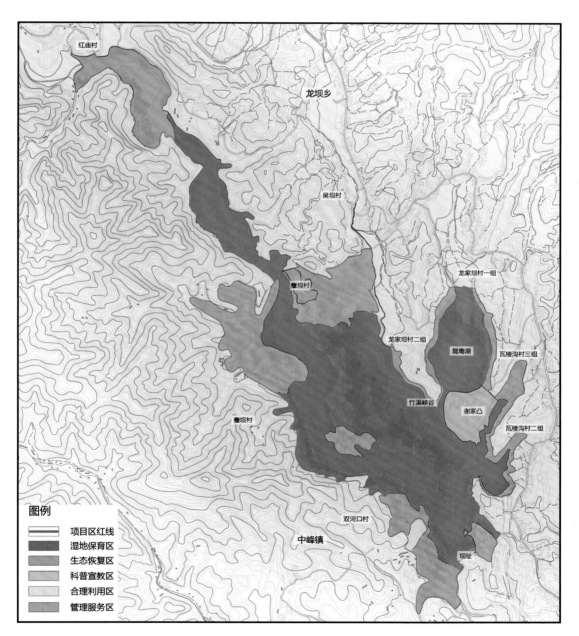

附图 25　湖北竹溪龙湖国家湿地公园功能分区图

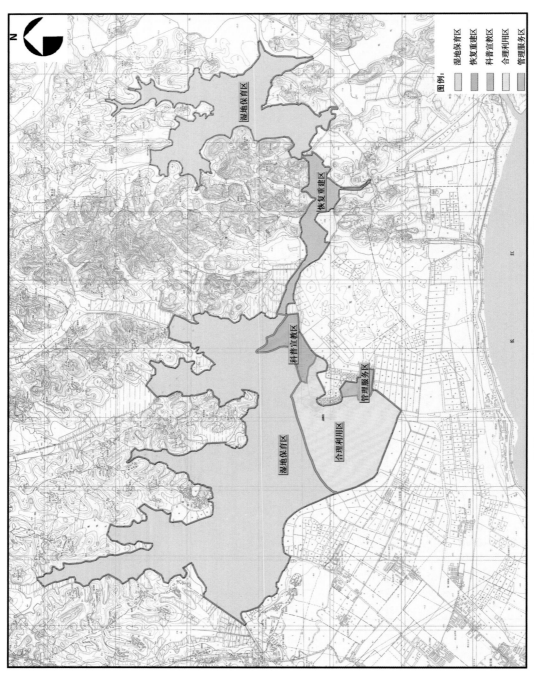

附图 26　湖北浠水策湖国家湿地公园功能分区图

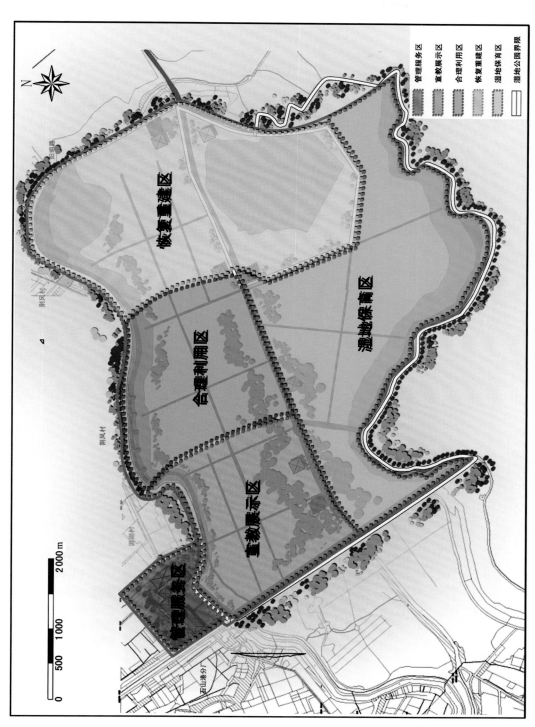

附图 27　湖北仙桃沙湖国家湿地公园功能分区图

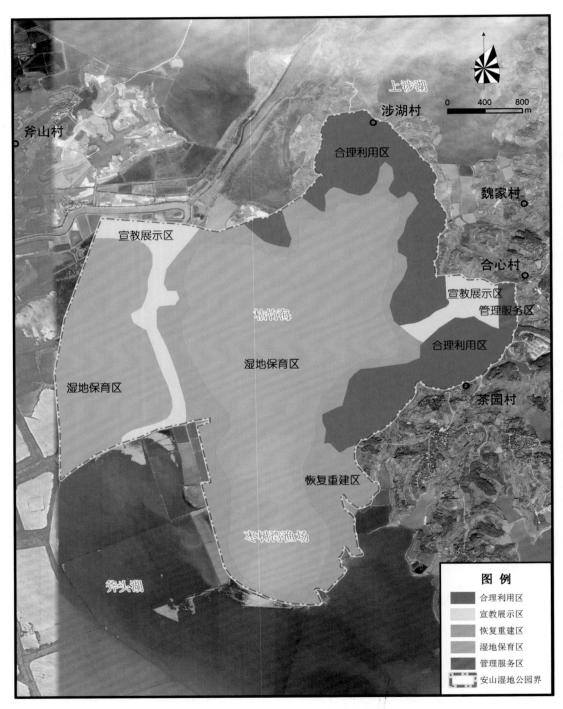

附图 28　湖北武汉安山国家湿地公园功能分区图

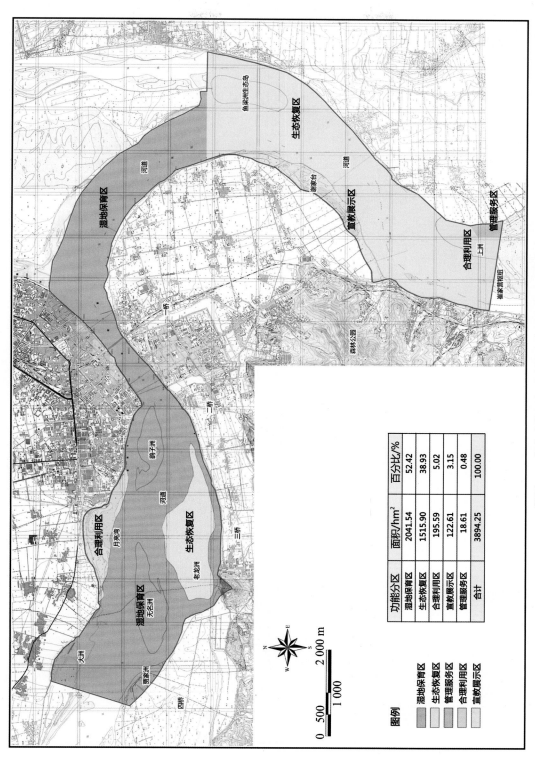

功能分区	面积/hm²	百分比/%
湿地保育区	2041.54	52.42
生态恢复区	1515.90	38.93
合理利用区	195.59	5.02
宣教展示区	122.61	3.15
管理服务区	18.61	0.48
合计	3894.25	100.00

图例

湿地保育区
生态恢复区
管理服务区
合理利用区
宣教展示区

附图 29　湖北襄阳汉江国家湿地公园功能分区图

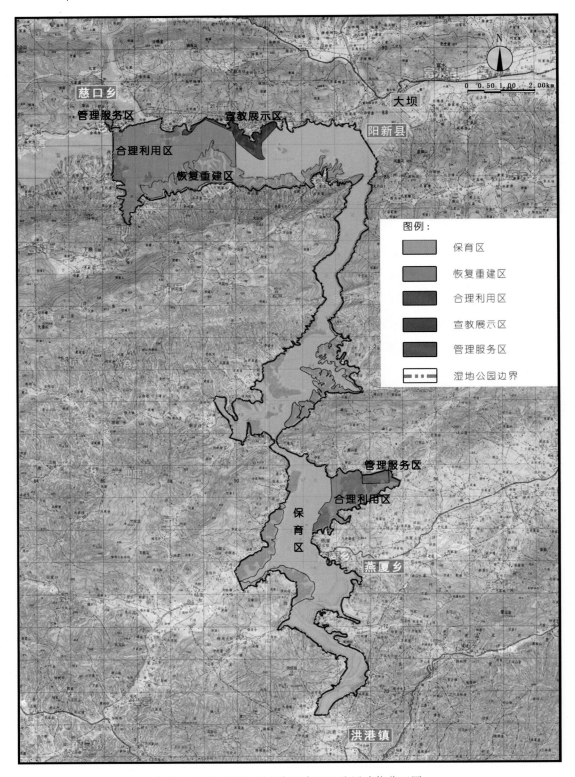

图例：
保育区
恢复重建区
合理利用区
宣教展示区
管理服务区
湿地公园边界

附图30　湖北通山富水湖国家湿地公园功能分区图

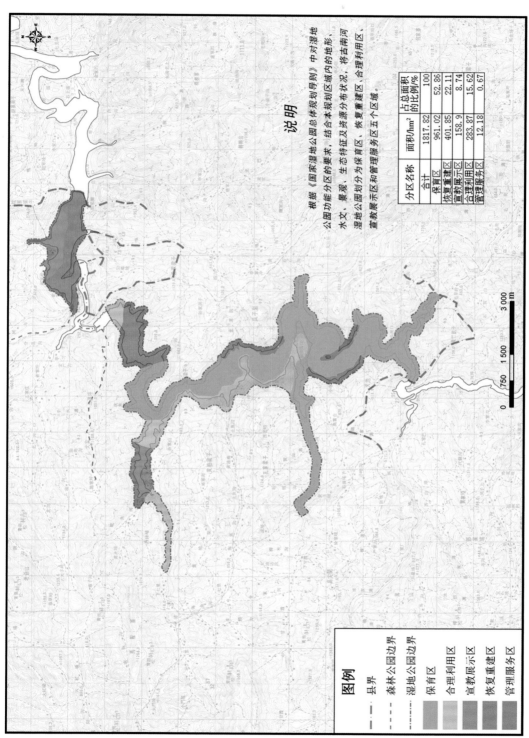

说 明

根据《国家湿地公园总体规划导则》中对湿地公园功能分区的要求，结合本规划区域内的地形、水文、景观、生态特征及资源分布状况，将古南河湿地公园划分为保育区、恢复重建区、合理利用区、宣教展示区和管理服务区五个区域。

分区名称	面积/hm²	占总面积的比例/%
合计	1817.82	100
保育区	961.02	52.86
恢复重建区	401.85	22.11
宣教展示区	158.9	8.74
合理利用区	283.87	15.62
管理服务区	12.18	0.67

图例

- - - - 县界
- - - - 森林公园边界
- - - - 湿地公园边界

保育区
合理利用区
宣教展示区
恢复重建区
管理服务区

0 750 1 500 3 000
m

附图 31　湖北房县古南河国家湿地公园功能分区图

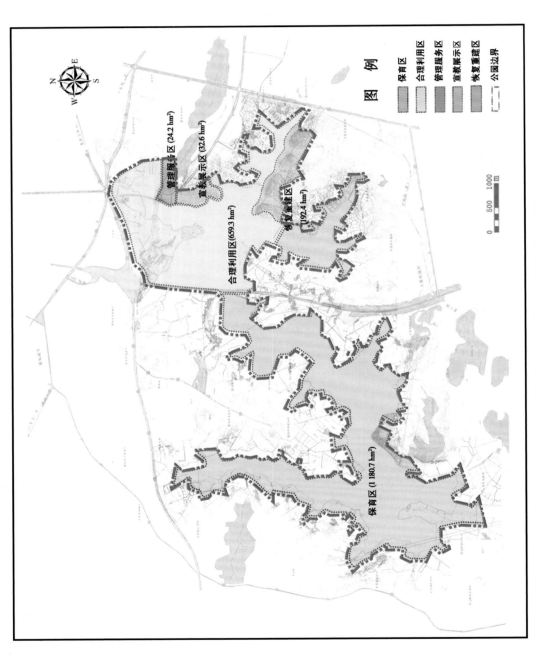

附图 32　湖北蔡甸后官湖国家湿地公园功能分区图

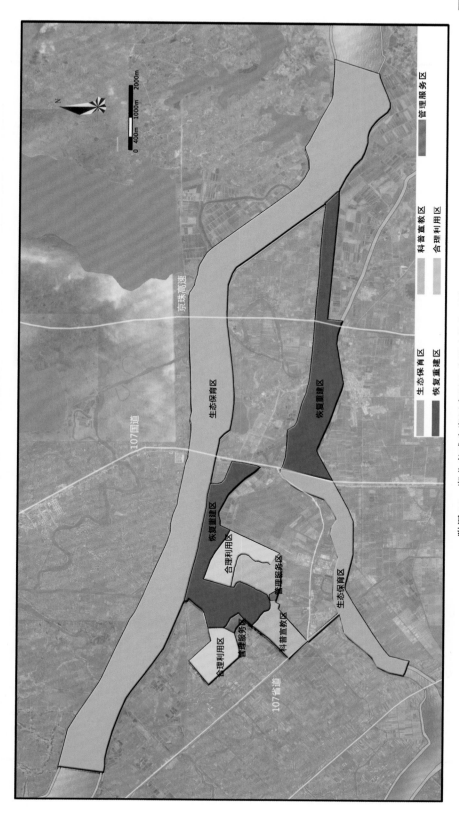

附图 33　湖北孝感朱湖国家湿地公园功能分区图

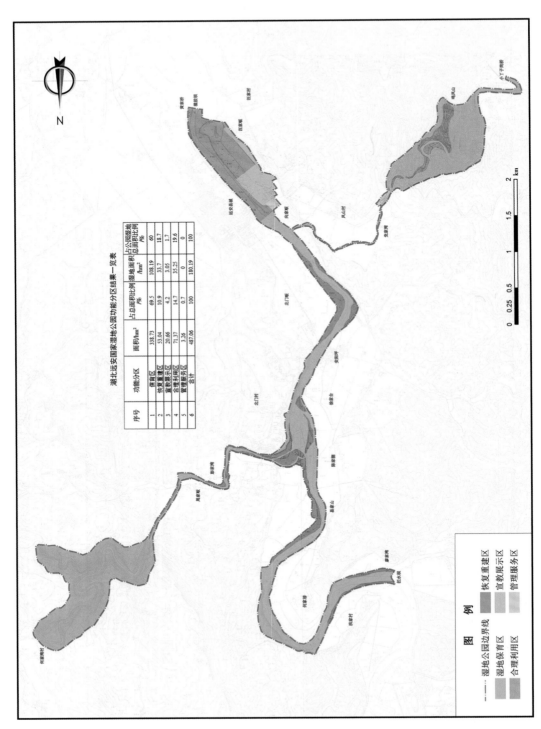

湖北远安沮河国家湿地公园功能分区结果一览表

序号	功能分区	面积/hm²	占总面积比例/%	湿地面积/hm²	占公园湿地总面积比例/%
1	保育区	338.73	69.5	108.19	60
2	恢复重建区	53.04	10.9	33.7	18.7
3	宣教展示区	20.66	4.2	3.05	1.7
4	合理利用区	71.37	14.7	35.25	19.6
5	管理服务区	3.26	0.7	0	0
6	合计	487.06	100	180.19	100

图　例

—————— 湿地公园边界线　　　 恢复重建区

湿地保育区　　　 宣教展示区

合理利用区　　　 管理服务区

附图 34　湖北远安沮河国家湿地公园功能分区图

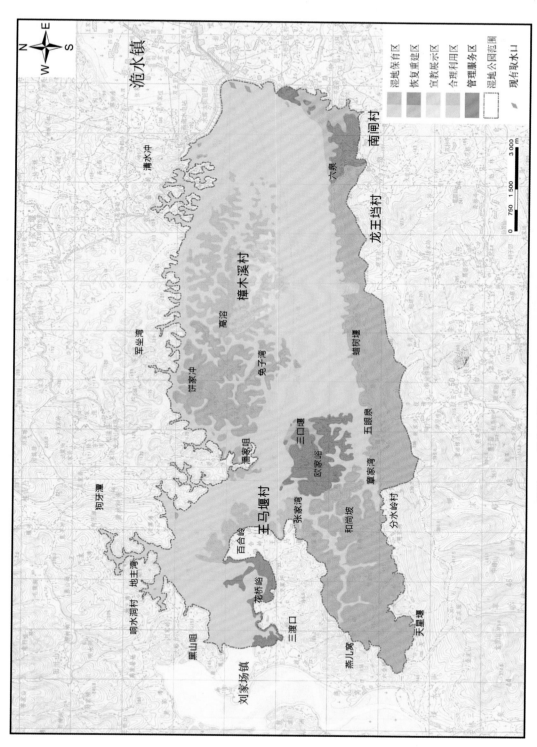

附图 35　湖北松滋洈水国家湿地公园功能分区图

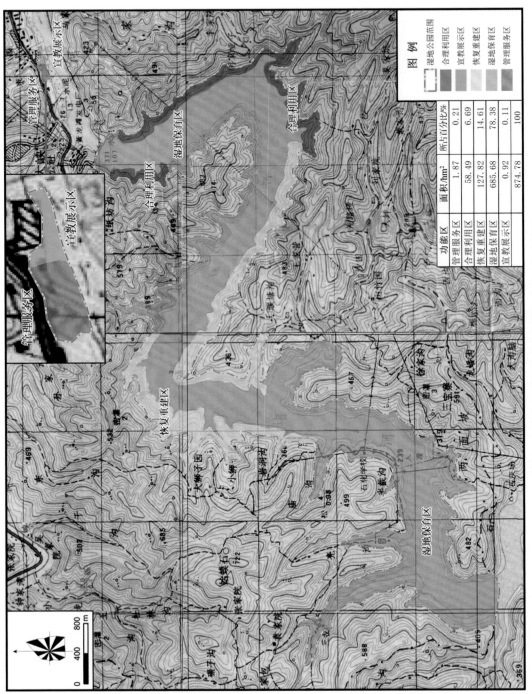

附图 36　湖北十堰黄龙滩国家湿地公园功能分区图

功能区	面积/hm²	所占百分比/%
管理服务区	1.87	0.21
合理利用区	58.49	6.69
恢复重建区	127.82	14.61
湿地保育区	685.68	78.38
宣教展示区	0.92	0.11
	874.78	100

图　例

湿地公园范围
合理利用区
宣教展示区
恢复重建区
湿地保育区
管理服务区

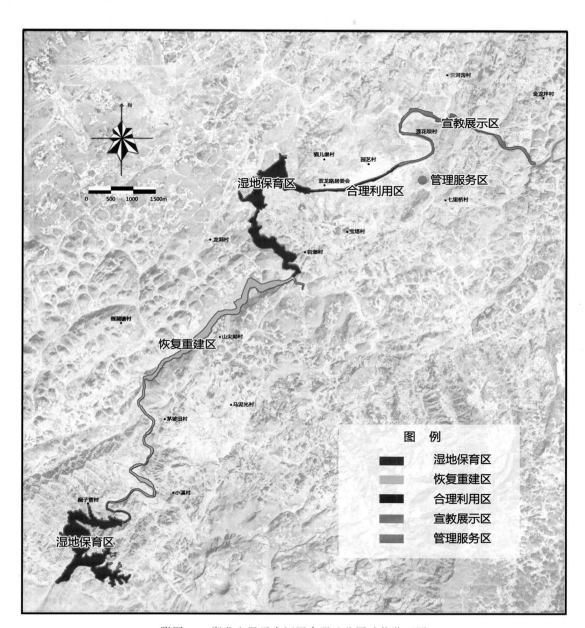

附图 37　湖北宣恩贡水河国家湿地公园功能分区图

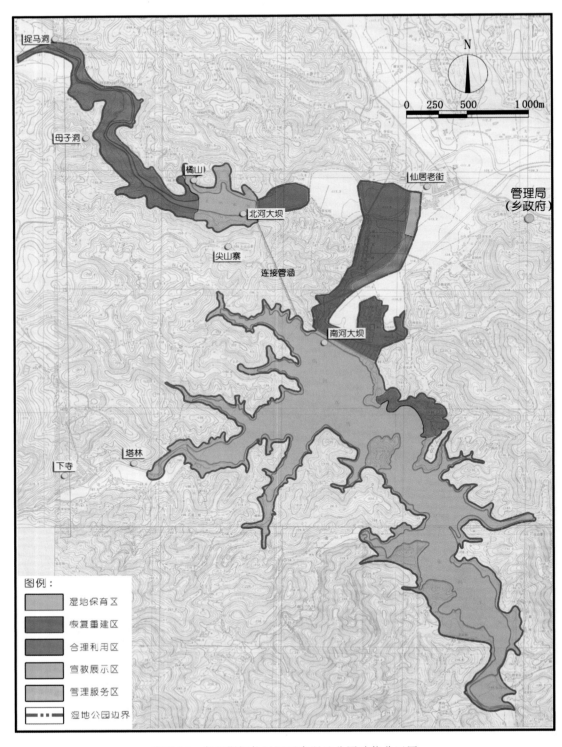

附图 38　湖北荆门仙居河国家湿地公园功能分区图

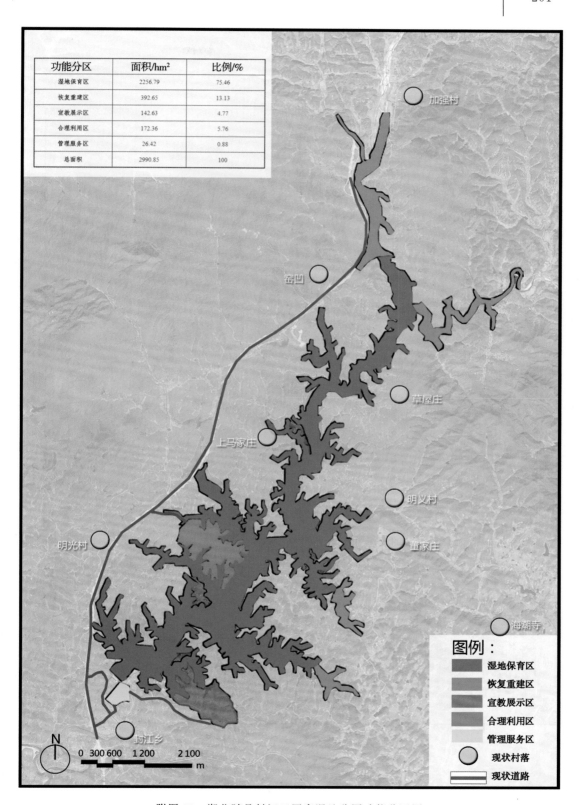

功能分区	面积/hm²	比例/%
湿地保育区	2256.79	75.46
恢复重建区	392.65	13.13
宣教展示区	142.63	4.77
合理利用区	172.36	5.76
管理服务区	26.42	0.88
总面积	2990.85	100

附图 39　湖北随县封江口国家湿地公园功能分区图

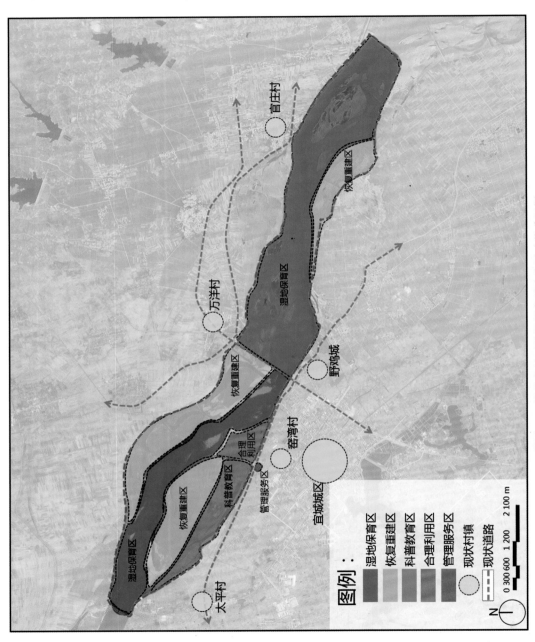

附图 40　湖北宜城万洋洲国家湿地公园功能分区图

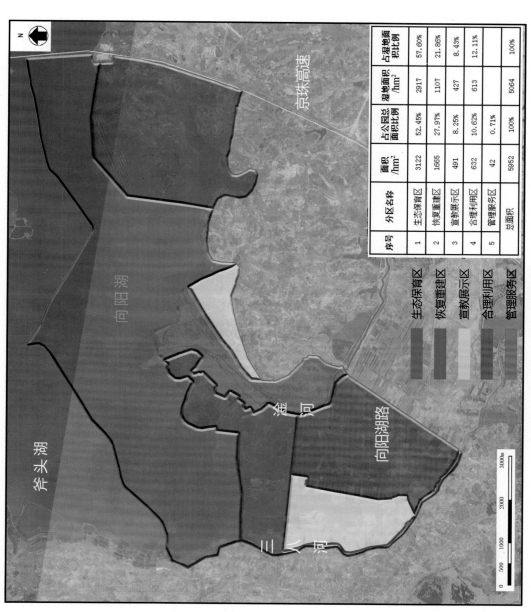

附图 41　湖北咸宁向阳湖国家湿地公园功能分区图

序号	分区名称	面积/hm²	占公园总面积比例	湿地面积/hm²	占湿地面积比例
1	生态保育区	3122	52.45%	2917	57.60%
2	恢复重建区	1665	27.97%	1107	21.86%
3	宣教展示区	491	8.25%	427	8.43%
4	合理利用区	632	10.62%	613	12.11%
5	管理服务区	42	0.71%		
	总面积	5952	100%	5064	100%

生态保育区
恢复重建区
宣教展示区
合理利用区
管理服务区

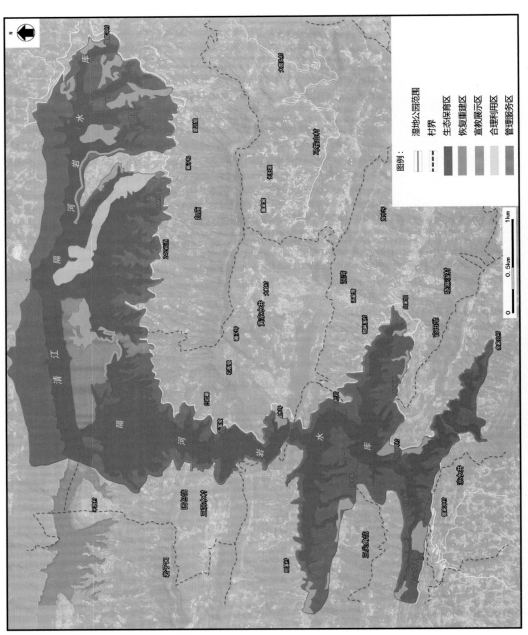

附图 42　湖北长阳清江国家湿地公园功能分区图

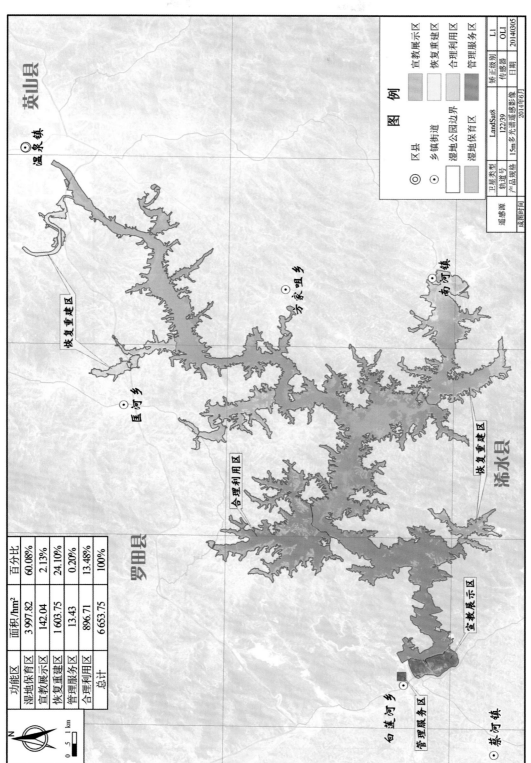

功能区	面积/hm²	百分比
湿地保育区	3 997.82	60.08%
宣教展示区	142.04	2.13%
恢复重建区	1 603.75	24.10%
管理服务区	13.43	0.20%
合理利用区	896.71	13.48%
总计	6 653.75	100%

附图 43　湖北黄冈白莲河国家湿地公园功能分区图

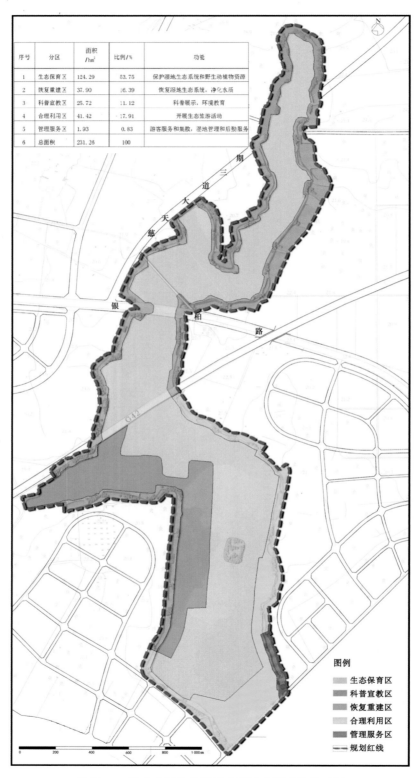

序号	分区	面积/hm²	比例/%	功能
1	生态保育区	124.29	53.75	保护湿地生态系统和野生动植物资源
2	恢复重建区	37.90	16.39	恢复湿地生态系统，净化水质
3	科普宣教区	25.72	11.12	科普展示，环境教育
4	合理利用区	41.42	17.91	开展生态旅游活动
5	管理服务区	1.93	0.83	游客服务和集散，湿地管理和后勤服务
6	总面积	231.26	100	

图例

生态保育区
科普宣教区
恢复重建区
合理利用区
管理服务区
规划红线

附图 44 湖北武汉杜公湖国家湿地公园功能分区图

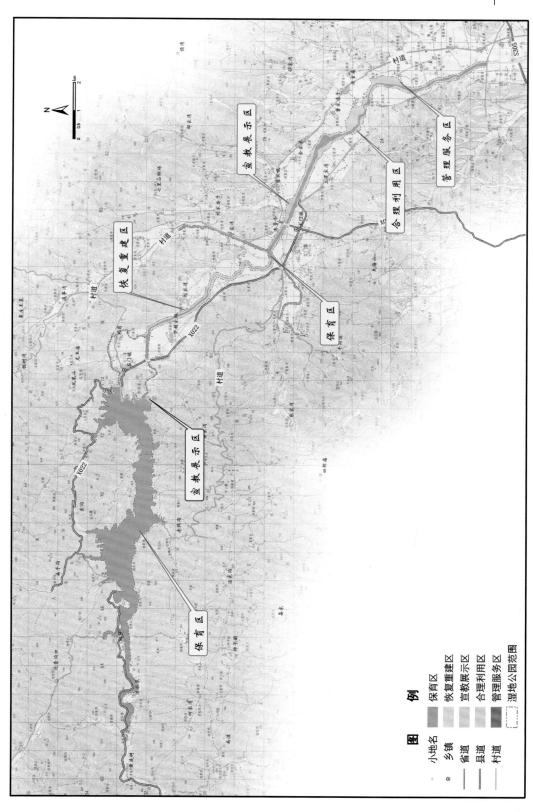

附图 45 湖北南漳清凉河国家湿地公园功能分区图

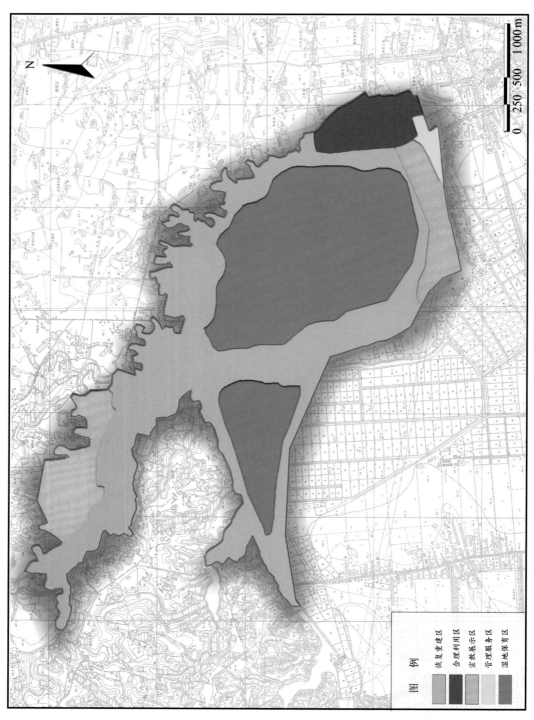

附图 46　湖北枝江金湖国家湿地公园功能分区图

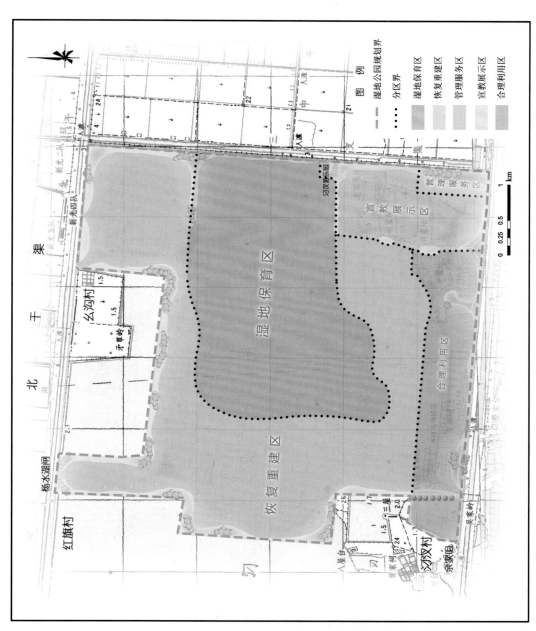

附图 47　湖北汉川汈汊湖国家湿地公园功能分区图

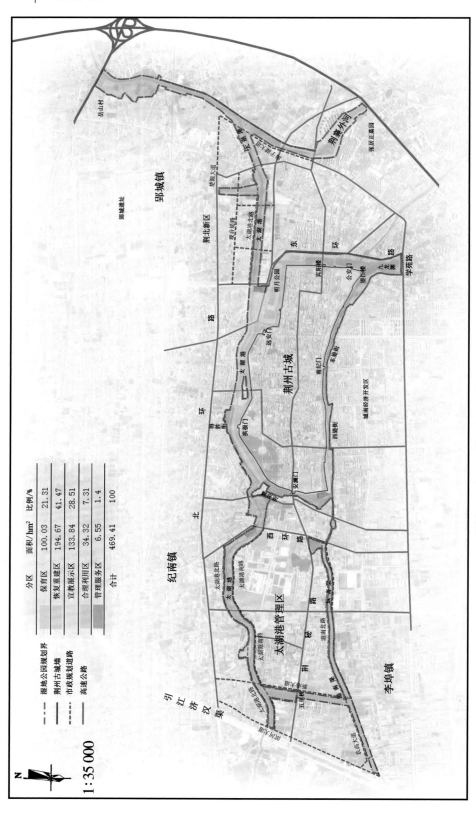

附图 48　湖北环荆州古城国家湿地公园功能分区图

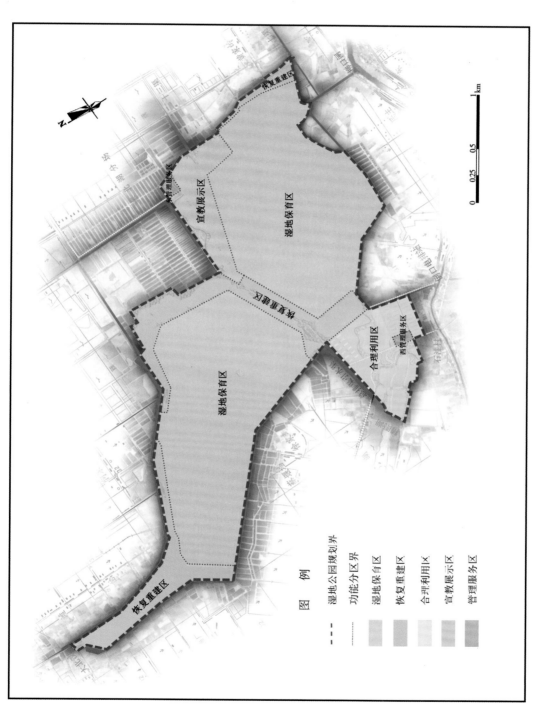

附图 49   湖北公安崇湖国家湿地公园功能分区图

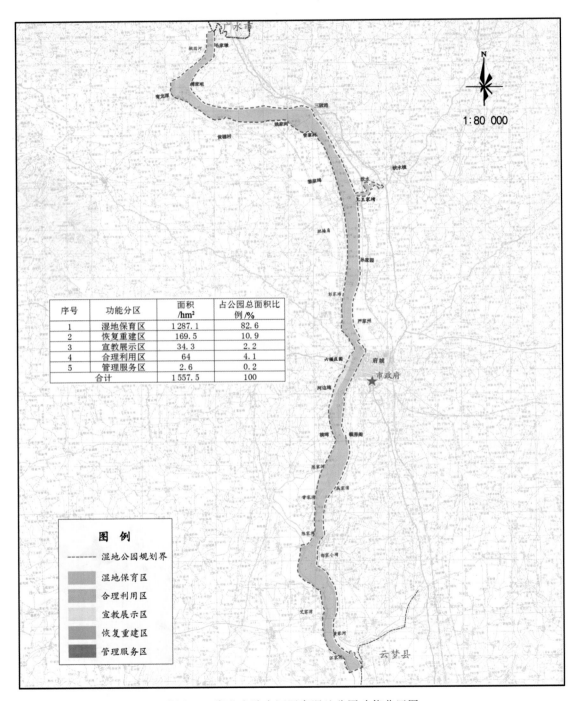

序号	功能分区	面积 /hm²	占公园总面积比 例 /%
1	湿地保育区	1 287.1	82.6
2	恢复重建区	169.5	10.9
3	宣教展示区	34.3	2.2
4	合理利用区	64	4.1
5	管理服务区	2.6	0.2
	合计	1 557.5	100

附图 50　湖北安陆府河国家湿地公园功能分区图

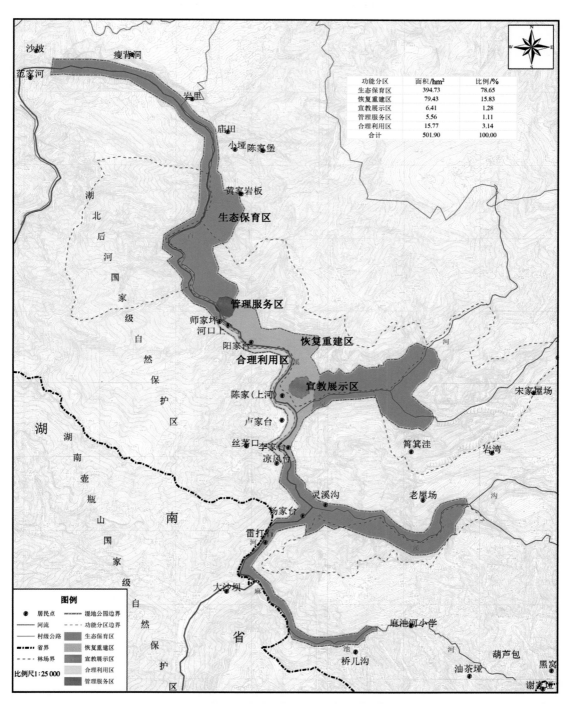

功能分区	面积/hm²	比例/%
生态保育区	394.73	78.65
恢复重建区	79.43	15.83
宜教展示区	6.41	1.28
管理服务区	5.56	1.11
合理利用区	15.77	3.14
合计	501.90	100.00

附图 51　湖北五峰百溪河国家湿地公园功能分区图

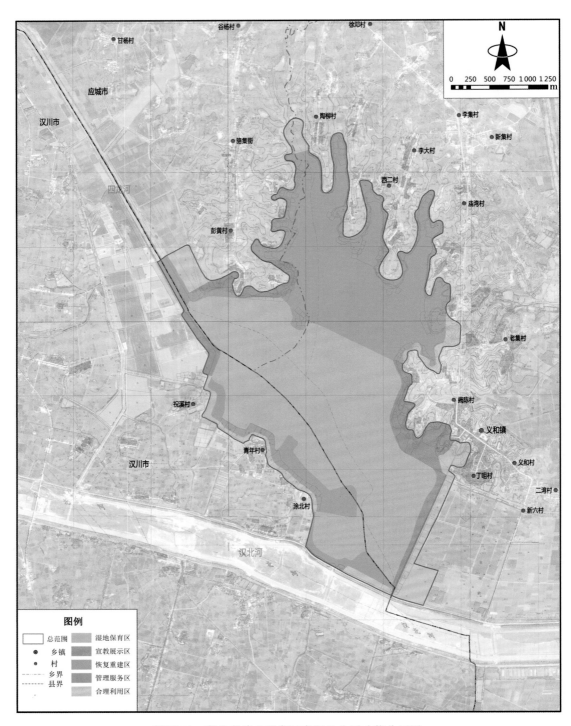

附图 52　湖北孝感老观湖国家湿地公园功能分区图

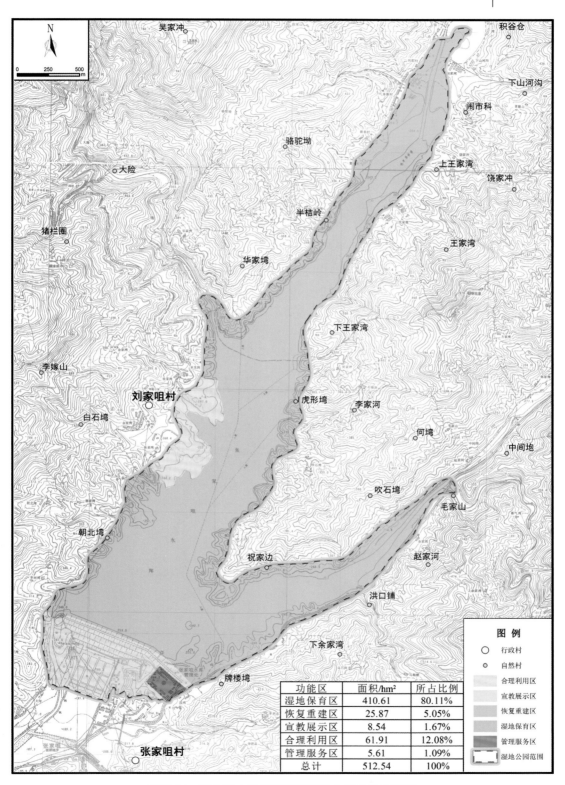

功能区	面积/hm²	所占比例
湿地保育区	410.61	80.11%
恢复重建区	25.87	5.05%
宣教展示区	8.54	1.67%
合理利用区	61.91	12.08%
管理服务区	5.61	1.09%
总计	512.54	100%

图例

○ 行政村
○ 自然村
合理利用区
宣教展示区
恢复重建区
湿地保育区
管理服务区
湿地公园范围

附图 53　湖北英山张家咀国家湿地公园功能分区图

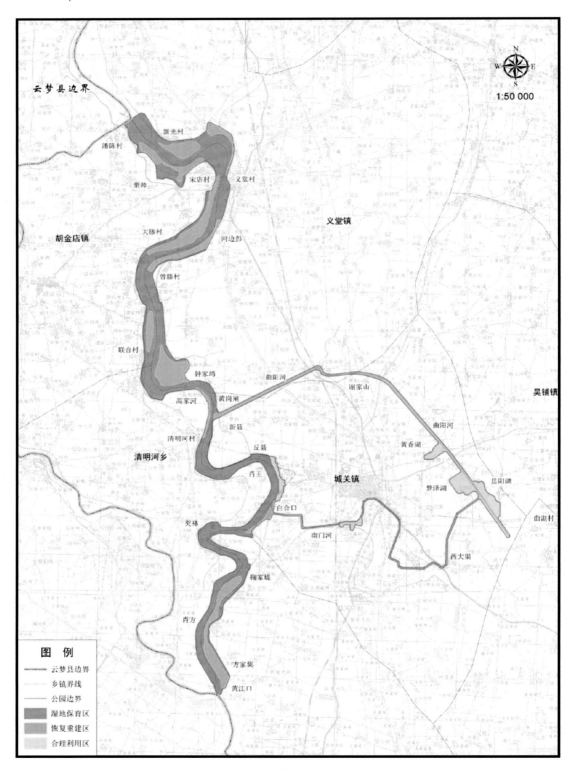

附图 54　湖北云梦涢水国家湿地公园功能分区图

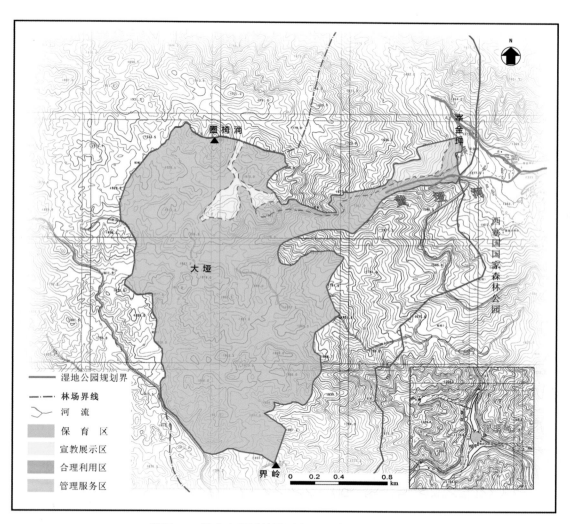

附图 55 湖北夷陵圈椅淌国家湿地公园功能分区图

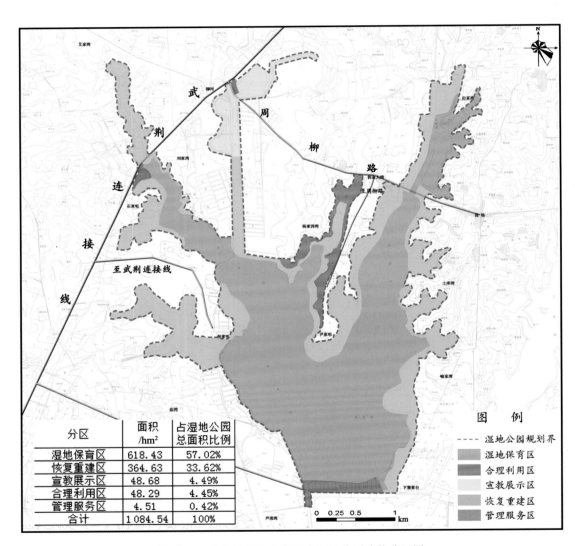

分区	面积/hm²	占湿地公园总面积比例
湿地保育区	618.43	57.02%
恢复重建区	364.63	33.62%
宣教展示区	48.68	4.49%
合理利用区	48.29	4.45%
管理服务区	4.51	0.42%
合计	1 084.54	100%

附图 56 湖北天门张家湖国家湿地公园功能分区图

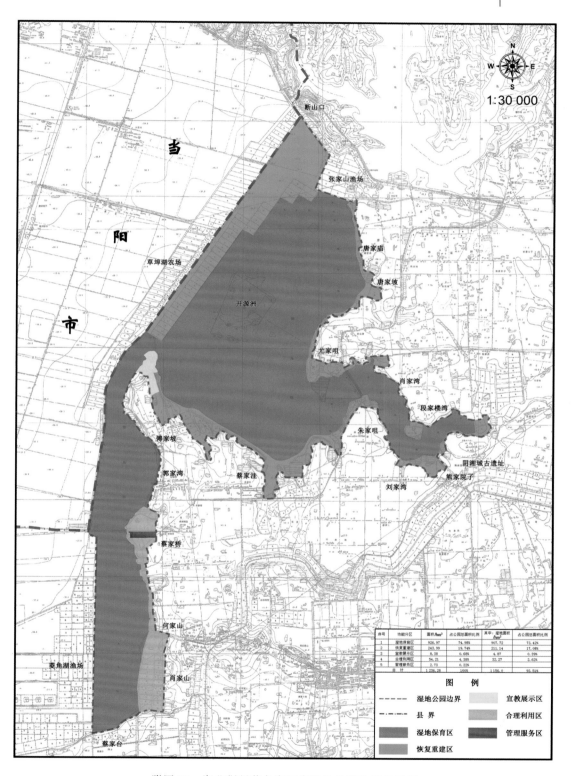

附图 57 湖北荆州菱角湖国家湿地公园功能分区图

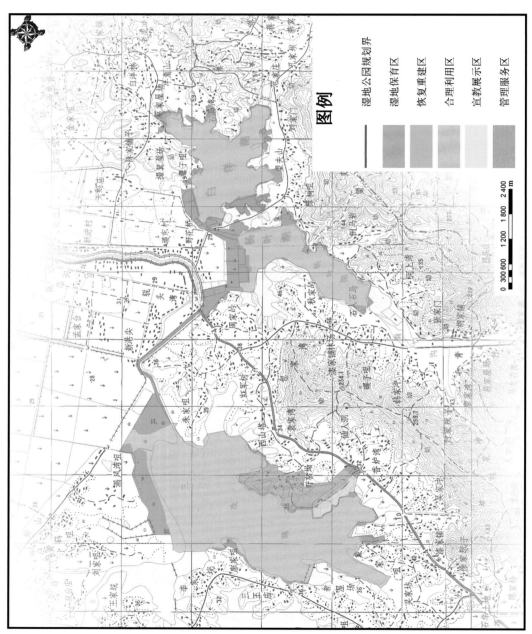

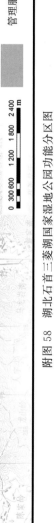

图例

湿地公园规划界

湿地保育区

恢复重建区

合理利用区

宣教展示区

管理服务区

0　300 600　　1 200　　1 800　　2 400 m

附图 58　湖北石首三菱湖国家湿地公园功能分区图

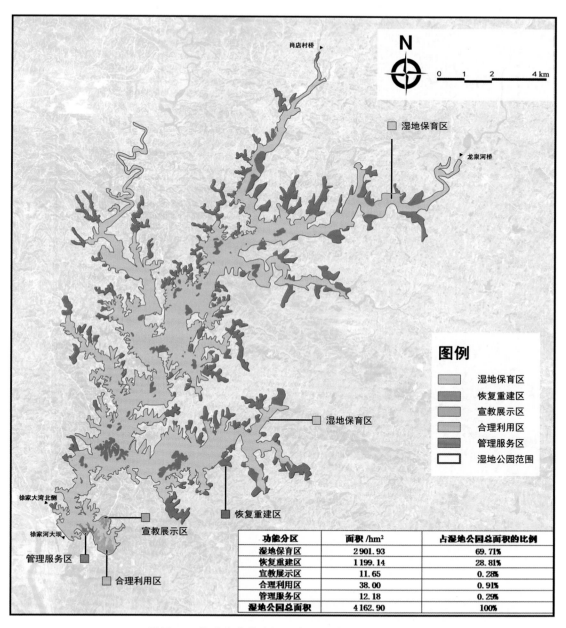

功能分区	面积/hm²	占湿地公园总面积的比例
湿地保育区	2 901.93	69.71%
恢复重建区	1 199.14	28.81%
宣教展示区	11.65	0.28%
合理利用区	38.00	0.91%
管理服务区	12.18	0.29%
湿地公园总面积	4 162.90	100%

附图 59　湖北广水徐家河国家湿地公园功能分区图

分区名称	面积/hm²	百分比	湿地面积/hm²
生态保育区	1110.31	63.68%	917.70
恢复重建区	444.17	25.47%	412.86
宣教展示区	52.86	3.03%	46.39
合理利用区	120.28	6.90%	26.14
管理服务区	15.98	0.92%	--
公园总面积	1743.6	100%	1404.09

—— 湿地公园界   —— 丹江口湿地保护区界

附图 60　湖北十堰郧阳湖国家湿地公园功能分区图

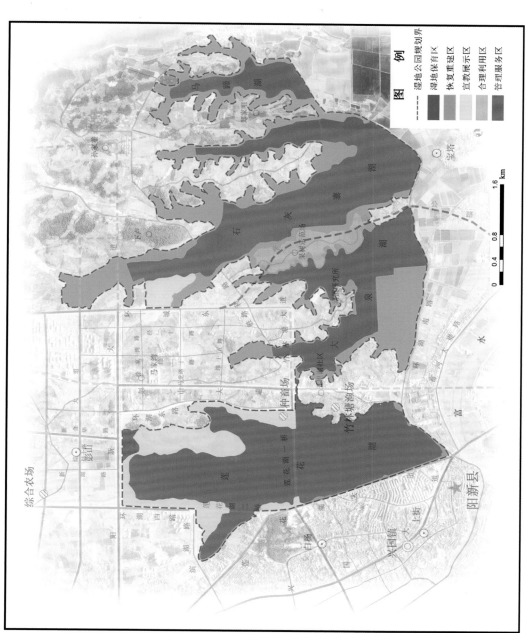

附图 61 湖北阳新莲花湖国家湿地公园功能分区图

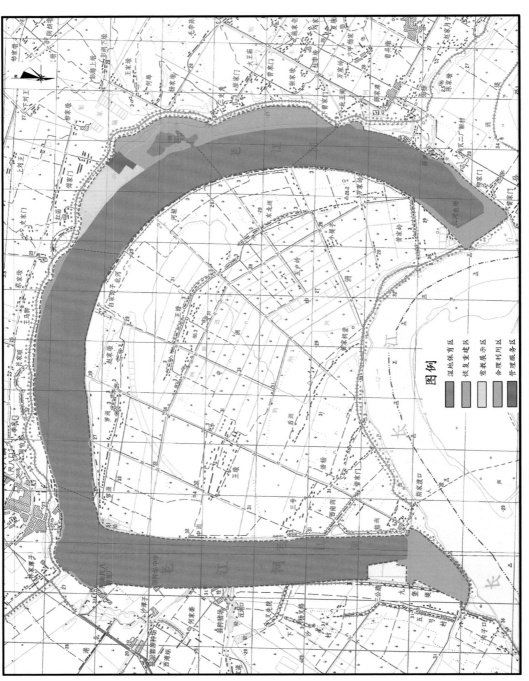

图例

湿地保育区
恢复重建区
宣教展示区
合理利用区
管理服务区

附图 62　湖北监利老江河故道国家湿地公园功能分区图

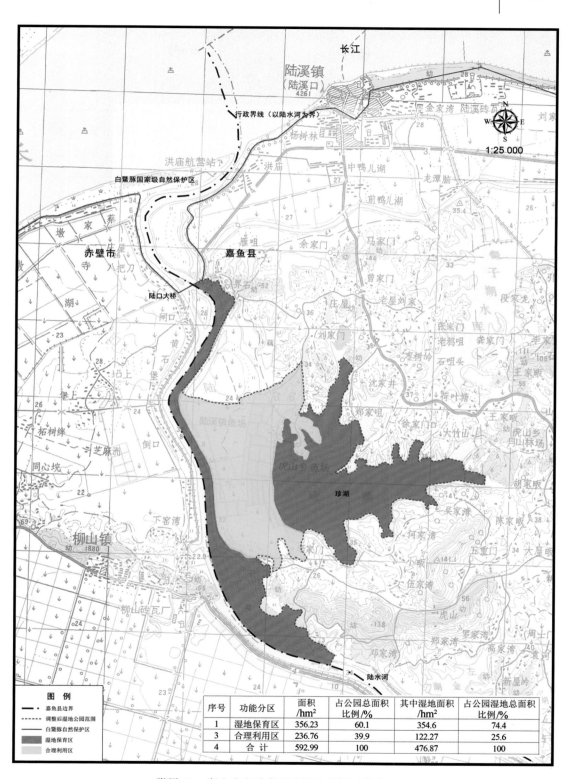

序号	功能分区	面积/hm²	占公园总面积比例/%	其中湿地面积/hm²	占公园湿地总面积比例/%
1	湿地保育区	356.23	60.1	354.6	74.4
3	合理利用区	236.76	39.9	122.27	25.6
4	合 计	592.99	100	476.87	100

附图 63　湖北嘉鱼珍湖国家湿地公园功能分区图

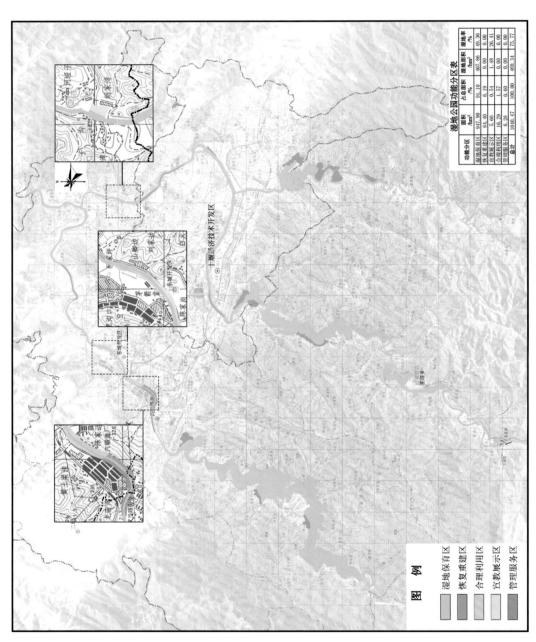

湿地公园功能分区表

功能分区	面积/hm²	占总面积/%	湿地面积/hm²	湿地率/%
湿地保育区	917.90	91.10	467.86	49.36
恢复重建区	64.40	6.19	0.00	0.00
宣教展示区	5.60	0.54	1.18	26.41
合理利用区	16.29	1.57	0.00	0.00
管理服务区	6.28	0.60	0.00	0.00
总计	1040.47	100.00	469.34	75.77

图　例

- 湿地保育区
- 恢复重建区
- 合理利用区
- 宣教展示区
- 管理服务区

附图 64　湖北十堰泗河国家湿地公园功能分区图

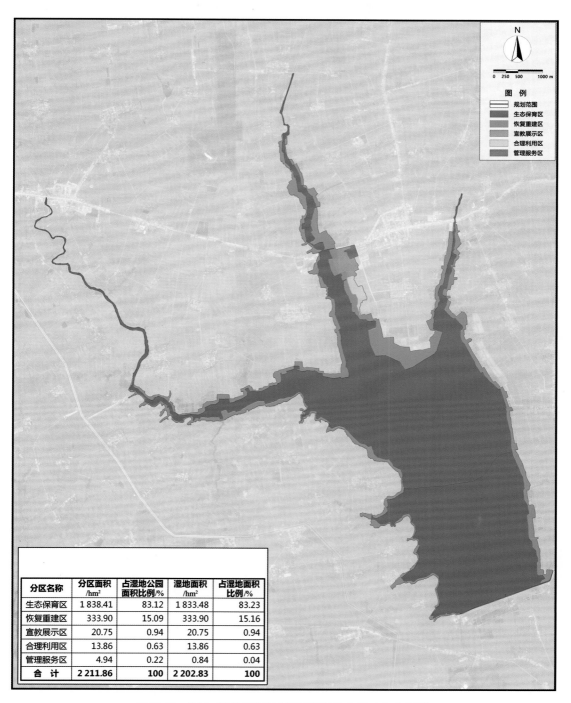

分区名称	分区面积/hm²	占湿地公园面积比例/%	湿地面积/hm²	占湿地面积比例/%
生态保育区	1 838.41	83.12	1 833.48	83.23
恢复重建区	333.90	15.09	333.90	15.16
宣教展示区	20.75	0.94	20.75	0.94
合理利用区	13.86	0.63	13.86	0.63
管理服务区	4.94	0.22	0.84	0.04
合　计	2 211.86	100	2 202.83	100

附图 65　湖北老河口西排子湖国家湿地公园功能分区图

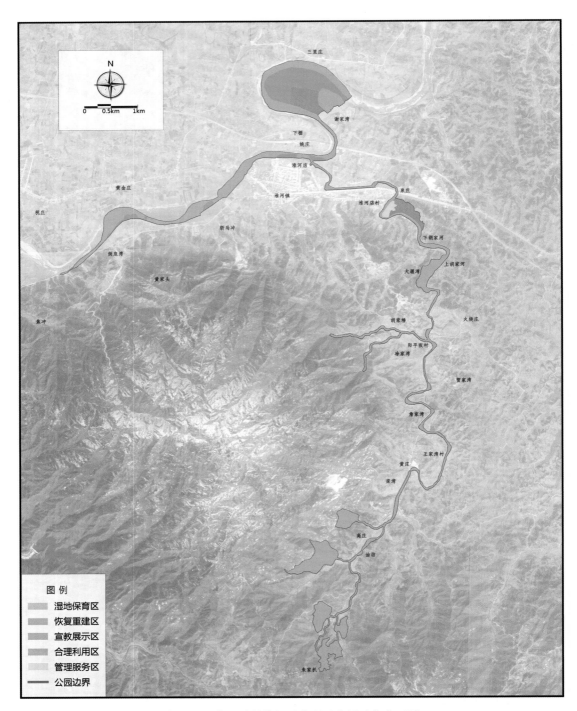

附图 66　湖北随州淮河国家湿地公园功能分区图

图例	分区	面积/hm²	比例/%
	湿地保育区	614.62	87.56
	恢复重建区	29.96	4.27
	宣教展示区	17.71	2.52
	合理利用区	37.87	5.39
	管理服务区	1.84	0.26
	总计	702	100

图例：
规划范围
村落
桥梁
坝体

附图67　湖北秭归九畹溪国家湿地公园功能分区图

参考文献

[1]湖北省水利厅.2013—2017年湖北省水资源公报[R].2018.

[2]湖北省统计局,国家统计局湖北调查总队.湖北省2018年统计年鉴[M].北京:中国统计出版社,2018.

[3]湖北省统计局.湖北省2018年国民经济和社会发展统计公报[R].2019.

[4]湖北省林业厅.第二次全国湿地资源调查——湖北省湿地资源调查报告[R].2012.

[5]郑姚闽,张海英,牛振国,等.中国国家级湿地自然保护区保护成效初步评估[J].科学通报,2012,4:1400—1411.

[6]郭子良,张曼胤,崔丽娟,等.中国国家湿地公园的建设布局及其动态[J].生态学杂志,2019,38(2):532—540.

[7]吴后建,但新球,舒勇,等.中国国家湿地公园:现状挑战和对策[J].湿地科学,2015,13(3):306—314.

[8]吴后建,但新球,王隆富,等.中国国家湿地公园的空间分布特征[J].中南林业科技大学学报,2015,35(6):50—57.